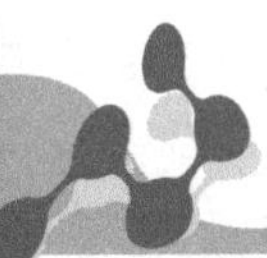

高等学校"十三五"规划教材

普通化学实验

General Chemistry Experiments

刘利 张进 姚思童 主编

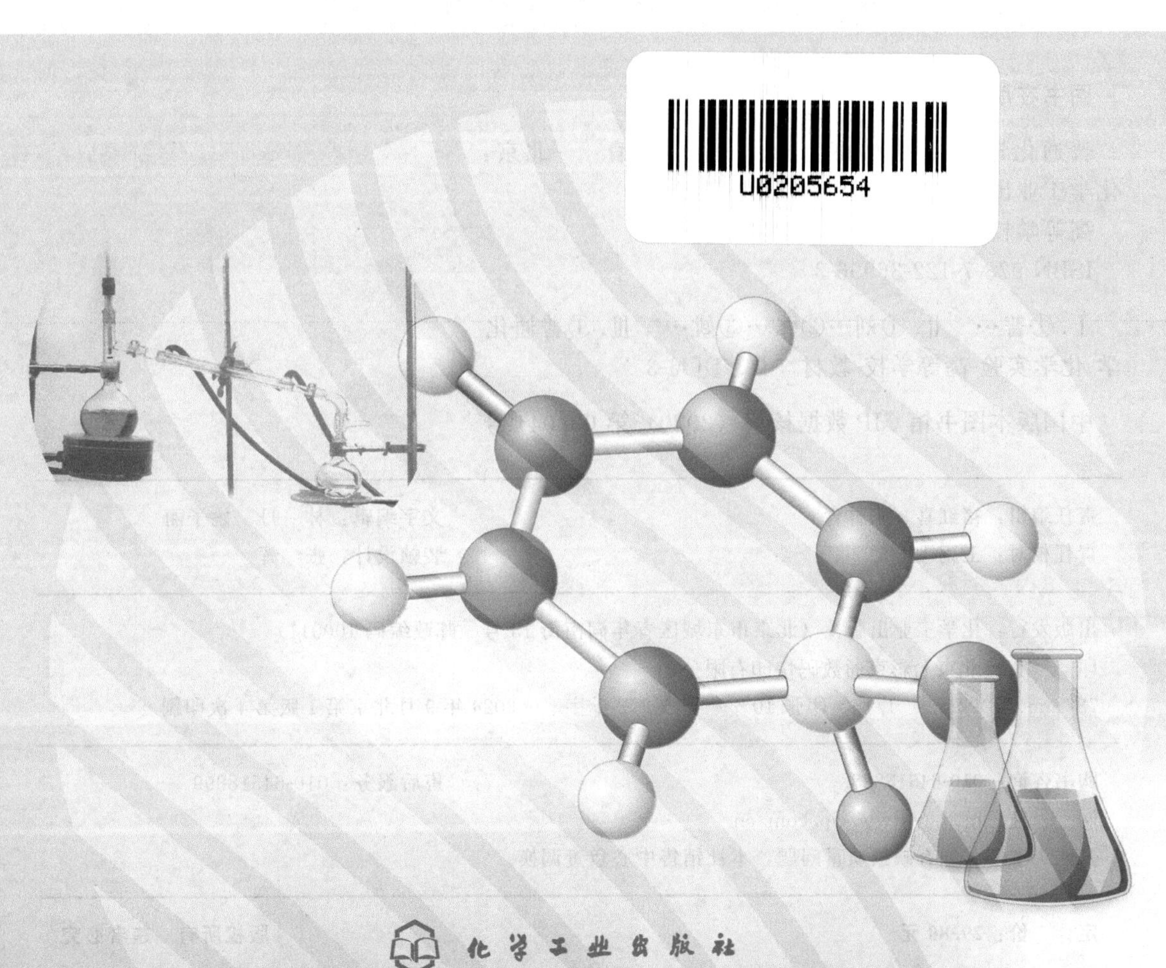

化学工业出版社

·北京·

内 容 提 要

《普通化学实验》共七章，包括普通化学实验的基本知识，普通化学实验的基本操作，普通化学实验常用仪器的使用，基本操作训练实验，基本测定实验，基本原理与性质实验及综合型、设计型、应用型实验等内容。在实验项目的选择上突出基础理论的运用、实验技能的培养；对于综合型、设计型、应用型实验在内容的编排上突出化学知识的交叉和学生自主创新能力的培养。本着实用性、前沿性、创新性、趣味性优化课程体系和实验内容，精选了有代表性的基本实验及综合型、设计型、应用型实验等共计30个实验项目。各实验项目相对独立，可根据实验教学要求任意组合。此外，本书配备了数字化教学资源，读者可以通过扫描二维码，观看基本实验操作及实验原理的视频资源，实现了化学实验教学方式的创新和教学模式的多元化。

《普通化学实验》可作为高等院校非化学化工类专业的本科生教材，也可供从事相关工作的专业技术人员学习、参考。

图书在版编目（CIP）数据

普通化学实验/刘利，张进，姚思童主编．—北京：化学工业出版社，2020.8（2024.9重印）
高等学校“十三五”规划教材
ISBN 978-7-122-36996-3

Ⅰ.①普… Ⅱ.①刘…②张…③姚… Ⅲ.①普通化学-化学实验-高等学校-教材 Ⅳ.①O6-3

中国版本图书馆CIP数据核字（2020）第083044号

责任编辑：褚红喜　宋林青　　　文字编辑：林　丹　姚子丽
责任校对：王鹏飞　　　装帧设计：张　辉

出版发行：化学工业出版社（北京市东城区青年湖南街13号　邮政编码100011）
印　　装：北京七彩京通数码快印有限公司
787mm×1092mm　1/16　印张10¾　字数272千字　　2024年9月北京第1版第4次印刷

购书咨询：010-64518888　　　售后服务：010-64518899
网　　址：http://www.cip.com.cn
凡购买本书，如有缺损质量问题，本社销售中心负责调换。

定　　价：29.80元　

《普通化学实验》编写组

主　编　刘　利　张　进　姚思童

副主编　吕　丹　张宇航　于　杰

编　者　（以姓氏笔画为序）

于　杰　史发年　孙雅茹　吕　丹

刘　利　李　倩　杨　军　张　进

张宇航　姚思童　徐　舸　徐炳辉

前言

普通化学为高等院校工科类各专业必修的重要公共基础课，普通化学实验是普通化学课程的重要组成部分，是全面实施素质教育的最有效形式，是巩固、加深、扩展所学普通化学的基本理论与知识，培养学生操作技能、观察记录、分析归纳、设计方案、撰写报告等多方面能力的实践教学环节。实验教学在化学教学方面起着理论教学所不能替代的重要作用。

本书是依据工科普通化学课程教学基本内容框架中“实验部分”的基本要求，参照各专业的培养目标和教学大纲，秉承“夯实基础、注重综合、强化设计、旨在创新”的原则，由长期从事一线化学实验教学的教师，结合多年积累的实验教学经验，参考国内外化学实验教材、论著及相关文献而精心编写的创新性实验教材。本书也是我校前期出版的《普通化学》教材的配套实验教材。

根据现代化学的发展趋势，科学地设置普通化学实验内容，旨在对学生进行系统化知识传授的同时培养其扎实的化学实验技能和探索科学的创新意识。让学生接受系统的实验方法和技能的训练是深化普通化学实验教学改革的核心内容，是提高教学质量的重要举措。《普通化学》及《普通化学实验》立体化系列教材（纸质教材＋教学课件＋视频资源）是教育信息化背景下普通化学课程教学改革的产物。本着实用性、前沿性、创新性、趣味性优化课程体系和实验内容，本书精选了当代化学教育所必需的基础实验和体现先进时代性教育内容的综合型、设计型、应用型实验项目共计 30 个。

对照《普通化学》教材，本书的实验内容大致分类及安排如下：

实验分类	实验项目
基本操作训练	实验一～实验六
气体	实验一、实验七
化学热力学基础	实验四、实验八
化学动力学基础	实验五、实验十三
化学反应限度、化学平衡	实验九、实验十三
酸碱平衡	实验十、实验十四

续表

实验分类	实验项目
沉淀溶解平衡	实验十一、实验十五
氧化还原反应、电化学基础	实验十六
物质结构基础、元素化学	实验十八、实验十九
配位化学基础	实验十二、实验十五、实验十七
综合型实验	实验二十～实验二十三
设计型实验	实验二十四～实验二十七
应用型实验	实验二十八～实验三十

本书呈现教学改革成果，突出时代特色，是实验教学内容与时俱进的产物，具有以下特色：

1. 教材既注重与理论教材的配合与互补，又注重实验教材本身的系统性和独立性。将基本理论、基本知识和实验技能有机结合，以加强实验技能的综合训练和素质能力培养为主线，注重实验内容的新颖性、前沿性以及实验方法和手段的多样性，从相关专业的培养目标出发，突出重点，夯实基础。

2. 依据“实践→理论→再实践”的认识规律及循序渐进的原则编写实验内容，由浅入深，由理论到应用，由简单到综合，由综合到设计。“基本操作技能→综合应用技能→创新研究技能”阶梯攀升式的训练过程，可以让学生稳固掌握实验知识和技能，学会科学的思维方法，进而不断获取知识及提升科研和创新能力。

3. 实验内容按“基本操作训练”“基本测定实验”“基本原理与性质实验”“综合型、设计型、应用型实验”四部分分类编排，有助于选择不同类型的实验进行循序渐进的训练。每个实验项目都编写了预习思考，旨在引导学生通过预习思考的内容，按“自学查阅、深入思考”的方式完成实验的预习过程，并带着问题进入实验室去寻找和验证答案。

4. 在实验内容的选择上，除优选了经典、优秀的实验项目外，还选用了“废干电池的综合利用”“用蛋壳制备柠檬酸钙”“食品中微量元素的鉴定”等与环境保护、生活实践密切相关的实验内容，以及“化学暖袋”“水中花园”“化学钟摆”等趣味化学实验内容，在培养学生化学基本实验技能的同时注重知识内容的应用性和趣味性。

5. 本书配有数字化教学资源，并与各种相关联的媒体优化整合形成立体化教材，可实现化学实验教学内容的创新、自主学习与实验课堂教学相结合以及教学模式的多元化。读者可通过观看本书所涉及的各种基本实验操作和实验原理的短视频，直观、有效地掌握规范的实验操作及实验内容。

参加本书编写工作的有沈阳工业大学的刘利（第二章、第六章），张进（第四章、第七章），姚思童（第一章、附录），吕丹（第五章），李倩、徐炳辉（第三章），张宇航、于杰（表格、插图）。刘利负责全书的策划、统稿等工作，全书由刘利、张进、姚思童修改和定稿。沈阳工业大学的徐舸、史发年、孙雅茹、杨军等共同参与完成了本书的编写工作。在此向给予本书极大支持和帮助的各位同仁表示深深的谢意。

在本书的编写过程中，参考了国内外的众多同类教材、专著和相关文献，并从中得到了启发和教益，在此一并表示感谢！对化学工业出版社在本书的校核及出版过程中给予的大力支持深表感谢！

本书是沈阳工业大学多位教师辛勤耕耘的结晶。教材内容涉及多方面的知识，限于编者的学识水平，疏漏之处在所难免，恳请同行专家和读者批评指正。

编者

2020 年 3 月

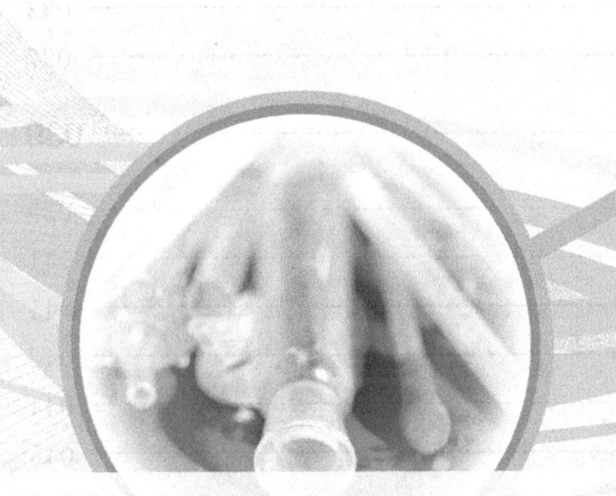

目 录

第一章 普通化学实验的基本知识

第一节 普通化学实验的目的

普通化学实验是为非化学化工类大一本科生所开设的实验课，是连接高中与大学化学实验课程的桥梁，是化学教学不可缺少的重要组成部分，是全面实施素质教育的有效形式。普通化学实验教学在化学教学方面起着理论教学不可替代的重要作用。通过实验教学能够达到以下几个方面的目的：

（1）了解实验室工作的内涵及相关知识，如实验室试剂与仪器的管理、实验过程中可能发生的一般事故及处理、实验室废液的处理方法等。

（2）熟悉化学实验的基本技能，学会正确使用基本仪器测量实验数据的方法，培养细致观察和正确记录实验过程中现象以及合理处理数据、综合分析归纳、用文字准确表达实验结果的能力。

（3）了解物质变化的感性知识，熟悉重要化合物的性质、制备、分离和表征方法，加深对基本原理和基本知识的理解，培养学生掌握用实验方法获取新知识的能力。

（4）通过综合型、设计型实验，培养学生一定的独立组织实验方案、独立思考并完成实验以及进行科学研究和创新的能力。

（5）培养学生养成实事求是、准确、细致等良好的科学态度以及科学的思维方法，为学生继续学好后续课程及今后参加实际工作和开展科学研究打下良好的基础。

第二节 普通化学实验的基本要求

为达到普通化学实验的教学目的，真正实现实验教学的预期目标，必须有正确的学习态度和学习方法。

一、重视并充分做好预习

（1）认真钻研并熟悉实验教材中的相关内容。

（2）明确实验目的，清楚实验需要解决的问题，理解实验原理，掌握实验方法。

（3）了解实验内容、步骤，熟悉基本操作、仪器使用和实验注意事项。

（4）查阅有关教材、参考书、手册，获得实验所需的相关化学反应方程式、常数等。

（5）写出预习报告（包括实验目的、实验原理、反应方程式、相关计算式）。对于综合型、设计型实验，需要根据相关知识和原理写出实验的基本方案，保证实验顺利完成。

实践证明，预习环节的充分与否决定了实验结果的成功与否。因此，一定要坚持做好化学实验前的预习工作，确保实验安全，提高实验效率，圆满完成实验教学任务，达到预期的实验目的。

二、认真并安全完成实验

（1）实验开始前，对所需使用的玻璃仪器进行必要的清洗，配制必要的实验试剂。

（2）按照实验教材上的方法、步骤、试剂用量和操作规程科学地进行实验。

（3）实验过程中认真操作、仔细观察，并将实验现象和实验数据及时、如实地记录在报告册相应位置，确保实验结果真实准确。

（4）实验过程中注意力要保持高度集中，积极思考，在规定的时间内完成规定的实验内容，达到实验教学要求。

（5）遇到问题首先要善于独立思考分析，力求自己解决，如果自己解决不了，可请教指导老师。

（6）实验过程中要注重培养严谨的科学态度和实事求是的科学作风，决不能弄虚作假，随意修改数据。

（7）严格遵守实验室的各项规则。

① 实验过程中严禁打闹，严格遵守实验教学纪律，保持肃静。

② 实验操作必须规范，正确使用仪器和设备，节约药品、水、电和煤气。

③ 保持实验室整洁、卫生和安全。实验后要认真清扫地面，清洗玻璃仪器，整理台面，关闭水、电、煤气、门窗，经指导教师允许后再离开实验室。

三、独立撰写实验报告

在实验室做完化学实验，只是完成了实验教学的一部分，余下更为重要的是分析实验现象，整理实验数据，将直接的感性认识提高到理性思维阶段，最终给出实验获得的结论和收获的知识。

实验报告是每次实验的记录、概括和总结，也是对实验者综合能力的考核。每个学生在做完实验后必须及时、独立、认真地完成实验报告。根据原始记录，认真处理数据，对实验中的结果进行充分地分析和讨论。对实验中所产生化学现象的解释最好用化学反应方程式，必要时可另加文字简要叙述。

实验结果与讨论是实验报告的核心及重要组成部分，是学生实验能力的综合体现，是学生善于观察、勤于思考、正确判断的真实反映。因此，在内容上要包括分析并解释观察到的实验现象，可以得到什么结论，实验结果的可靠程度与合理性评价，分析实验可能的误差来源和解决措施以及对实验改进的建议等。

实验报告在一定意义上反映了一个学生的学习态度、实际的理论知识水平与综合能力。

实验报告必须做到言简意赅、条理清晰，数据记录清楚、文字工整，图表清晰、形式规范。实验结论必须要精炼、完整，数据处理要有依据，计算要正确。

第三节　普通化学实验的成绩评定

化学实验教学是通过学生亲身体验实践获取知识，激发学生创造欲的过程。在这一过程中不仅要让学生“学会”，更重要的是要让学生“会学”，能够自己去发现问题并解决问题，从而优化实验过程。

实验成绩的评定是教学过程的重要环节，是检查教学效果、提高教学质量的重要措施。需明确的是实验结果绝不是成绩评定的唯一决定因素。学生普通化学实验成绩评定的主要考核依据如下：

（1）对实验基础知识、实验原理的理解程度。

（2）对实验基本操作、实验方法的掌握程度。

（3）预习报告的完成质量情况。

（4）实验报告的填写及处理情况。

① 实验中原始数据的记录情况（及时性、正确性、真实性及表格设计的合理性）。

② 数据处理是否正确，有效数字及使用的掌握程度。

③ 实验报告书写的规范性及完整性；实验结果（例如产品的纯度及收率等数据）的准确度与精密度。

（5）实验过程中表现出的综合能力、科学态度和科学精神。

第四节　普通化学实验常用器皿

普通化学实验常用仪器种类很多，表 1-1 列出了常用实验仪器及用品，常用器皿示意图如图 1-1 所示。

表 1-1　常用实验仪器及用品

名称	名称	名称	名称
漏斗架	石棉铁丝网	滴定管夹（蝴蝶夹）	电子分析天平
长颈漏斗	点滴板	白瓷板	离心机
漏斗	三脚架	铁架台	酸度计
试管	称量瓶	铁圈	电导率仪
U 形管	移液管	双顶丝	分光光度计
研钵	吸量管	滴瓶	万用表
牛角匙	温度计	离心试管	电炉
滴管	烘箱	试管架	秒表
表面皿	量筒	试管夹	压力表
烧杯	洗瓶	试管刷	滤纸
坩埚	容量瓶	蒸发皿	砂纸
坩埚钳	洗耳球	水浴锅	广泛 pH 试纸
酒精灯	酸式滴定管	锥形瓶	精密 pH 试纸
干燥器	碱式滴定管	抽滤瓶	
泥三角	滴定台	托盘天平	

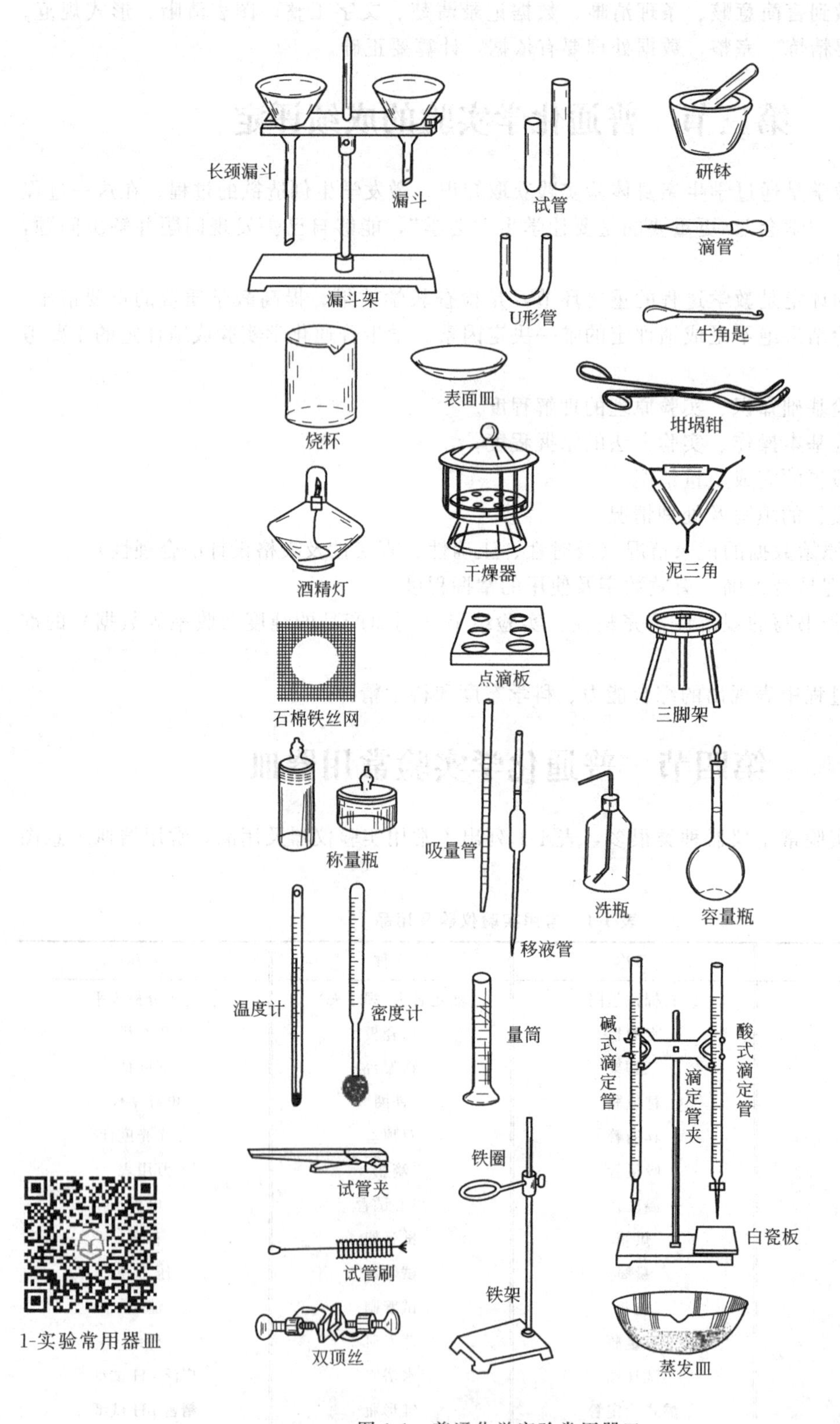

1-实验常用器皿

图 1-1 普通化学实验常用器皿

第五节 普通化学实验室用水

2-实验室用水

实验室常用水有蒸馏水、去离子水和电导水。这些实验室用水的制备方法如下所述。

一、蒸馏水

将自来水在蒸馏装置中加热汽化，再将蒸汽冷却，即得到蒸馏水。蒸馏能除去水中的非挥发性杂质，但不能完全除去水中溶解的气体杂质。此外，一般蒸馏装置所用材料是不锈钢、纯铝或玻璃，所以可能会带入金属离子。

二、去离子水

将自来水依次通过阳离子树脂交换柱、阴离子树脂交换柱和阴阳离子树脂混合交换柱后所得的水，离子树脂交换柱除去离子的效果好称为去离子水，其纯度比蒸馏水高。但不能除去非离子型杂质，常含有微量的有机物，是现在实验室的常用水。

三、电导水

在第一套蒸馏器（石英制）中装入蒸馏水，加入少量高锰酸钾固体，经蒸馏除去水中的有机物，得重蒸馏水。再将重蒸馏水注入第二套蒸馏器（石英制）中，加入少许硫酸钡和硫酸氢钾固体，进行蒸馏。弃去馏头、馏后各 10mL，收取的中间馏分称为电导水。电导水应收集保存在带有碱石灰吸收管的硬质玻璃瓶内，时间不能太长，一般在两周以内。

第六节 普通化学实验结果的表示

3-实验结果的表示

一、实验记录及数据处理中的有效数字

实验中的测量值或与测量值有关的计算值，它的位数可以反映测量的精确程度。从不为 0 的数字算起实际能测量到的数字称为有效数字。有效数字表示时，通常保留的最后一位数字是不确定的，即估计数字，一般有效数字的最后一位数字有±1 个单位的误差。由于有效数字位数与测量仪器的精度有关，实验数据中任何数据的位数都不能随意增减。例如，用电子分析天平称得某物质为 0.2501g，由于电子分析天平可称量至 0.0001g，因此该物质的质量为 0.2501g±0.0001g，不能记录为 0.250g 或者 0.25010g。又如滴定管的读数应保留到小数点后第二位，如果某一读数正确应为 28.30mL，则不能记为 28.3mL，滴定管读数能估计到±0.01mL。因此任何超过或低于仪器精确限度的读数都是不恰当的。

计算过程中，有效数字的取舍也很重要，下面介绍加减法和乘除法两种运算规则。

1. 加减法运算规则

在加减法运算中，计算结果的有效数字位数决定于运算数据中绝对误差最大者，即计算结果小数点后的位数，应与各加减数值中小数点后位数最少者相同。例如：

$$\begin{array}{r} 0.0121 \\ 1.05682 \\ +25.64 \\ \hline 26.70892 \end{array}$$

最后结果应为 26.71。

2. 乘除法运算规则

在乘除法运算中，计算结果有效数字的位数决定于运算数据中相对误差最大者，即与各数据中有效数字位数最少的相同，而与小数点的位置无关。

二、实验结果的表示方法

普通化学实验不仅要测定数据，还要对实验数据进行整理、归纳和处理，分析和找出某些客观规律。实验中测得的大量数据可以用列表法和作图法表示。

1. 列表法

列表法就是将实验或研究结果以数据表的形式记录在实验报告上，是实验数据的初步整理方法。设计表格时应注意：

① 尽量采用三线表。表上所列项目应当简明、完整，又能恰当说明问题。

② 表中每一行的开始，应标明物理量的名称和计量单位，习惯上用“/”将物理量与计量单位隔开。如：时间/s。

③ 每行记录的数据应与测量精度一致，必须正确使用有效数字。

2. 作图法

作图法是指根据实验数据作出因变量随自变量变化的关系曲线图。作图法的优点是能直接显示出数据的特点、数据变化的规律，并能利用图形做进一步处理，求得斜率、截距、内插值、外推值及切线等。要作出偏差小而又光滑的曲线图形，须遵循以下步骤：

（1）坐标轴比例尺的选择

实验中最常用的为分度值相同的直角坐标纸（每厘米分 10 小格）。用直角坐标纸时，通常以横坐标为自变量，纵坐标为因变量；横、纵坐标原点的读数不一定从 0 开始，应视实验具体要求的数据范围而定；图纸中每一小格所对应的数值应便于读数。

坐标轴比例尺的选择要适宜。选择时要注意：

① 最好能表示出全部有效数字。为了使由图形求出物理量的准确度与测量结果的准确度一致，图上的最小分度值与实验值的分度值应一致。

② 每一格所对应的数值应便于计算，便于迅速读出。

③ 要能使数据的点分散开，全图占满纸面，布局匀称，而不要使图很小或只偏于一角。

④ 若所作图形是直线，应使直线与横坐标的夹角在 45°左右，角度勿太大或太小。

（2）坐标轴的绘制

选定比例后，应画上坐标轴，在坐标轴旁标明该坐标轴所表示变量的名称和计量单位。按规定坐标轴的标记应以纯数形式表达，如温度 T/K、时间 t/s。纵坐标每隔一定距离应标出该处变量应有的数值，以便作图和读数。

（3）实验点的表示

根据实验数值在坐标纸上标出各点，可用△、×、○、▲等符号标示清楚（这些符号的面积应近似地表明测量的误差范围）。这样作出曲线后各点位置仍能很清楚，切不可只点一个小点“·”，以致作出曲线后看不出各数据点的位置。

（4）曲线的绘制

标出各点后，即可连接成线。曲线或直线不必通过所有各点，但最好通过尽可能多的实验点，且应使曲线以外的实验点尽可能均匀、对称地分布在曲线两侧，如图 1-2 所示。有的点偏离太大，连接曲线时可不予考虑。切勿为了让曲线全部通过实验点而作出

“折线”。

(5) 由直线图形求斜率

若对直线求其斜率，必须在线上取两个点的坐标值代入算出。为了减小误差，所取两点不宜相隔太近。计算时应注意的是两点坐标差之比，不是纵、横坐标长度之比，因为纵、横坐标的比例尺可能不同。若以线段长度求斜率，将导出错误的结果。

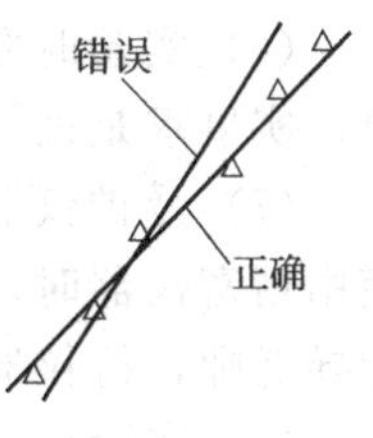

图 1-2 线的描绘示意图

此外，也可以应用计算机中的 Origin、Excel 软件处理实验数据，作出图形。

第七节 实验中良好学风的培养

化学实验教学中教师应注意引导学生认真观察每一个实验现象，启发学生积极思维，使学生学会把实验事实与已知理论联系起来，激发学生的求知欲望和做化学实验的兴趣。对于学生在实验过程中遇到的异常现象或问题，教师应积极启发学生自己去思考，引导他们找出问题存在的原因进而解决问题。

化学实验教学过程中，学生必须懂得基本操作训练和操作技能培养的重要性，任何一个实验不仅要明确原理，而且要使基本操作严格规范化，任何操作都必须按照要求一丝不苟地完成，只有勤学苦练，才可能熟练掌握实验操作技能。基本操作实验可由学生自学与教师指导相结合的教学方式来完成，给学生一个广阔的掌握科学学习方法的空间。化学实验课教学必须重视课堂讨论，学生与教师、学生与学生之间平等地讨论问题，营造浓厚的学习气氛，在讨论中发现问题、解决问题，提高学生对知识点的理解以及分析问题和综合应用的能力。

化学实验对学生的锻炼和培养是多方面的，学生应注意从各方面严格要求自己。如对实验方法、实验步骤的理解和掌握，对实验现象的观察和分析，就是在培养学生的科学思维和工作方法；实验台面保持整洁、仪器摆放规整有序、废弃杂物按规定处理，就是培养学生从事科学实验的良好习惯和作风。通过实验使学生树立再小的事都应认真对待、认真完成的意识，人的各种能力是在日常点滴的锤炼中形成的。

第八节 实验室规则及学生守则

实验室规则是保证正常工作秩序、保持良好实验环境、防止意外事故发生、杜绝违规操作、确保实验教学安全顺利完成的重要前提和保障。

(1) 提前进入实验室做好实验前的准备工作。首先签到、穿好实验服，然后检查实验所需的药品、仪器是否齐全，在指定位置进行实验。

(2) 实验前，先清点所有的玻璃器皿与仪器，如发现破损，立即向指导教师声明补领，如在实验过程中玻璃器皿与仪器损坏，必须及时登记补领，并按照规定进行赔偿。

(3) 实验中必须遵守教学纪律，不迟到，不早退，不大声喧哗，不到处乱走，不影响他人实验，严禁打闹。

(4) 实验台上的药品、仪器应整齐排列，实验中注意保持实验台面的清洁卫生。随时将实验中产生的废物、试纸、滤纸、火柴梗、碎玻璃等放入杂物杯中，实验结束后倒入垃圾箱。实验中产生的废液倒入专用的废液回收容器中，统一回收处理。

(5) 按规定的用量取用药品，取完药品后，必须及时盖好原瓶盖，放在指定位置的药品不得擅自拿走。

(6) 实验时要集中精神，认真正确地进行操作，避免实验事故的发生。仔细观察实验现象，实事求是做好实验原始记录，认真思考实验中出现的问题。

(7) 爱护仪器和实验室设备，树立浪费可耻的意识，实验中注意节约水、电、药品等。使用精密仪器时，必须严格按照操作规程进行，如发现仪器有故障，应立即停止使用并报告指导老师，待仪器故障排除后方可再次使用。

(8) 实验后，要将所用仪器清洗干净并放回原处，有序存放。擦净实验台面，检查水、电、煤气是否安全关闭，指导教师检查后方可离开实验室。

(9) 如果实验中发生意外事故，不要惊慌失措，报告指导教师及时进行处理。

(10) 使用药品时应注意下列几点：

① 药品必须按照教学实验内容中的规定量取用，如果教材中未规定用量，应根据实验内容注意节约，尽量少用。

② 取用固体药品时，注意勿使其撒落在实验台上。

③ 药品自瓶中取出后，不能再倒回原试剂瓶中，以免带入杂质而引起原试剂瓶中药品污染变质，影响后续实验。

④ 从试剂瓶取用药品结束后，应立即盖上盖子，并将试剂瓶放回原处，以免不同试剂瓶的盖子盖错，瓶中混入杂质(尤其是带有胶头滴管的试剂瓶)。

⑤ 胶头滴管在未洗净时，不可以用来从试剂瓶中吸取溶液。

⑥ 实验教学中规定在实验完成后要回收的药品，都应倒入指定的回收容器中。

第九节　实验室安全守则及事故处理

一、实验室安全守则

4-实验室安全的重要性

实验过程中，常常会用到易燃、易爆、有腐蚀性和有毒的化学药品，因此进行化学实验之前一定要熟识实验室的安全注意事项，遵守实验室的安全守则，以避免实验事故的发生。

① 一切易燃、易爆药品的实验操作都必须远离火源。

② 一切有毒或有刺激性药品的实验操作都必须在通风橱内进行。

③ 乙醚、乙醇和苯等有机易燃药品，存放和使用时必须远离明火，取用完毕后立即盖紧瓶塞和瓶盖放回原处。

④ 嗅闻气体时，鼻子不能直接对着瓶口，应用手轻扇气体，使少量气体扇向自己再闻。

⑤ 浓酸、浓碱具有很强的腐蚀性，切勿溅在衣服、皮肤上，特别是勿溅在眼睛里。在稀释浓硫酸时，必须将浓硫酸慢慢注入水中，并且不断搅拌，切勿将水注入浓硫酸中。

⑥ 不知反应机理，没有有关知识储备，不得随意混合各种化学药品。

⑦ 加热试管时，不要将试管口对着自己和别人，不要俯视正在加热的液体药品，以免液体溅出，受到伤害。

⑧ 禁止在实验室内饮食、抽烟和打闹，防止有毒药品(氰化物、砷化物、汞化物、高价铬盐、钡盐和铅盐等)进入口内或接触伤口。

⑨ 不要用湿的手、物接触电源。点燃的火柴用后应立即熄灭，不得乱扔。

⑩ 实验过程中使用有毒药品更应特别注意，有毒废液必须进行统一回收，不得倒入水槽，以免与水槽中的残酸作用而产生有毒气体污染环境，增强自身的环境保护意识。

⑪ 实验进行过程中，不得擅自离开所在岗位。水、电、煤气、酒精灯等一经使用完毕

后要立即关闭。

⑫ 实验结束后，实验者、值日生和最后离开实验室的人员应再一次做检查。

二、事故处理

5-事故处理措施

① 割伤：伤口不能用手抚摸，伤口内如果有异物，必须把异物挑出，然后涂上碘酒或贴上“创可贴”包扎，必要时送医院治疗。

② 烫伤：首先用凉水冲洗，伤处皮肤未破时，可涂擦烫伤膏；如果伤处皮肤已破，可涂些紫药水或1%高锰酸钾溶液。

③ 受强酸腐蚀：立即用大量水冲洗，再用饱和碳酸氢钠溶液（或肥皂水）冲洗。

④ 受浓碱腐蚀：立即用大量水冲洗，再用3%～5%醋酸或硼酸饱和溶液冲洗，最后再用水冲洗。

⑤ 酸（或碱）溅入眼内：应立即用大量水冲洗，再用3%～5%碳酸氢钠溶液（或3%硼酸溶液）冲洗，然后立即到医院治疗。

⑥ 溴烧伤：用乙醇或10% $Na_2S_2O_3$ 溶液洗涤伤口，再用水冲洗干净，并涂敷甘油。

⑦ 汞洒落：使用汞时应避免泼洒在实验台或地面上，使用后的汞应收集在专用的回收容器中，切不可倒入下水道或污物箱内。

⑧ 吸入刺激性或有毒气体：如吸入氯气、氯化氢时，可吸入少量酒精和乙醚的混合蒸气解毒。因吸入硫化氢气体感到不适（头晕、胸闷、恶心欲吐）时，应立即到室外呼吸新鲜空气。

⑨ 毒物进入口内：可内服一杯含5～10mL稀硫酸铜溶液的温水，再用手指伸入喉咙处，促使呕吐，然后立即送医院治疗。

⑩ 被磷火烧伤：应立即用5%硫酸铜溶液浸泡纱布，敷在伤处30min，清除磷后，再按一般烧伤的处理方法处理即可。

⑪ 触电：首先切断电源，然后在必要时进行人工呼吸，找医生救治。

⑫ 火灾：要立即灭火，并采取措施防止火势进一步蔓延，然后根据起火的原因选择合适的方法灭火。

第十节　灭火方法及灭火器材的使用

一、灭火方法

6-消防安全知识

一切灭火的措施都是为了防止燃烧条件的相互结合和相互作用，破坏已经产生的燃烧条件。灭火的基本方法如下：

1. 冷却法

① 将灭火剂直接喷射到燃烧物质上，降低燃烧物质的温度，使其低于物质的燃点，迫使燃烧停止。

② 将水浇在火源附近的物体上，夺取燃烧物质的热量，使其不受火焰辐射的威胁而形成新的火点。

2. 隔离法

隔离法就是将火源处或周围的可燃物质进行隔离，或者转移到离火源较远的地方，使燃烧因缺少可燃物质而停止，防止火灾蔓延。

可采用的方法如下：

① 为了防止燃烧的物体与其他易燃、可燃物质接触，应该迅速将其移开。

② 移走火源附近易燃、易爆和助燃的物品。

③ 拆除与火源及燃烧区域临近的易燃设备，预测火势蔓延的路线，阻止火势进一步蔓延。

④ 关闭可燃气体、液体管道的阀门，减少和阻止可燃物进入燃烧区。

⑤ 用强大水流截阻火势。

3. 窒息法

阻止空气流入燃烧区或用不燃物质冲淡空气，燃烧物会因为得不到足够的氧气而熄灭。例如用不燃或难以燃烧的物质覆盖在燃烧物上，封闭起火设备的孔洞等。

4. 抑制法

灭火剂参与到燃烧反应的过程中去，使燃烧过程中产生的游离基消失而形成稳定分子或低活性的游离基，从而使燃烧反应终止。目前投入使用的 1202（二氟二溴甲烷）、1211（二氟一氯一溴甲烷）均属于这类灭火剂。

二、灭火器材的使用

1. 泡沫灭火器

泡沫灭火器是一个内装碳酸氢钠与发沫剂混合溶液、玻璃瓶胆（或塑料胆）内装硫酸铝水溶液的铁制容器。使用时将桶身倒转过来，两种溶液混合发生反应，产生含有二氧化碳气体的浓泡沫，体积膨胀 7～10 倍，一般能喷射 10m 左右。由于泡沫密度小，所以能覆盖在易燃液体的表面上，泡沫灭火器对于扑灭油类火灾是比较好的。

2. 二氧化碳灭火器

二氧化碳是一种惰性气体，以液态灌入钢瓶中。液态二氧化碳从灭火器口喷出后，迅速变成雪花状的二氧化碳固体，又称为干冰，其温度为 195K。二氧化碳是电的不良导体，适用于扑灭带电（10kV 以下）设备的火灾。二氧化碳无腐蚀性，可以扑灭重要档案文件、珍贵仪器设备的火灾，扑灭油类火灾也有较好的效果。

3. 四氯化碳灭火器

四氯化碳灭火器筒内装四氯化碳液体，使用时将喷嘴对准着火物，拧开梅花轮，四氯化碳液体因受到筒内气压作用就会从喷嘴喷出，一般能喷射 7m 左右。四氯化碳不导电，适于扑灭电器设备的火灾，也可以扑灭其他物质的火灾。四氯化碳有毒，在使用时为了防止中毒，不要站在下风向，要站在上风向或较高的地方。

4. 干粉灭火器

干粉灭火器是一种细微粉末与二氧化碳的联合装置，靠二氧化碳气体作为推动力，将粉末喷出而扑灭火灾，是一种效能较好的灭火器。干粉（主要是碳酸氢钠等物质）是一种轻而细的粉末，所以能覆盖在燃烧物上，使之与空气隔绝而灭火。这种灭火剂有毒、无腐蚀，适用于扑灭燃烧液体、档案资料和珍贵仪器的火灾，灭火效果较好。

5. 1211 灭火器

1211 灭火器是一种新型高效能液化气体灭火器。瓶体由薄钢板制成，瓶内装有压缩液化的 1211 灭火剂，瓶内以氮气为喷射动力。使用时将喷嘴对准着火点，拔掉铅封和安全销，用力握紧压把，开启阀门，瓶内液体在氮气压力下由喷嘴喷出。1211 灭火器适用于扑灭易燃液体、气体、精密仪器、文物档案、电器等的火灾，灭火效果比二氧化碳灭火器高四倍多。

6. 高效环保型灭火器

(1) 高效水系灭火器

这是一种采用洁净水和添加剂的环保型水系灭火剂，采用雾化喷头技术，灭火装置喷出的水雾雾滴极细，比表面积大，雾滴蒸发产生大量的水蒸气并吸收大量的热量，使火场周围环境温度迅速降低。

(2) 高效阻燃灭火器

该灭火器内装有预混型水成膜阻燃灭火剂，并以有压氮气为驱动力，灭火剂通过灭火器的泡沫喷嘴喷出，形成泡沫，泡沫会迅速释放出一种水膜，在燃烧的油面上形成阻隔水膜层，并和泡沫层将整个油面封闭。阻隔水膜层和泡沫层，防止复燃。

第十一节　实验室“三废”的处理

一、废气的处理

7-实验室废弃物的处理

对于有毒气体的排放，可根据实际情况做如下处理：

① 做少量有毒气体产生的实验，应在通风橱中进行，通过排风设备把有毒废气排到室外，利用室外的大量空气来稀释有毒废气。

② 如果实验产生大量有毒气体，应该安装气体吸收装置来吸收这些气体。例如，产生的二氧化硫气体可以用氢氧化钠水溶液吸收。

二、废渣的处理

实验室产生的有害固体废渣虽然不多，但是绝不能将其与生活垃圾混倒。固体废弃物经回收、提取有害物质后，其残渣可以进行土地掩埋，要求被埋的废弃物应是惰性物质或能被微生物分解的物质。填埋应远离水源，场地底土应不透水。

三、废液的处理

① 废酸液：废酸缸中的废酸液可用耐酸塑料网纱或玻璃纤维过滤，加碱调节 pH 值至 6～8 后就可排出，少量滤渣埋于地下。

② 废铬酸洗液：大量的废洗液可用高锰酸钾氧化法使其再生，继续使用。少量的废洗液可加入废碱液或石灰使其生成氢氧化铬(Ⅲ) 沉淀，将其埋入地下。

③ 含氰废液：氰化物属于剧毒物质，含氰废液必须经过认真处理后才能排放。少量的含氰废液可先加氢氧化钠调至 pH＞10，再加入几克高锰酸钾使 CN^- 氧化分解。大量的含氰废液可用碱性氯化法处理。

④ 含汞废液：先调 pH 值至 8～10 后，加适当过量的硫化钠使之生成硫化汞沉淀，并加硫酸亚铁使过量的 S^{2-} 生成硫化亚铁沉淀，从而吸附硫化汞共沉淀下来（清液含汞量可降至 $0.02mg \cdot L^{-1}$ 以下）。静置并让沉淀物充分沉降后，清液排放，少量沉渣埋于地下，若有大量沉渣可用焙烧法回收汞，但注意必须要在通风橱中进行。

⑤ 含重金属离子的废液：最有效和最经济的处理方法是加碱或加硫化钠，把重金属离子变为难溶性的氢氧化物或硫化物沉淀，过滤分离，清液排放，将残渣进行掩埋。

第十二节　绿色化学简介

一、绿色化学的概念

8-绿色化学简介

绿色化学，又称环境友好化学。绿色化学有三层含义：

第一，绿色化学是清洁化学。绿色化学致力于从源头制止污染，而不是污染后再治理，绿色化学技术应不产生或基本不产生对环境有害的废弃物，绿色化学所产生出来的化学品不会对环境产生有害的影响。

第二，绿色化学是经济化学。绿色化学在合成过程中不产生或少产生副产物，绿色化学技术应是低能耗和低原材料消耗的技术。

第三，绿色化学是安全化学。在绿色化学过程中尽可能不使用有毒或危险的化学品，其反应条件尽可能是温和或安全的，其发生意外事故的可能性是极低的。

总之，绿色化学是用化学的技术和方法减少或消灭对人类健康、生态环境有害的原料、溶剂、催化剂、产物、副产物等的产生或使用。

二、绿色化学的发展

人类进入 20 世纪以来创造了高度的物质文明，从 1990 年到 1995 年的 6 年间合成的化合物数量相当于有记载以来的 1000 多年间人类发现和合成化合物的总数量（1000 万种），这是科技的发展、社会的进步所致，但同时也带来了负面的效应，如资源的巨大浪费，日益严重的环境问题等。人们开始重新认识和寻找更有利于其自身生存和可持续发展的道路，注意人与自然的和谐发展，绿色意识成了人类追求自然完美的一种高级表现形式。

1995 年 3 月，美国发起“绿色化学挑战计划”并设立“总统绿色化学挑战奖”。1997 年中国国家科委（现科学技术部）主办第 72 届香山科学会议，主题为“可持续发展对科学的挑战——绿色化学”。近些年来，各国化学家在绿色化学的研究领域里，运用物理学、生态学、生物学等的最新理论、技术和手段，取得了可喜的成绩。

三、绿色化学的思维方式

绿色化学的核心是“杜绝污染源”，防治污染的最佳途径就是从源头消除污染，一开始就不要产生有毒、有害物。事实上，化学实验绿色化的关键是建立绿色化学的思维方式。在化学实验教学中，应在教师和学生的头脑中确立这种意识。要树立绿色化学的思维方式，应从保护环境的角度、从经济和安全的角度来考虑各个实验的设置、实验手段、实验方法等并遵循以下原则：

① 设计合成方法时，只要可能，不论原料、中间产物还是最终产品，均应对人体健康和环境无毒害（包括极小毒性和无毒）。

② 合成方法必须考虑能耗、成本，应设法降低能耗，最好采用在常温、常压下的合成方法。

③ 化工产品要设计成在其使用功能终结后，不会永存于环境中，要能分解成可降解的无害产物。

④ 选择化学生产过程的物质时，应使化学意外事故（包括渗透、爆炸、火灾等）的危险性降低到最低程度。

⑤ 在技术可行和经济合理的前提下，要采用可再生资源以代替消耗性资源。

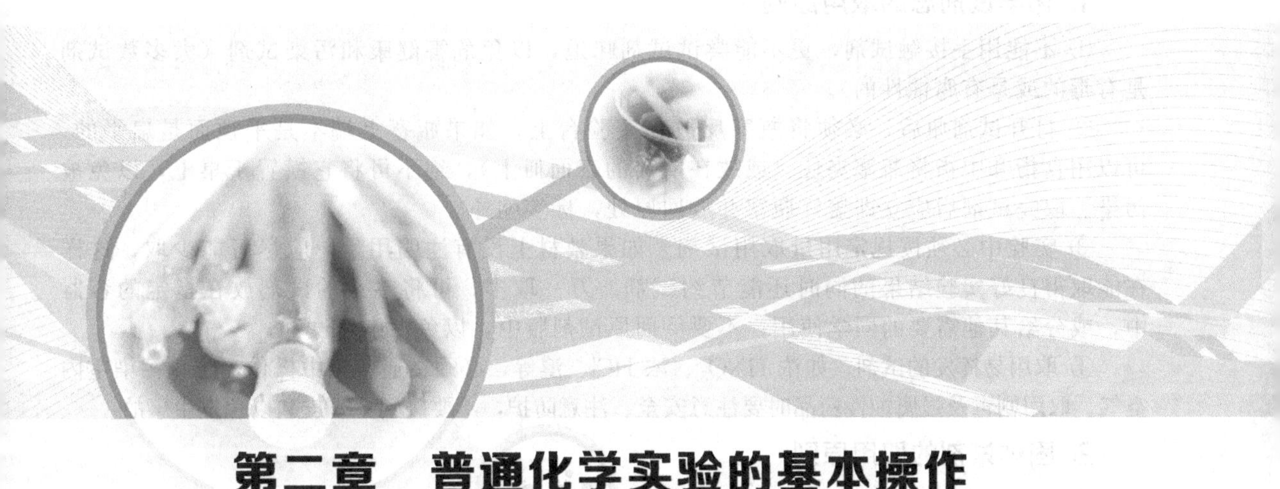

第二章　普通化学实验的基本操作

第一节　化学试剂的存放与取用

一、化学试剂的存放

9-化学试剂的存放

常根据试剂的性质及“方便取用”原则来存放试剂。

(1) 固体试剂一般存放在易于取用的广口瓶内。

(2) 液体试剂则可存放在细口的试剂瓶中。

(3) 一些用量少而使用频繁的试剂，如指示剂、定性分析试剂等可盛装在滴瓶中。

(4) 对于那些见光分解的试剂（如 $AgNO_3$、$KMnO_4$、饱和氯水等）应装在棕色瓶中。虽然 H_2O_2 也是一种见光易分解的物质，但不能储存在棕色的玻璃瓶中，其原因是棕色的玻璃瓶中含有使 H_2O_2 催化分解的重金属氧化物。

(5) 试剂瓶的瓶塞一般是磨口玻璃的，密封性好，可使长时间保存的试剂不变质。但这种试剂瓶不能用来盛装强碱性试剂（如 NaOH、KOH）及 Na_2SiO_3 溶液，是因为磨口玻璃塞因长期放置这些物质时会产生互相粘连现象。为了避免此现象发生，可将玻璃塞换成橡皮塞。

(6) 易腐蚀玻璃的试剂（氟化物等）应保存在塑料瓶中。易燃、易爆、强氧化性及剧毒品的存放应特别注意，一般需要分类单独存放，如强氧化剂要与易爆、可爆物分开隔离存放。

(7) 低沸点的易燃液体要放在阴凉通风的地方，并与其他可燃物和易产生火花的器物隔离放置，更要远离明火。

(8) 盛装试剂的试剂瓶都应贴上标签，并写明试剂的名称、纯度、浓度和配制日期，标签外面应涂蜡或用透明胶带等保护。

二、化学试剂的取用

1. 化学试剂总的取用原则

① 不能用手接触试剂，更不能尝试试剂味道，以免危害健康和污染试剂（大多数试剂是有毒的或是有腐蚀性的）。

② 打开试剂瓶后，必须将瓶塞反放在实验台上。如果瓶塞上端不是平顶而是扁平的，可以用食指和中指将瓶塞夹住（或放在清洁的表面皿上），绝不可将它横置于桌上，以免被污染。取完试剂后应立即盖好瓶塞并放回原处，标签朝外。

③ 实验中必须按规定用量取用试剂。如果教材上没有注明用量，应尽可能少取，这样在能取得良好实验结果的同时还能节约试剂。万一取多，可将多余的试剂放在指定的容器中，或分给其他需要的同学使用，不要倒回原试剂瓶中，以免污染原试剂。

④ 取用易挥发的试剂，如浓 HNO_3、浓 HCl、溴等，必须在通风橱中操作，防止污染室内空气。取用剧毒及强腐蚀性药品时要注意安全、注意防护，不要碰到手或皮肤以免发生事故。

2. 固体试剂的取用原则

取用固体试剂可用牛角匙、不锈钢药匙、塑料匙。使用时要专匙专用，可根据采用试剂的量选用不同大小的试剂匙。

① 固体试剂要用干净的药匙取用。最好每种试剂专用一个药匙，用过的药匙必须洗净和擦干后才能再次使用，以免污染试剂。药匙的两端有大小不同的两个匙，分别用于取大量固体和少量固体。

② 取用固体试剂前，要看清标签。取用试剂后立即盖紧瓶盖，防止试剂与空气中的氧气等起反应。

③ 称量固体试剂时，必须注意不要取多，取多的药品不能倒回原试剂瓶。因为取出后已经接触空气，有可能已经受到污染，再倒回去容易污染瓶里的剩余试剂。

④ 一般的固体试剂可以放在干净的纸或表面皿上称量。具有腐蚀性、强氧化性或易潮解的固体试剂不能在纸上称量，应放在玻璃容器内称量。如氢氧化钠有腐蚀性，又易潮解，最好放在烧杯中称量，否则容易腐蚀天平。

10-固体试剂的取用

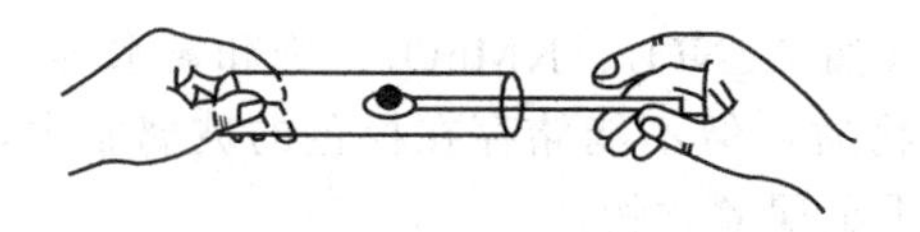

图 2-1　用药匙将固体试剂加入试管

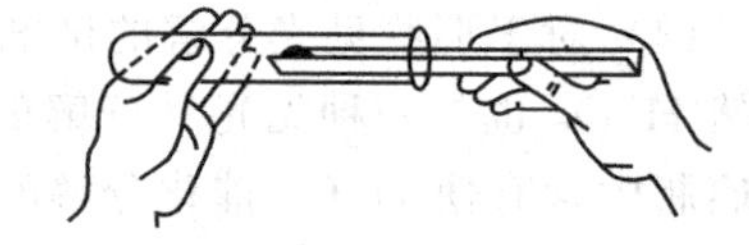

图 2-2　用对折的纸将固体试剂加入试管

⑤ 往试管（特别是湿的试管）中加入固体试剂时，可将盛有固体试剂的药匙伸进试管的适当深度处，然后再将试管及药匙慢慢竖起，如图 2-1 所示，或将取出的固体试剂放在对折的纸上，再按上述方法将固体试剂放入试管，如图 2-2 所示。

⑥ 加入块状固体时，应将试管倾斜，使其沿管壁慢慢滑下，以免碰破试管底部，如图 2-3 所示。如固体颗粒较大，应放在干燥洁净的研钵中研碎。

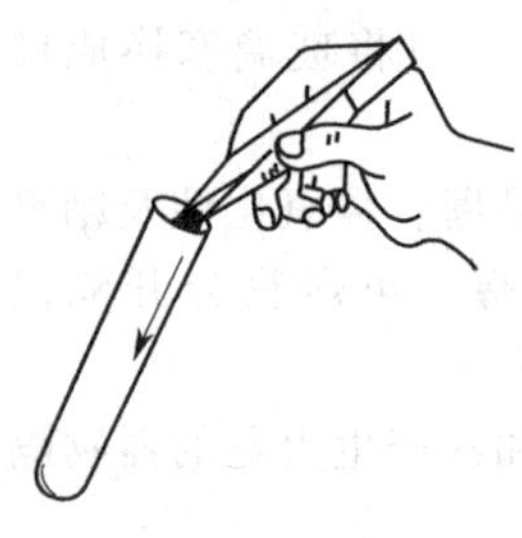

图 2-3　块状固体沿试管壁慢慢滑下

⑦ 取用有毒固体试剂时要做好防护，如戴好口罩、手套等。需在教师指导下取用。

3. 液体试剂的取用原则

（1）从细口试剂瓶中取用试剂的方法

取下瓶塞，左手拿住容器（如试管、量筒等），右手握住试剂瓶（试剂瓶的标签应向着手心），倒出所需量的试剂，如图 2-4 所示。倒完试剂后应将瓶口在容器内壁上靠一下，再使瓶子竖直，这样可避免瓶口上的液滴沿试剂瓶外壁流下。

将液体从试剂瓶中倒入烧杯时，可使用玻璃棒引流。引流方法是：用右手握试剂瓶，左手拿玻璃棒，使玻璃棒的下端斜靠在烧杯中，将瓶口靠在玻璃棒上，使液体沿着玻璃棒往下流，如图 2-5 所示。

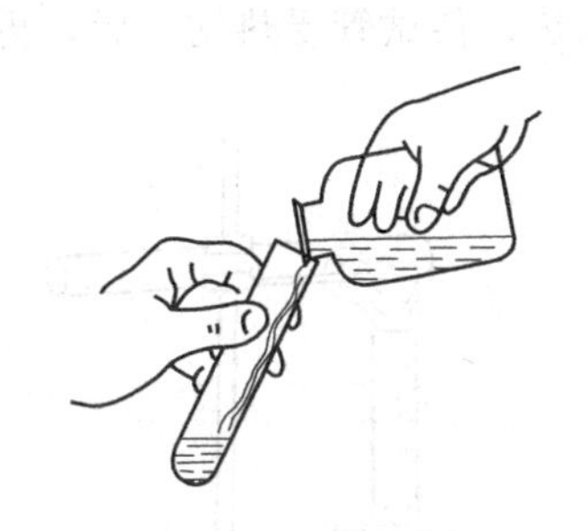

图 2-4　往试管倒试剂

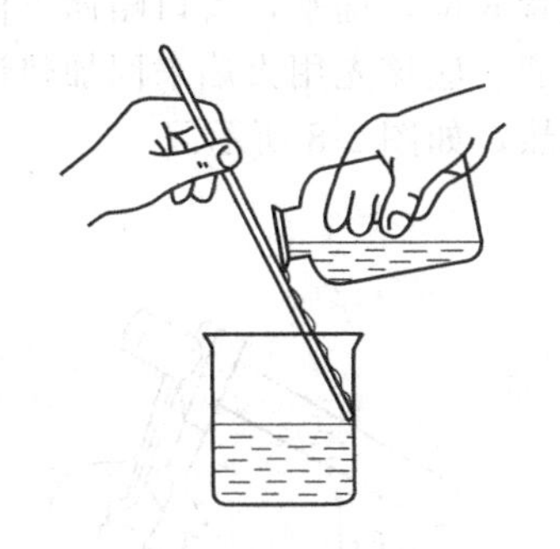

图 2-5　往烧杯中倒试剂

11-液体试剂的取用

（2）从滴瓶中取用少量试剂的方法

先提起胶头滴管，使管口离开液面，用手指捏紧滴管上部的橡皮头排去空气，再把滴管伸入试剂瓶吸取试剂。往试管中滴加试剂时，只能把滴管尖头放在试管口的上方滴加，如图 2-6 所示。严禁将滴管伸入试管内，以免滴管尖头接触试管壁上的其他试剂而污染试剂瓶中的试剂。一个滴瓶上的滴管不能用来移取其他试剂瓶中的试剂，也不能随便拿其他滴管伸入试剂瓶中吸取试剂，以免污染试剂。

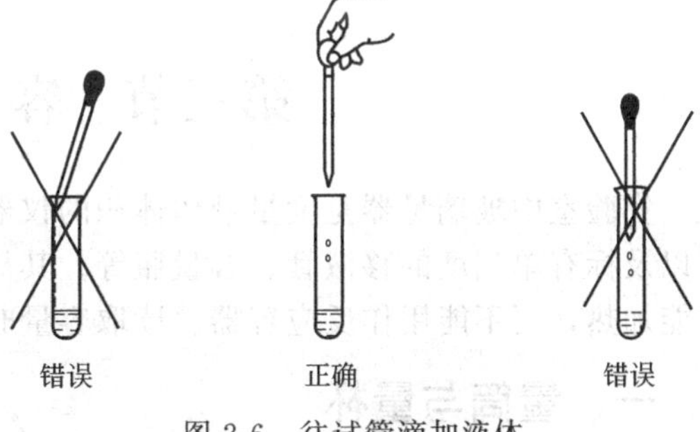

图 2-6　往试管滴加液体

需定量取用液体试剂时，可根据要求选用合适量程的量筒或移液管等。

在取用试剂前，要注意核对标签，确认准确无误后才能取用。各种试剂的瓶塞取下后不能随意乱放，一般应倒立仰放在实验台上。取用试剂后要及时塞好瓶塞，注意不要盖错（特别是滴瓶的胶头滴管不要放错）。用完后应及时将试剂瓶放回原处，以免影响他人使用。

第二节　试管的操作

试管是少量试剂反应的容器，便于操作和实验现象的观察，因而它是普通化学实验中用得最多的玻璃仪器。

一、试管的振荡

用拇指、食指和中指持试管的中上部，试管略倾斜，手腕用力振荡试管，这样试管中的液体就不会被振荡出来。如果试液量过多或者属于多相反应难以振荡时，必须使用玻璃棒搅动使其混合均匀。在离心试管中的反应，必须用玻璃棒搅动。

二、试管中液体的加热

盛有液体的试管一般可直接放在火焰上加热。加热时需用试管夹夹住试管的中上部，使试管相对实验台倾斜一定的角度。试管口不能对着别人或自己，以免发生意外。应使液体各部分均匀受热，先加热液体的中上部，再慢慢向下移动，然后不时地上下移动，如图 2-7 所示。不要在某一部位集中加热，这样做容易引起液体的暴沸，使液体冲出管外，引起烫伤。

三、试管中固体的加热

将固体试剂装入试管底部，铺平，管口略向下倾斜，以免管口冷凝的水珠倒流到灼热的试管部位而引起试管炸裂。应该先用火焰来回加热试管进行预热，待试管受热均匀后，再在有固体试剂的部位加强热，如图 2-8 所示。

12-试管的操作

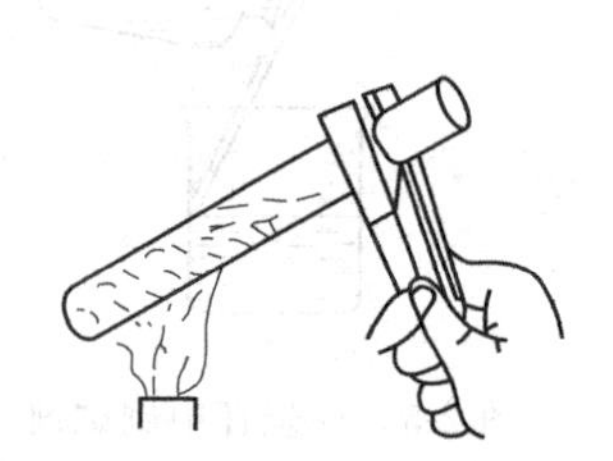

图 2-7 加热试管中的液体

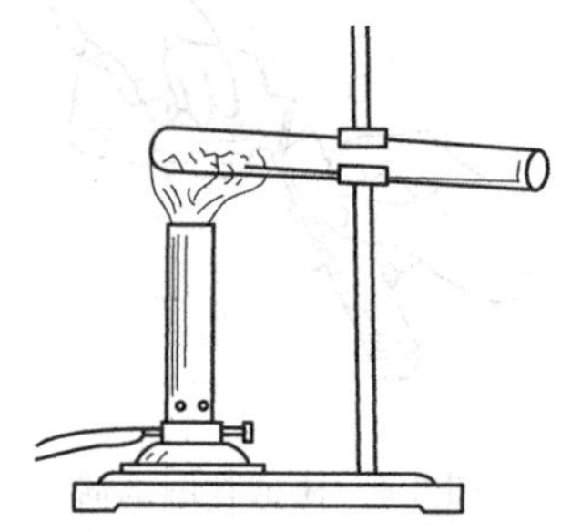

图 2-8 加热试管中的固体

第三节 容量器皿的使用

实验室中玻璃量器是度量液体体积的仪器，有标有分刻度的量筒、量杯、吸量管、滴定管以及标有单刻度的移液管、容量瓶等。其规格是以最大容量为标志的，常标有使用温度，不能加热，更不能用作反应容器。读取容量时，视线应与容器凹液面的最低点保持水平。

一、量筒与量杯

量筒和量杯都是外壁有容积刻度的准确度不高的玻璃容器。量筒分为量出式和量入式两种，如图 2-9 所示，量出式量筒在普通化学实验中普遍使用。量入式量筒有磨口塞子，其用途和用法与容量瓶相似，其精度介于容量瓶和量出式量筒之间，在实验中用得不多。量杯为圆锥形，如图 2-10 所示，其精度不及量筒。量筒和量杯都只能用来测量液体的大致体积。

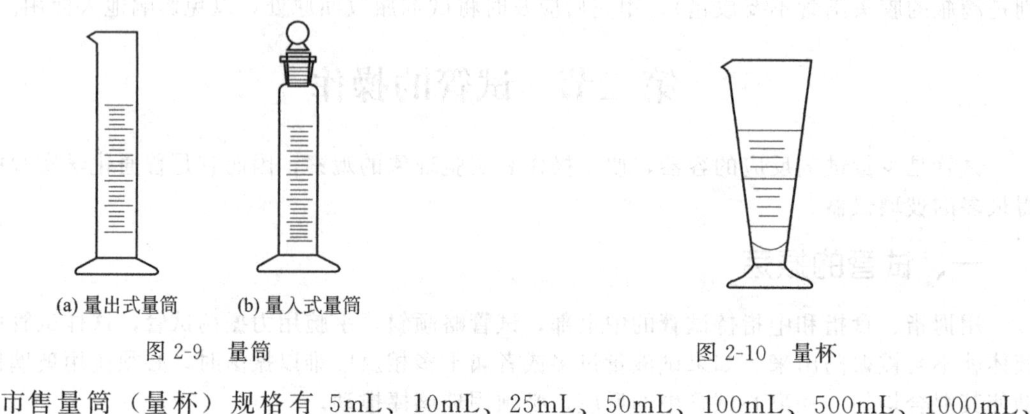

(a) 量出式量筒　(b) 量入式量筒

图 2-9 量筒

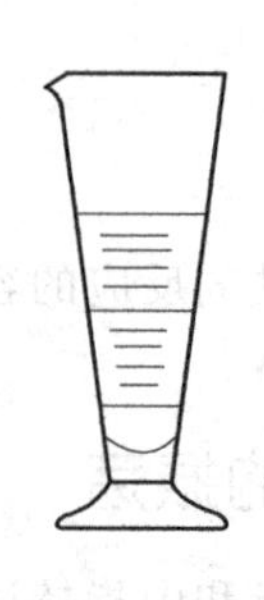

图 2-10 量杯

市售量筒（量杯）规格有 5mL、10mL、25mL、50mL、100mL、500mL、1000mL、

2000mL 等，可根据需要来选用。

量取溶液时，眼睛要与液面取平，即眼睛置于液面最凹处（弯月面底部）同一水平面上进行观察，读取弯月面底部的刻度，如图 2-11 所示。

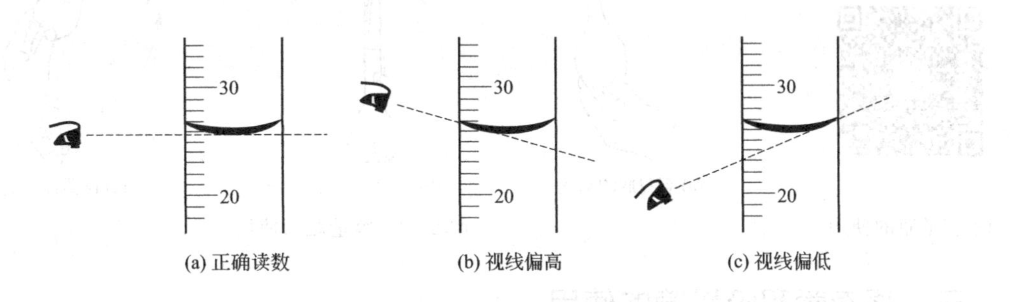

图 2-11 观看量筒内液体的体积

用量筒量取不润湿玻璃的液体（如水银）时，应读取液面最高部位。量筒（量杯）不能盛放高温液体，也不能用来稀释浓硫酸或溶解氢氧化钠（或氢氧化钾）。

二、容量瓶的使用

容量瓶常用来制备一定体积准确浓度的标准溶液，它是一种细颈梨形的平底玻璃瓶，瓶口配有磨口玻璃塞，颈部刻有标线。容量瓶容积一般表示在 20℃时，液体加至标线时的体积。容量瓶除了无色的外，还有棕色的，供制备避光的溶液使用。

容量瓶的规格有 5mL、10mL、25mL、50mL、100mL、200mL、500mL、1000mL、2000mL，可以根据制备溶液体积的大小来选用。

容量瓶的使用方法及用途如下：

① 容量瓶的洗涤和检查。容量瓶应依次用洗液、自来水、蒸馏水洗净，使内壁不挂水珠。使用前应先检查是否漏水，即在瓶内加水至标线，塞好瓶塞，左手按住塞子，右手拿住瓶底，将瓶倒立片刻（约 10s），观察瓶塞周围有无漏水现象。如不漏，把塞子旋转 180°，再检查一次是否漏水。如果不漏水，方可使用。容量瓶的塞子是磨口的，为了防止打破或者盖错，一般用橡皮筋将它系在瓶颈上。

② 容量瓶配制标准溶液的方法。容量瓶是配制准确浓度溶液时使用的玻璃仪器。如果用固体物质配制溶液，应先将称好的固体物质放入干净的烧杯中，用少量的蒸馏水溶解，然后再将烧杯中的溶液沿玻璃棒小心地转移到洗净的容量瓶中，用少量的蒸馏水洗涤烧杯和玻璃棒 2～3 次，并将每次的洗涤液都转移到容量瓶中，然后一边加蒸馏水一边摇动容量瓶，使溶液逐渐稀释。当稀释的溶液面接近标线时，应等待 1～2min，使附在瓶颈内壁的蒸馏水流下，并待液面的小气泡消失后，再逐渐滴加蒸馏水至标线，即溶液弯月面最低处与标线相切。塞好瓶塞，用一只手的食指顶住瓶塞，中指和拇指夹住瓶颈，用另一只手握住瓶底，将瓶子倒转，并摇动，使气泡上升到顶部，让溶液充分混合均匀，如图 2-12 所示。

③ 用浓溶液配制稀溶液时，为防止稀释放热使溶液溅出，一般应在烧杯中加入少量蒸馏水，将一定体积的浓溶液沿着玻璃棒分数次慢慢注入水中，同时不断搅拌，待溶液冷却后，再转移到容量瓶中。将每次的洗涤液也转移到容量瓶中，最后加蒸馏水至标线并摇匀。如果溶液未冷却至室温就注入容量瓶中，溶液的体积可能会有误差。

④ 必要时，需要校正容量瓶的体积。

13-容量瓶的使用

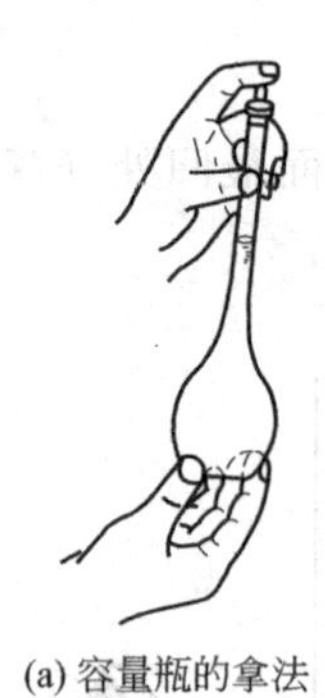

(a) 容量瓶的拿法

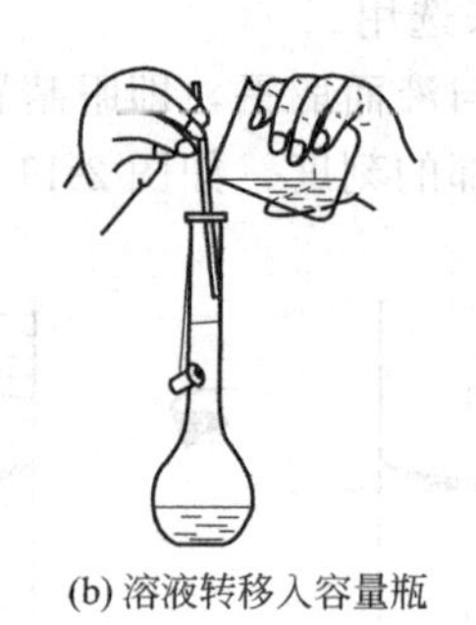

(b) 溶液转移入容量瓶

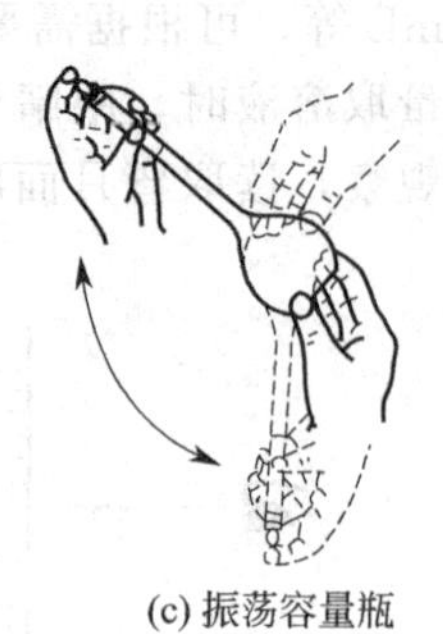

(c) 振荡容量瓶

图 2-12　容量瓶的使用

三、移液管和吸量管的使用

1. 分类

移液管是用来准确移取一定量液体的量器。它是一根细长而中部膨大的玻璃管，上端刻有环形标线，膨大部分标有它的容积和使用温度（如图 2-13 所示）。常用的移液管规格有 5mL、10mL、25mL 和 50mL 等。

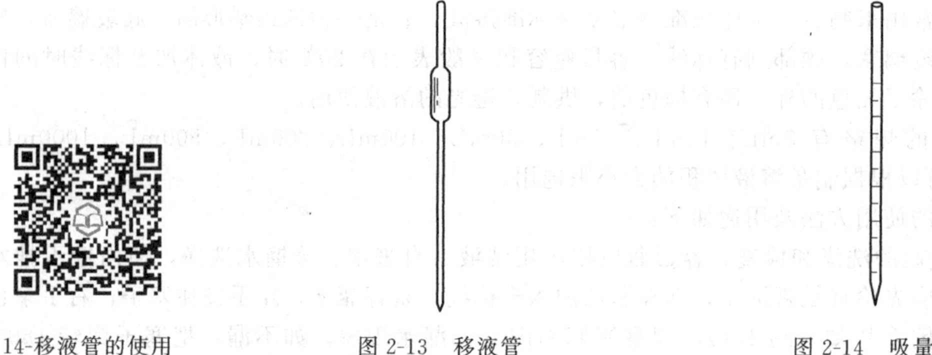

14-移液管的使用

图 2-13　移液管

图 2-14　吸量管

吸量管是具有分刻度的玻璃管（如图 2-14 所示），用以吸取所需不同体积的液体。常用的吸量管有 1mL、2mL、5mL 和 10mL 等规格。

要求准确地移取一定体积的液体时，可用各种不同容量的移液管或吸量管。常用的移液管有 10mL 和 25mL 带刻度的移液管，或者 20mL、25mL 和 50mL 中间为一个膨大的球部，上下均为较细的管颈，上管还刻有一根标线的移液管。每支移液管上都标有它的容量和使用温度，在一定的温度下，移液管的标线至下端出口间的容量是一定的。

2. 移液管的使用

移液管的使用方法，如图 2-15 所示。

① 使用前，依次用洗液（洗涤精或肥皂水）、自来水、蒸馏水洗涤移液管（可用洗耳球将洗液等吸入移液管内进行洗涤），洗净的移液管内壁应不挂水珠。用蒸馏水洗净后，要用滤纸将移液管下端内外的水吸去，然后用被移取的液体润洗三次（每次用量不必太多，所吸液体刚进球部即可），以免被移取的液体被残留在移液管内壁的蒸馏水所稀释。

② 移取液体时，右手中指和拇指拿住管颈标线以上的部位。使移液管下端伸入溶液液面下 1～2cm 处，左手拿洗耳球，捏瘪并将其下端尖嘴插入移液管上端口内，然后慢慢放松洗耳球使溶液轻轻上吸，眼睛注视液体上升。当液体上升到标线以上时，迅速拿走洗耳球，以右

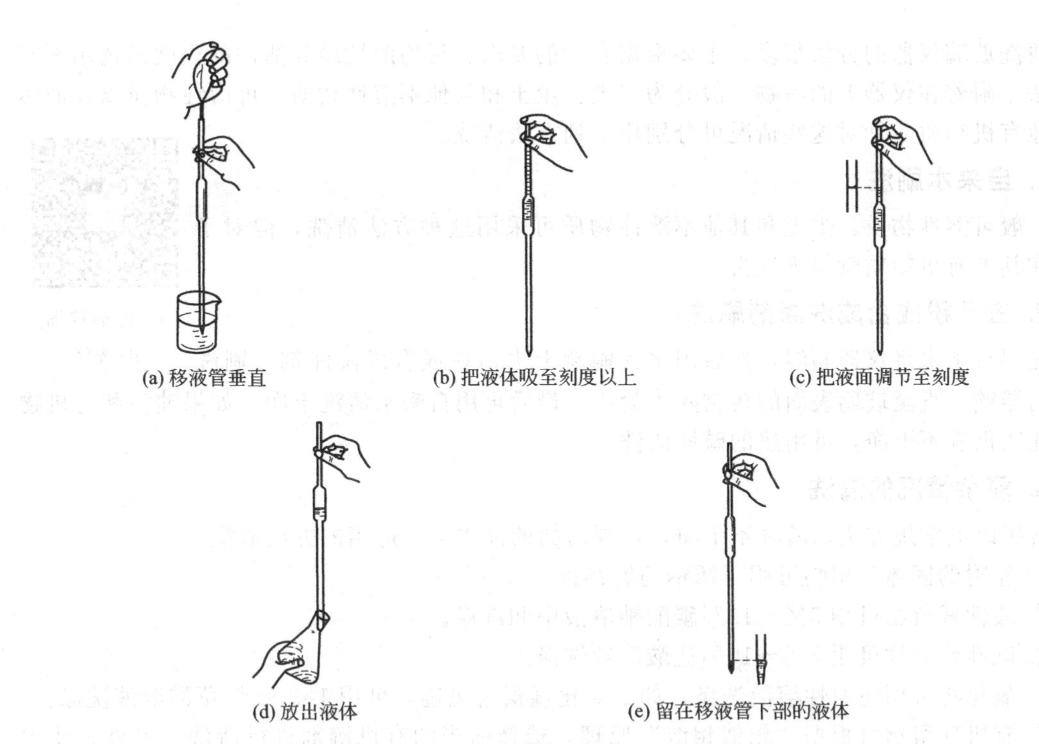

图 2-15　移液管的使用方法

手的食指按住管口，将移液管下端移出液面，然后微微放松食指或拇指与中指轻轻转动移液管，使液面缓慢、平稳地下降，直到液体凹液面与标线相切，即紧按食指，使液体不再流出。

③ 把移液管的尖端靠在接收容器的内壁上，放松食指，待液体自由流出。这时应使容器倾斜 45°，而使移液管直立。等液体不再流出时，还要稍等片刻，再把移液管拿开。最后，移液管的尖端还会剩余少量液体，不要用外力把这点液体吹入接收容器内，因为在标定移液管的体积时，并未把这部分液体计算在内。

④ 以上操作从移液管中自由流出的液体正好是移液管上标明的体积。如果实验要求的准确度较高，还需要对移液管进行校正。

3. 吸量管的使用

吸量管的用法与移液管基本相同。使用吸量管时，通常是使液面从它的最高刻度降至另一刻度，使两刻度间的体积恰为所需的体积。在同一实验中应尽可能使用同一吸量管的同一部位，且尽可能用上面部分。如果吸量管的分刻度一直刻到管尖，而且又要用到末端收缩部分时，则要把残留在管尖的溶液吹出。若用非吹入式的吸量管，则不能吹出管尖的残留液。

移液管和吸量管用毕，应立即用水洗净，放在管架上。

第四节　玻璃仪器的洗涤与干燥

一、玻璃仪器的洗涤

化学实验中使用的玻璃仪器必须清洁、干燥（根据实验具体情况），否则会影响实验结果的准确性。

清洗玻璃仪器的方法很多，主要根据实验的要求、污物的性质和沾污的程度来选用不同的方法。附着在仪器上的污物一般分为三类：尘土和其他不溶性物质、可溶性物质以及油污和其他有机物质。针对这些情况可分别用下列方法清洗。

1. 自来水刷洗

一般可溶性物质、尘土和其他不溶性物质可采用这种方法清洗，但对于油污和其他有机物质就很难洗去。

15-玻璃仪器的洗涤

2. 去污粉或合成洗涤剂刷洗

先用自来水将仪器润湿，然后用试管刷蘸上去污粉或合成洗涤剂，刷洗润湿的器壁，直至玻璃表面的污物除去为止，最后再用自来水清洗干净。如果油污和有机物质用此法仍洗不干净，可用热的碱液清洗。

3. 复杂情况的清洗

若用以上常规方法仍清洗不干净，可视污物的性质采用适当的方法清洗。

① 黏附的固体残留物可用不锈钢药匙刮掉。

② 酸性残留物可用5%～10%碳酸钠溶液中和洗涤。

③ 碱性残留物可用5%～10%盐酸溶液洗涤。

④ 氧化物可用还原性溶液洗涤，如二氧化锰褐色斑迹，可用1%～5%草酸溶液洗涤。

⑤ 有机残留物可根据“相似相溶”原理，选择适当的有机溶剂进行清洗。另外，使用过的有机溶剂必须进行回收处理，以免污染环境。

4. 铬酸洗液清洗

在进行精确的定量实验时，对仪器的洗净程度要求很高，所用仪器形状也比较特殊。例如口径较小、管细的仪器不易刷洗，这时需要用洗液清洗。洗液是重铬酸钾在浓硫酸中的饱和溶液（50g粗重铬酸钾加到1L浓H_2SO_4中加热溶解而得）。洗液具有很强的氧化性、酸性，能将仪器清洗干净。

清洗方法：往仪器内小心加入少量洗液，然后将仪器倾斜，慢慢转动，使仪器内壁全部为洗液所润湿。再小心转动仪器，使洗液在仪器内壁多流动几次，将洗液倒回原来的容器中，最后用自来水洗去残留的洗液。

使用铬酸洗液进行洗涤时应注意：

① 洗液具有很强的腐蚀性，会灼伤皮肤和损坏衣服，使用时要特别小心，尤其不要溅到眼睛里。使用时最好戴橡胶手套和防护眼镜，万一不慎溅到皮肤上，要立即用大量水冲洗。

② 洗液为深棕色，某些还原性污物能使洗液中的Cr(Ⅵ)还原为绿色的Cr(Ⅲ)。所以已变成绿色的洗液因失效而不能继续使用，未变色的洗液倒回原瓶可继续使用。

③ 用洗液洗涤仪器应遵守少量多次的原则，这样既节约，又可提高洗涤效率。

④ 用洗液洗涤后的仪器，应先用自来水冲洗，再用蒸馏水淋洗2～3次。洗净的仪器倒置使器壁上留有均匀的水膜，水在器壁上会无阻力的流动。

5. 特殊污物的洗涤方法

对于某些污物，用通常的方法不能洗涤除去，则可通过化学反应将黏附在器壁上的物质转化为水溶性物质而除去。

① 铁盐引起的黄色污物加入稀盐酸或稀硝酸浸泡片刻即可除去。

② 接触、盛放高锰酸钾后的容器可用草酸溶液洗涤（粘在手上的高锰酸钾也可用同样的方法清洗）。

③ 粘在器壁上的二氧化锰可用浓盐酸处理，使之溶解。

④ 粘有碘时，可用碘化钾溶液浸泡片刻或加入稀氢氧化钠溶液温热除去，也可用硫代硫酸钠溶液除去。

⑤ 银镜反应后黏附的银或有铜附着时，可加入稀硝酸，必要时稍微加热以促进溶解。

二、玻璃仪器的干燥

实验室使用的仪器除了要求洗净外，还要根据实验具体情况对仪器进行干燥，不附有水膜。玻璃仪器常用的干燥方法（如图 2-16 所示）如下所述。

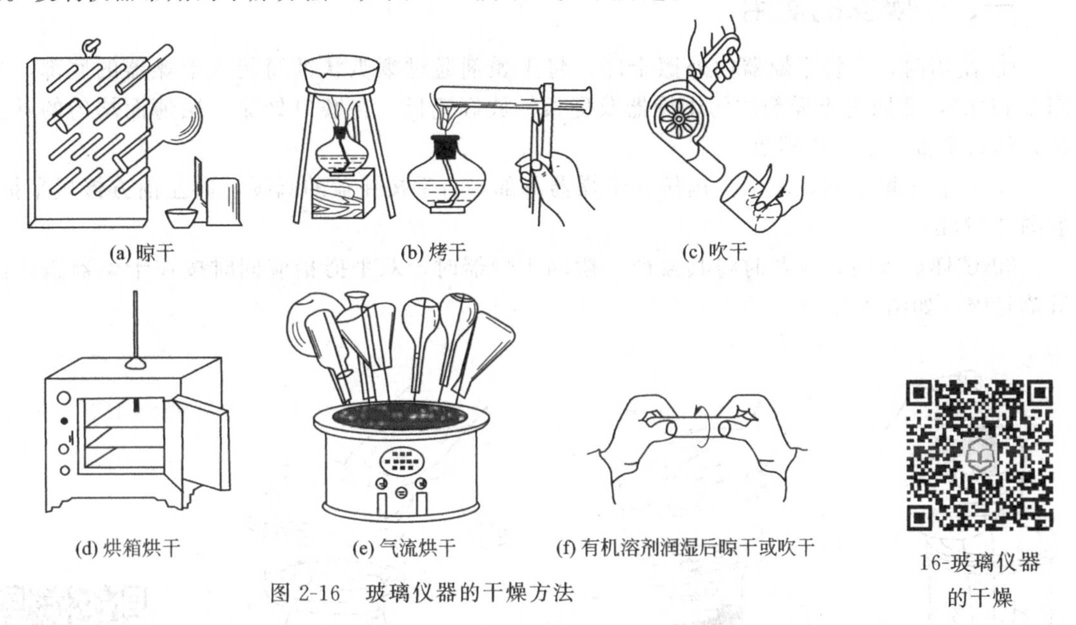

(a) 晾干　(b) 烤干　(c) 吹干

(d) 烘箱烘干　(e) 气流烘干　(f) 有机溶剂润湿后晾干或吹干

图 2-16　玻璃仪器的干燥方法

16-玻璃仪器的干燥

1. 晾干

将洗净的仪器倒置在实验柜内或仪器晾晒架上，让水分自然挥发而干燥，但这种方法的缺点是耗时长，如果是不急用仪器的干燥可采用此法。

2. 烤干

烧杯、蒸发皿等可放在石棉网上，用小火烤干。试管可用试管夹夹住后，在火焰上来回移动，直至烤干，但试管口必须低于管底，以免水珠倒流到受热部位，引起试管炸裂，待烤到不见水珠后，将管口朝上赶尽水汽。

3. 烘干

将洗净的仪器尽量倒干水后，放进烘箱内加热烘干，温度一般控制在 105℃左右（如果刚用乙醇或丙酮淋洗过的仪器，不能放进烘箱中，以免发生爆炸）。仪器放进烘箱时应该将口朝下，并在烘箱的最下层放一瓷盘，承接从仪器上滴下的水，以免水滴在电热丝上造成电热丝受损。木塞或橡皮塞不能与仪器一同放在烘箱里干燥，玻璃塞虽然可以同时干燥，但也应该从仪器上取下。

4. 有机溶剂干燥

加一些易挥发有机溶剂（常用乙醇）于干净的仪器中，淋洗仪器，然后将淋洗液倒出，用吹风机按冷风→热风→冷风的顺序吹干或直接放在气流干燥器中进行干燥。

干燥仪器时需要注意带有刻度的计量仪器不能用加热的方法进行干燥，以免影响仪器的精度。刚烘烤完毕的热仪器不能直接放在冷的特别是潮湿的桌面上，以免因局部骤冷而破裂。

第五节　干燥器的使用

干燥器是一种具有磨口盖子的玻璃器皿，内有一块带孔白瓷板，用于放置需要干燥的试样及器皿，在瓷板之下放入干燥剂，可以保持试样干燥或使试样在干燥环境内冷却。

一、干燥器的使用

① 使用时，先将干燥器内外擦干净，将干燥剂通过喇叭状纸筒装入干燥器的底部，如图 2-17(a)，要防止干燥剂沾污干燥器及瓷板。放好瓷板，在磨口处涂一层薄而均匀的凡士林，然后平推盖上干燥器盖。

② 开启干燥器时，左手向内按住干燥器下部，右手按住盖的圆顶，向左前方慢慢平推，如图 2-17(b)。

③ 试样放入后，应及时将其盖严。搬动干燥器时，双手拇指应同时按住干燥器盖以防滑落打碎，如图 2-17(c)。

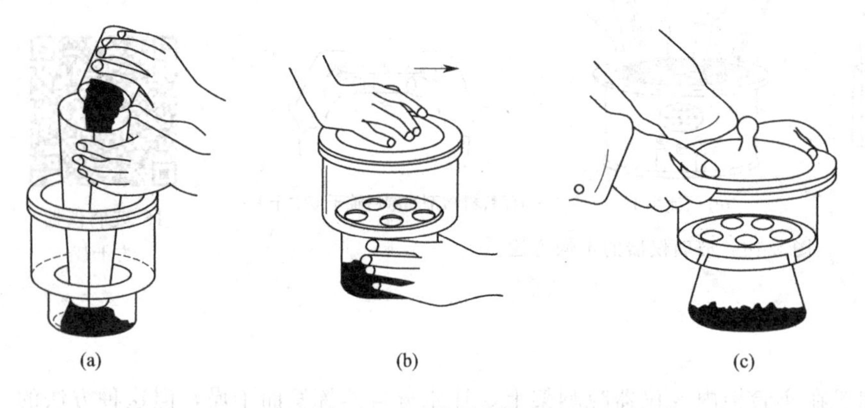

图 2-17　干燥器的使用

17-干燥器的使用

二、干燥器的使用说明

① 将热的器皿放入干燥器，加盖时不要立即盖严，可先留一点缝隙，稍等片刻再盖严，以防干燥器内气体受热膨胀时将盖子掀翻打碎。冷却过程中还应不时开闭干燥器 1～2 次，以保证干燥器内外气压平衡，防止干燥器内因温度降低导致压力降低而不易开启。

② 干燥剂一般常用变色硅胶（或无水氯化钙）。由于各种干燥剂吸收水分的能力都是有一定限度的，因此干燥器中的空气并不是绝对干燥的，而只是湿度相对较低而已。所以灼烧和干燥后的坩埚和沉淀，如在干燥器中放置过久，可能会吸收少量水分从而使质量增加。

第六节　常用试纸与滤纸的使用

在普通化学实验室里经常使用某些试纸来定性检验一些溶液的性质或某些物质的存在。试纸的特点是：制作简易、使用方便、反应快速。各种试纸都应当密封保存，防止被实验室里的气体或其他物质污染而失效变质。

18-试纸的使用

一、试纸的使用

1. 试纸的种类

试纸的种类繁多，用途也各不相同。常用的试纸及用途如表 2-1 所示。

表 2-1 常见试纸的种类与用途

试纸	用　途
pH 试纸	有精密 pH 试纸和广泛 pH 试纸两种，通过与比色卡比色来检测溶液的 pH 值
红色石蕊试纸	在被 pH≥8 的溶液润湿时变蓝；用纯水浸湿后遇碱性蒸气(溶于水溶液 pH≥8 的气体，如氨气)变蓝，常用于检验碱性溶液或蒸气等
蓝色石蕊试纸	被 pH≤5 的溶液浸湿时变红；用纯水浸湿后遇酸性蒸气或溶于水呈酸性的气体时变红，常用于检验酸性溶液或蒸气等
酚酞试纸(白色)	遇碱性溶液变红，用水润湿后遇碱性气体(如氨气)变红，常用于检验 pH>8.3 的稀碱溶液或氨气等
淀粉碘化钾试纸(白色)	用于检测能氧化 I^- 的氧化剂如 Cl_2、Br_2、NO_2、O_2、HClO、H_2O_2 等，润湿的试纸遇上述氧化剂变蓝，也可以用来检验 I_2
淀粉试纸(白色)	润湿时遇 I_2 变蓝，用于检验 I_2 及其溶液
醋酸铅试纸(白色)	遇 H_2S 变黑色，用于检验痕量的 H_2S
铁氰化钾试纸(淡黄色)	遇含 Fe^{2+} 的溶液变成蓝色，用于检验溶液中的 Fe^{2+}
亚铁氰化钾试纸(淡黄色)	遇含 Fe^{3+} 的溶液呈蓝色，用于检验溶液中的 Fe^{3+}

2. 试纸的使用

① 用试纸试验溶液的酸碱性时，将剪成小块的试纸放在表面皿或白色点滴板上，用玻璃棒蘸取待测溶液接触试纸中部，试纸即被溶液湿润而变色。不能将试纸浸泡在待测溶液中，以免造成误差或污染溶液。

② 用试纸检验挥发性物质及气体时，先将试纸用蒸馏水润湿，粘在玻璃棒上，悬空放在气体出口处，观察试纸颜色变化。

③ 试纸要密闭保存，应该用镊子取用。

19-滤纸的使用

二、滤纸的使用

实验中常用的滤纸分为定量滤纸和定性滤纸两种，按过滤速度和分离性能的不同又可分为快速、中速和慢速三类。

定量滤纸的特点是灰分很低。以 ϕ125mm 定量滤纸为例，每张滤纸的质量约为 1g，灼烧后其灰分的质量不超过 0.0001g（小于电子分析天平的感量）。在重量分析实验中，滤纸的质量可以忽略不计，所以通常定量滤纸又称为无灰滤纸。定量滤纸中其他杂质的含量也比定性滤纸低，其价格则比定性滤纸高。

在实验中应根据实际需要，合理地选用滤纸。

第七节　加热与冷却

一、加热装置

在化学实验室中加热常用酒精灯、酒精喷灯、煤气灯、煤气喷灯、电炉、电热板、电加热套、热浴、红外灯、白炽灯、马弗炉、管式炉、烘箱及恒温水槽等。

1. 酒精灯

酒精灯的构造如图 2-18 所示，是缺少煤气或天然气的实验室中常用的加热工具，加热温度通常可以达到 400～500℃。

2. 煤气灯

煤气灯是利用煤气或天然气为燃料气的实验室中常用的一种加热工具。煤气灯有多种样式，但构造原理是相同的。它由灯管和灯座组成，如图 2-19 所示。灯管下部有螺旋针与灯座相连。加热最高温度可达约 1500℃。

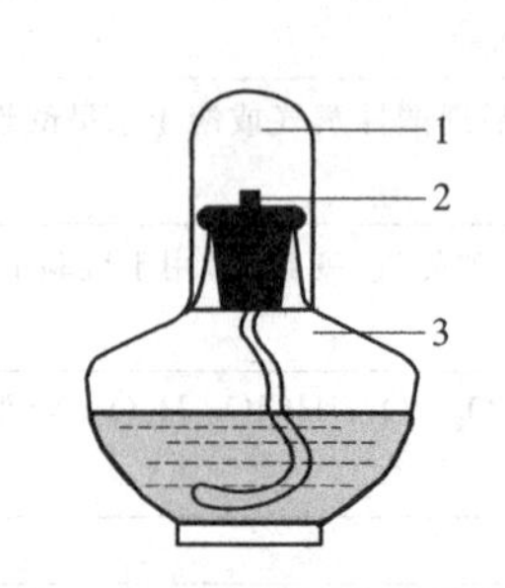

图 2-18　酒精灯的构造图

1—灯帽；2—灯芯；3—灯壶

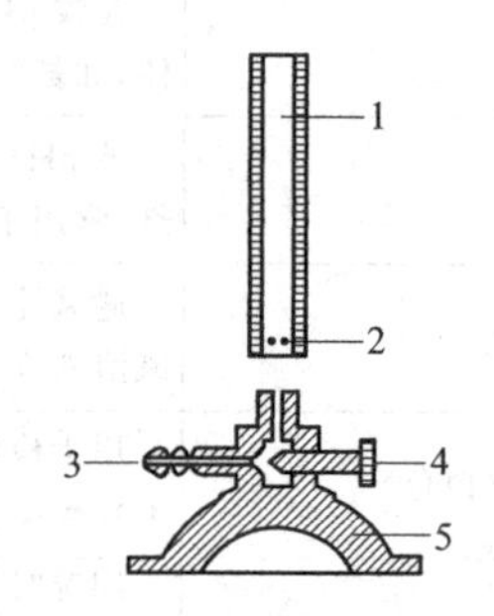

图 2-19　煤气灯的构造图

1—灯管；2—空气入口；3—煤气入口；4—螺旋针；5—灯座

玻璃加工时，有时还用酒精喷灯或煤气喷灯。

3. 电加热装置

实验室还常用电炉、电热板、电加热套、烘箱、管式炉和马弗炉等多种电器加热。和煤气加热法相比，电加热具有不产生有毒物质和蒸馏易燃物时不易发生火灾等优点。

（1）电炉　如图 2-20 所示，根据发热量的不同，电炉有不同的规格，如 300W、500W、800W、1000W 等，有的带有可调装置。单纯加热，可以用一般的电炉。

（2）电热板　电炉做成封闭式的称为电热板，如图 2-21 所示。电热板加热面是平的，且升温较慢，多用作水浴、油浴的热源，也常用于加热烧杯、平底烧瓶、锥形瓶等平底容器。

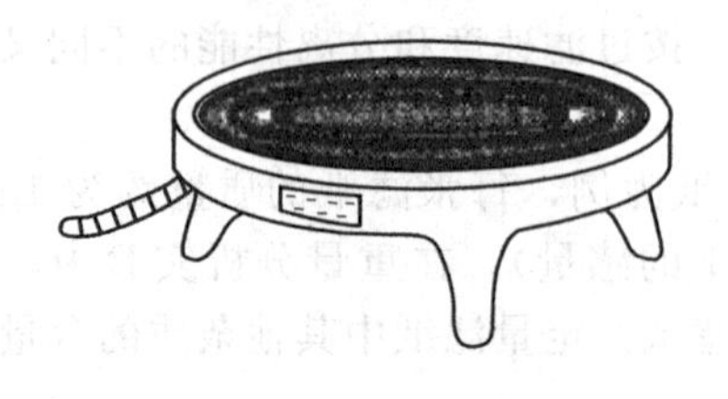

图 2-20　电炉

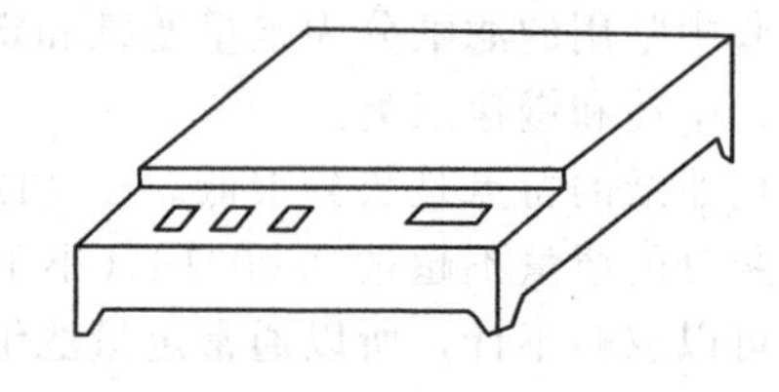

图 2-21　电热板

（3）电加热套　专为加热圆底容器而设计的电加热套，特别适用于蒸馏易燃物品。有适合不同规格烧瓶的电加热套，如图 2-22 所示，相当于一个均匀加热的空气浴，热效率较高。

（4）烘箱　用于烘干玻璃仪器和固体试剂。工作温度从室温至设置的最高温度，在此温度范围内可任意选择，有自动控温系统。箱内装有鼓风机，使箱内空气对流，温度均匀。工作室内设有两层网状隔板以放置被干燥物，如图 2-23 所示。

（5）管式炉　高温下的气-固反应常用管式炉。管式炉是高温电炉的一种，如图 2-24 所示。管式炉有一管状炉膛，利用电热丝或硅碳棒来加热，温度可以调节。用电热丝加热的管式炉最高使用温度为950℃，用硅碳棒加热的管式炉最高使用温度可达1300℃。

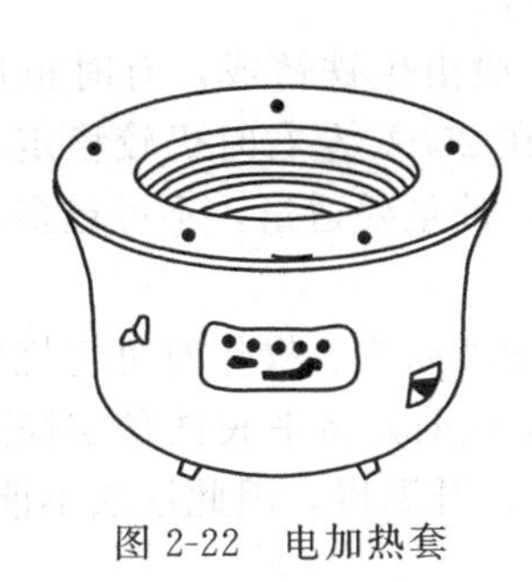
图 2-22　电加热套

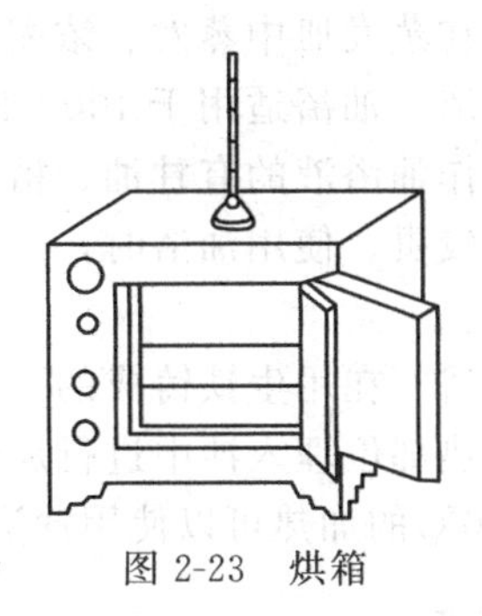
图 2-23　烘箱

（6）马弗炉　马弗炉是一种用电热丝或硅碳棒加热的炉子。它的炉膛是长方体的，如图 2-25 所示。它有一炉门，打开炉门可很容易地放入要加热的坩埚或其他耐高温的器皿。最高使用温度可达950～1300℃。

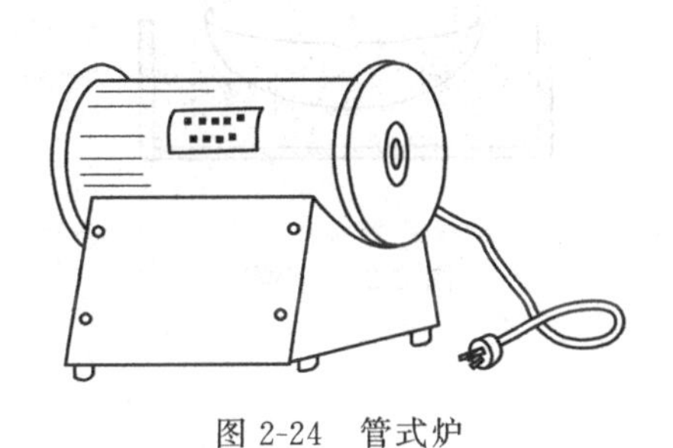
图 2-24　管式炉

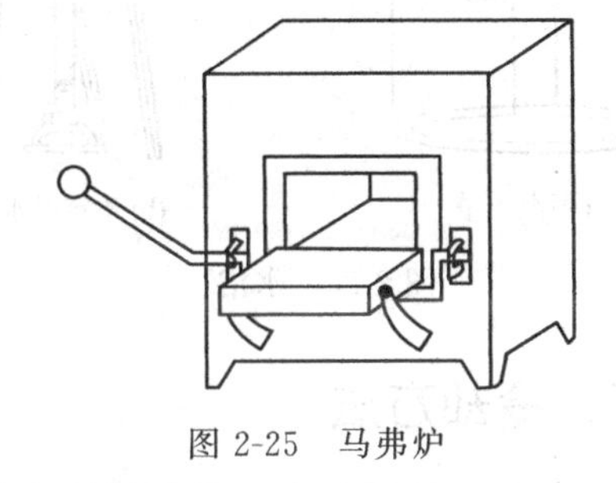
图 2-25　马弗炉

二、加热方法

1. 直接加热液体

在较高温度下不分解的溶液或液态的纯净物可直接加热。

少量的液体可装在试管中加热，具体加热方法参看第二章第二节。

如需要加热的液体较多，则可放在烧杯或其他器皿中加热，待溶液沸腾后，再把火焰调小，使溶液保持微沸，以免溅出；如需浓缩溶液，则把溶液放入蒸发皿（放在泥三角上）内加热，待溶液沸腾后改用小火，使其慢慢地蒸发、浓缩。

2. 直接加热固体

少量固体药品可装在试管中加热，具体加热方法参看第二章第二节。

较多固体的加热，应在蒸发皿中进行，先用小火预热，再慢慢加大火焰，但火焰不能太大，以免溅出，造成损失。要充分搅拌，使固体受热均匀。需高温灼烧时，则把固体放在坩埚中，用小火预热后慢慢加大火焰，直至坩埚红热，维持一段时间后停止加热。稍冷，用预热过的坩埚钳将坩埚夹到干燥器中冷却。

3. 热浴

当被加热的物质需要受热均匀又不能超过一定温度时，可用特定热浴进行间接加热。

（1）水浴　当被加热物质要求受热均匀，而温度又不能超过100℃时，采用水浴加热。

水浴有恒温水槽和不定温水浴，如图 2-26 所示。不定温水浴可用烧杯代替。若把水浴锅中的水煮沸，用蒸汽来加热即成为蒸汽浴。水浴锅上放置一组铜质或铝质的大小不等的同心圈，以承受各种器皿。根据器皿的大小选用同心圈，尽可能使器皿底部的受热面积最大。水浴锅内盛放水量不超过其总容量的 2/3，在加热过程中要随时补充水以保持原体积，切记不能烧干。在蒸发皿中蒸发、浓缩时，也可以在水浴上进行。

（2）油浴　油浴适用于 100～200℃的加热。油浴锅一般由生铁铸成，有时也用大烧杯代替。常用作油浴液的有甘油、植物油、石蜡、硅油，其在 250℃左右时仍较稳定，透明度好，但价格较贵。使用油浴时，一定要特别注意防止着火。油量要适量，不可过多，以免受热膨胀溢出。

（3）沙浴　在用生铁铸成的平底铁盘上放入约一半的细沙而成。操作时可将烧瓶或其他器皿的欲加热部位埋入沙中进行加热（如图 2-27 所示），加热前先将平底铁盘熔烧除去有机物。80～400℃的加热可以使用沙浴。但由于沙子导热性差，升温慢，因此沙层不能太厚。

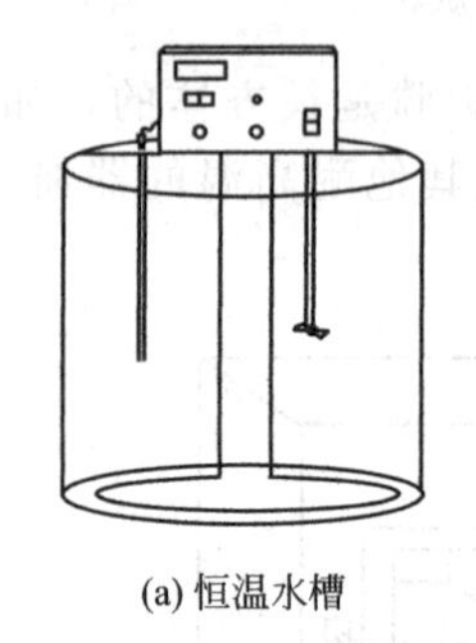

(a) 恒温水槽

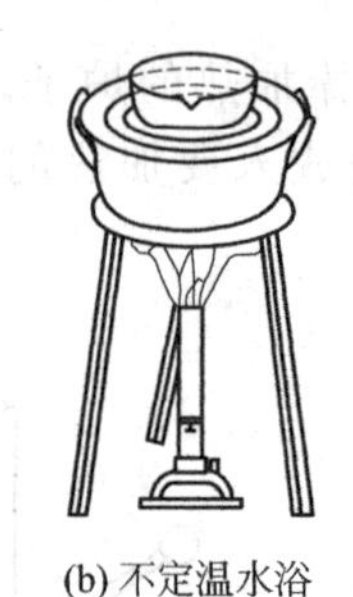

(b) 不定温水浴

图 2-26　水浴

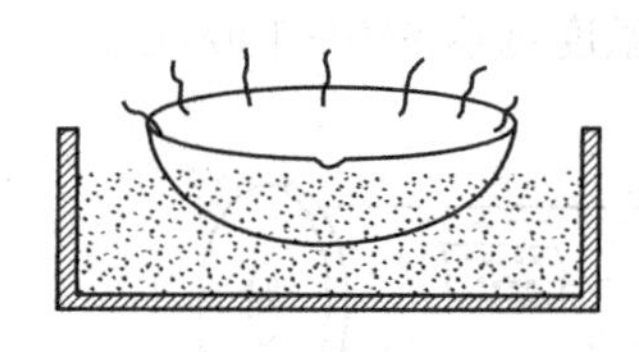

图 2-27　沙浴

三、冷却方法

在化学实验的过程中，有些反应或操作需要在低温下进行，这就需要选择合适的冷却技术。降温冷却的方法通常是将装有待冷却物质的容器浸入制冷剂中，通过容器壁的传热达到冷却的目的。特殊情况下也可以将制冷剂直接加入被冷却的物质中。冷却方法操作简单，容易进行。

实验室常用的冷却技术如下：

（1）自然冷却　直接将热的物质放置于空气中或干燥器中，使其自然冷却至室温。

（2）吹风冷却　当实验需要快速冷却，可以用吹风机和冷风机吹冷风快速冷却。

（3）水冷却　将盛有被冷却物的容器放在冷水浴中冷却，也可将容器直接用流动的自来水冷却。根据需要还可将水和碎冰做成冰水浴，能冷却至 0～5℃。如果水不影响预冷却物质或正在进行的反应，也可以直接投入干净的碎冰。

（4）冰盐浴冷却　盐浴是由容器和制冷剂（冰与无机盐或水与无机盐的混合物）组成的，可冷却到 0℃（273.15K）以下。冰盐的比例和无机盐的品种决定了冰盐浴的温度。干冰和有机溶剂混合时，可冷却至更低的温度。为了保证冰盐浴的制冷效果，要选择绝热较好的容器，如杜瓦瓶等。

第八节　气体制备、净化与气体钢瓶的使用

一、启普发生器

当反应物为块状不溶于水的固体和液体，并在不加热条件下进行反应制备气体时，例如

氢气、二氧化碳和硫化氢的制备，实验室常用启普发生器。启普发生器由一个葫芦形的玻璃容器和球形漏斗组成［图 2-28(a)］。

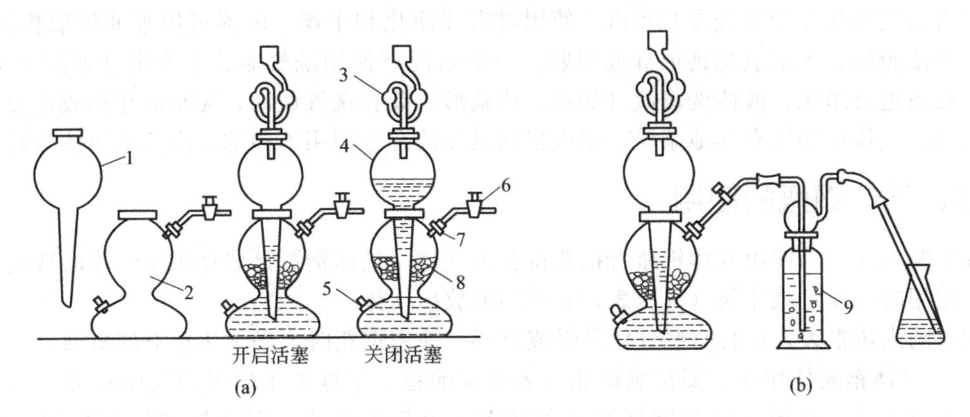

图 2-28 启普发生器

1,4—球形漏斗；2,8—球形容器；3—安全漏斗；
5—液体出口；6—活塞；7—气体出口；9—洗气瓶

固体药品放在中间圆球内，可以在固体下面放些玻璃棉来承受固体，以免固体掉至下球中。酸从球形漏斗加入。使用时，只要打开活塞，酸即进入中间圆球内，与固体接触而产生气体。停止使用时，只要关闭活塞，气体就会把酸从中间球压入下球及球形漏斗内，使固体与酸不再接触而停止反应。

启普发生器中的酸液长时间使用后会变稀，此时，先用橡胶塞塞住球形漏斗口，然后把下球侧口的橡皮塞（有的是玻璃塞）拔下，让酸液慢慢地流出。塞紧塞子，再向球形漏斗中加酸。需要更换或添加固体时，可把装有玻璃活塞的橡胶塞取下，由中间圆球的侧口加入固体。

图 2-28(b) 为连有洗气瓶的启普发生器。

二、气体的收集

① 在水中溶解度很小的气体（如氢气、氧气），可用排水集气法收集（如图 2-29 所示）。

② 易溶于水而比空气轻的气体（如氨），可用瓶口向下的排气集气法收集［如图 2-30 (a) 所示］。

③ 能溶于水而比空气重的气体（如二氧化碳），可用瓶口向上的排气集气法收集［如图 2-30(b) 所示］。

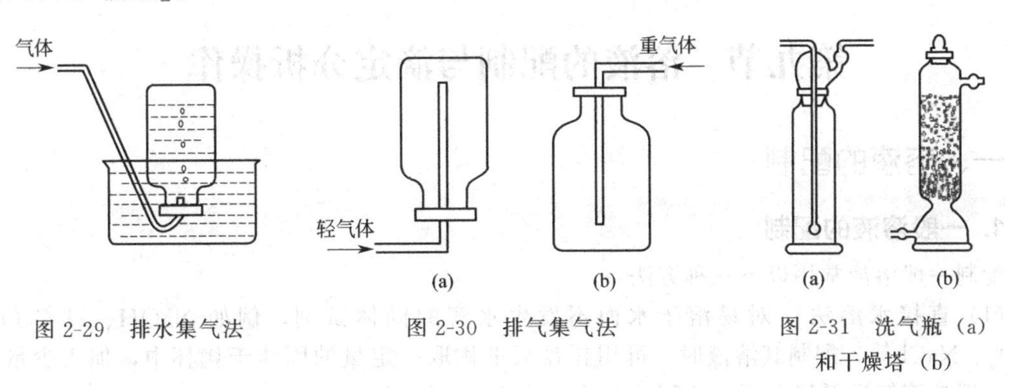

图 2-29 排水集气法

图 2-30 排气集气法

图 2-31 洗气瓶 (a) 和干燥塔 (b)

三、气体的干燥和净化

制得的气体往往带有酸雾和水汽，使用时需要净化和干燥。酸雾可用水或玻璃棉除去；水汽可用浓硫酸、无水氯化钙或硅胶吸收。一般情况下使用洗气瓶或干燥塔（如图 2-31 所示）等设备进行净化。液体洗涤液（如水、浓硫酸）装在洗气瓶内，无水氯化钙或硅胶装在干燥塔内。气体中如还有其他杂质，则应根据具体情况分别用不同的洗涤液或固体吸收。

四、气体钢瓶的使用

在实验室还可以使用气体钢瓶直接获得各种气体。气体钢瓶是储存压缩气体的特制耐压钢瓶。使用时，通过减压阀（气压表）有控制地放出气体。

钢瓶的内压很大，而且有些气体易燃或有毒，使用钢瓶时，必须注意下列事项：

① 在气体钢瓶使用前，要按照钢瓶外表油漆颜色、字样等正确识别气体种类，切勿误用以免造成事故。我国规定各种钢瓶必须按照表 2-2 所述油漆颜色标注气体名称和涂刷横条。

表 2-2　气体钢瓶的种类及标志

钢瓶名称	外表颜色	字样	字样颜色	横条颜色
氧气瓶	天蓝	氧	黑	
氢气瓶	深绿	氢	红	红
氮气瓶	黑	氮	黄	棕
氨气瓶	黄	氨	黑	
氯气瓶	草绿	氯	白	白
二氧化碳气瓶	黑	二氧化碳	黄	黄

② 气体钢瓶在运输、储存和使用时，注意一定勿使气体钢瓶与其他坚硬物体撞击，或曝晒在烈日下以及靠近高温处，以免引起钢瓶爆炸。

③ 严禁油脂等有机物沾污氧气钢瓶，因为油脂遇到逸出的氧气就可能燃烧。氢气、氧气或可燃气体的钢瓶严禁靠近明火。

④ 存放氢气钢瓶或其他可燃性气体钢瓶的实验室或库房等工作间必须注意通风，以免漏出的氢气或可燃性气体与空气混合后遇到火种发生爆炸。

⑤ 有毒气体（如液氯等）钢瓶应单独存放，严防有毒气体逸出，注意室内通风。最好在存放有毒气体钢瓶的室内设置毒气鉴定装置。

⑥ 两种钢瓶中的气体接触后可能引起燃烧或爆炸的，如氢气瓶和氧气瓶、氢气瓶和氯气瓶，不能存放在一起。

第九节　溶液的配制与滴定分析操作

一、溶液的配制

1. 一般溶液的配制

配制一般溶液常用以下三种方法：

（1）直接水溶法　对易溶于水而不发生水解的固体试剂，例如 NaOH、$H_2C_2O_4$、KNO_3、NaCl 等，配制其溶液时，可用托盘天平称取一定量的固体于烧杯中，加入少量蒸馏水，搅拌溶解后稀释至所需体积，再转入试剂瓶中待用。

(2) 介质水溶法　对易水解的固体试剂，例如 $FeCl_3$、$SbCl_3$、$BiCl_3$ 等。配制其溶液时，称取一定量的固体，加入适量一定浓度的酸（或碱）使之溶解，再以蒸馏水稀释，摇匀后转入试剂瓶中待用。

在水中溶解度较小的固体试剂，在选用合适的溶剂溶解后，稀释，摇匀，转入试剂瓶。例如固体 I_2，可先用 KI 水溶液溶解后再稀释。

(3) 稀释法　对于液态试剂，如 HCl、H_2SO_4、HNO_3、HAc 等。配制其稀溶液时，先用量筒量取所需体积的浓溶液，然后用适量的蒸馏水稀释。这里需要特别提醒的是，由浓 H_2SO_4 配制其他不同浓度的 H_2SO_4 溶液时需特别注意，必须在不断搅拌下将浓 H_2SO_4 缓慢地倒入盛水的容器中，切不可将操作顺序倒过来。

一些见光容易分解或易发生氧化还原反应的溶液，要防止在保存期间失效。如 Sn^{2+} 及 Fe^{2+} 溶液应分别放入一些 Sn 粒和 Fe 屑。$AgNO_3$、$KMnO_4$、KI 等溶液应储存于干净的棕色瓶中。容易发生化学腐蚀的溶液应储存于合适的容器中，如氢氟酸必须储存于塑料材质的试剂瓶中。

2. 标准溶液的配制

已知准确浓度的溶液称为标准溶液。配制标准溶液的方法有两种：

(1) 直接法　用电子分析天平准确称取一定量的基准试剂于烧杯中，加入适量的蒸馏水溶解后，转入容量瓶中，再用蒸馏水少量多次淋洗烧杯，淋洗后的溶液均转移到容量瓶中，最后用蒸馏水稀释至容量瓶瓶颈刻度，摇匀。其准确浓度可以由所称量基准试剂的质量以及容量瓶的容积计算求得。

(2) 标定法（间接法）　不符合基准试剂条件的物质，不能用直接法配制标准溶液，但可先配成近似于所需浓度的溶液，然后用基准试剂或已知准确浓度的标准溶液标定它的浓度。

当需要通过稀释法配制标准溶液的稀溶液时，可用移液管准确吸取其浓溶液至适当的容量瓶中，再加入蒸馏水至容量瓶瓶颈刻度线配制。

在配制溶液时，除注意准确度外，还要考虑试剂在水中的溶解度、热稳定性、挥发性、水解性等因素的影响。

3. 配制溶液时的注意事项

① 溶液应用蒸馏水配制，容器应用蒸馏水洗涤三次以上。配制后溶液要用带塞子的试剂瓶盛装；见光分解的溶液要装在棕色瓶内；挥发性溶液瓶塞要严密，遇空气变质且有腐蚀性溶液塞子也要严密；浓碱液要用塑料瓶盛装，如盛装在玻璃瓶中，要用橡皮塞塞紧。

② 试剂瓶上必须贴上配制试剂名称、浓度、规格和配制时间的标签。

③ 溶液储存时可能有以下原因会使溶液变质：玻璃与试剂作用，试剂或多或少会被侵蚀（特别是碱液），使溶液中含有钠、钙、硅酸盐等杂质；由于试剂瓶密封不好，空气中的 CO_2、O_2、NH_3 或酸雾侵入使溶液发生变化；某些溶液（硝酸银溶液、汞盐溶液等）见光分解；有些溶液（如铋盐溶液、锑盐溶液等）放置时间较长后逐渐水解；由于易挥发组分的挥发，使浓度降低，导致实验出现异常现象。

4. 特殊试剂配制时的注意事项

① 配制硫酸、磷酸、硝酸、盐酸等溶液时，都应把酸倒入水中。不可以在试剂瓶中直接配制溶液，尤其对于溶解时能够大量放热的试剂，绝对不可以在试剂瓶中配制，以免发生炸裂。配制硫酸时，必须将浓硫酸沿烧杯壁慢慢注入水中，边加入边搅拌，必要时可用冷水冷却烧杯外壁。

② 如果用有机溶剂配制溶液（如配制指示剂溶液），若有机物溶解较慢，可不时搅拌，

也可以在热水浴中加热溶液，但不可直接加热。易燃溶剂使用时要远离明火。使用有机溶剂时，应在通风橱内进行操作。为了避免溶剂蒸发，加热时可以用表面皿将烧杯盖上。

③ 要熟悉一些常用特殊溶液的配制方法。

碘溶液的配制：先将固体 I_2 用碘化钾水溶液溶解，然后才可用蒸馏水稀释。

易水解盐类的配制：应先将该盐加酸溶解后，再以一定浓度的稀酸稀释（如配制 $SnCl_2$ 溶液）。如果操作不当已经发生水解，即使加大量的酸也很难溶解沉淀。

④ 不能用手接触腐蚀性以及有剧毒的溶液，实验过程中必须采取防护措施。剧毒废液必须回收统一解毒处理，不可直接倒入下水道，以免污染环境。

二、滴定分析操作

滴定分析法是将一种已知准确浓度的试剂溶液（标准溶液），滴加到被测物质的溶液中，直到所加的试剂与被测物质按化学计量比定量反应为止，然后根据试剂溶液的浓度和用量，计算被测物质的含量。滴定分析通常用于测定常量组分，即被测组分的含量一般在1%以上。有时也可以测定微量组分。滴定分析法比较准确，一般情况下测定的相对误差为0.2%左右。

滴定分析简便、快速，可用于测定很多元素，且有足够的准确度。因此，它在生产实践和科学实验中具有很大的实用价值。

1. 滴定管的种类和相关事项

滴定管是可放出不固定量液体的量出式玻璃量器，主要用于滴定分析中对滴定剂体积的测量。滴定管分为酸式滴定管和碱式滴定管两种，如图 2-32 所示。常量分析所用的滴定管规格有 25mL 和 50mL，最小刻度为 0.1mL，读数可估计到 0.01mL。另外，还有容积为 10mL、5mL、2mL、1mL 的半微量或微量滴定管。

（1）酸式滴定管　酸式滴定管下端有玻璃活塞开关，其外形如图 2-32(a) 所示，用来装酸性溶液和氧化性溶液，不宜盛碱性溶液，因为碱性溶液能腐蚀玻璃，使活塞难于转动。

使用前的准备工作：酸式滴定管使用前应检查活塞转动是否灵活，然后检查是否漏水。

试漏的方法：将活塞关闭，在滴定管内充满水，将滴定管夹在滴定管夹上，放置 2min，观察管口及活塞两端是否有水渗出。再将活塞转动 180°，放置 2min，看是否有水渗出。若前后两次均无水渗出，活塞转动灵活，即可使用，否则应将活塞取出，重新涂凡士林后再使用。

20-酸式滴定管的使用

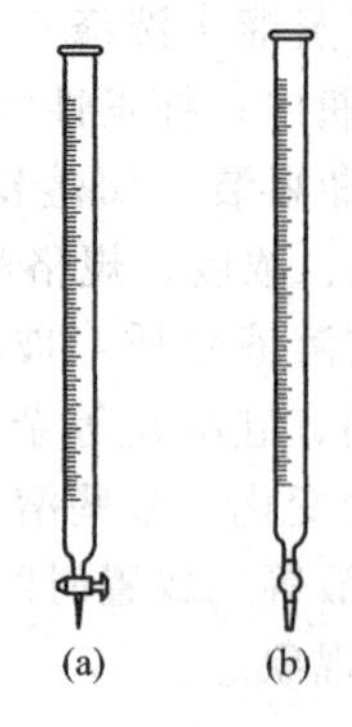

图 2-32　酸式滴定管（a）和碱式滴定管（b）

21-碱式滴定管的使用

涂凡士林的方法：将活塞取出，用滤纸将活塞及活塞槽内的水擦干净。用手指蘸少许凡士林涂在活塞的两头（如图 2-33 所示），涂上薄薄一层，在活塞孔的两旁少涂一些，以免凡士林堵住活塞孔，或者分别在活塞粗的一端和活塞槽细的一端内壁涂一薄层凡士林，将活塞直插入活塞槽中（如图 2-34 所示），按紧，并向同一方向转动活塞，直至活塞中油膜均匀透明。如发现转动不灵活或活塞上出现纹路，说明凡士林涂得不够。若有凡士林从活塞缝内挤出，或活塞孔被堵，说明凡士林涂得太多。遇到这些情况，都必须把活塞槽和活塞擦干净后，重新涂凡士林。涂好凡士林后，必须用橡皮圈将活塞缠好固定在滴定管上，以防活塞脱落打碎。

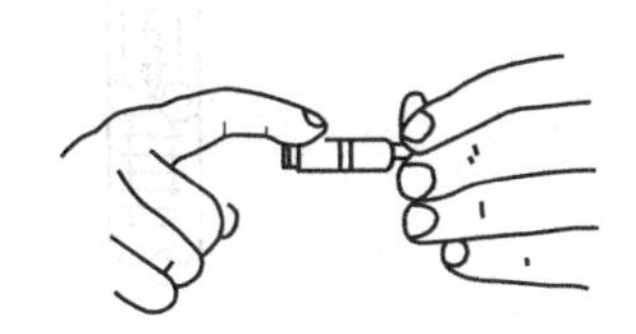
图 2-33　涂凡士林

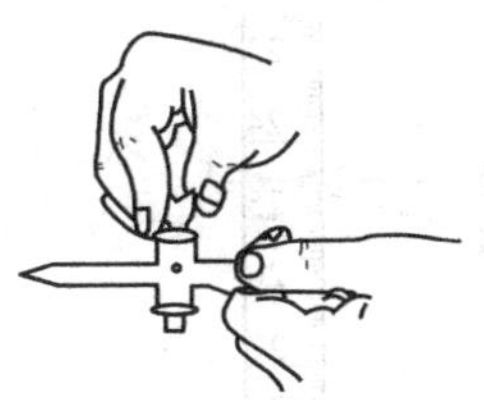
图 2-34　插入活塞

最后是洗涤滴定管，将灌满铬酸洗液的滴定管夹在滴定台上，几分钟以后将洗液倒回原瓶。首先用自来水将洗液冲掉，再用蒸馏水淋洗三次，洗净的滴定管倒夹在滴定管夹上备用。

(2) 碱式滴定管　碱式滴定管的下端连接一乳胶管，管内有玻璃珠以控制溶液的流出，乳胶管下端再连一尖嘴玻璃管，如图 2-32(b) 所示，它可以盛碱性溶液。凡是能与乳胶管起反应的氧化性溶液，如 $KMnO_4$、I_2、$AgNO_3$ 等溶液，均不能装在碱式滴定管中。

使用前准备工作：首先选择大小合适的玻璃珠和乳胶管，并检查滴定管是否漏水，液滴是否能够灵活控制。如果乳胶管已经老化，应更换新的，但不可将玻璃珠和尖嘴管丢弃。接着进行洗涤，将玻璃珠向上推至与管身下端相触（以阻止洗液与乳胶管接触），然后加满铬酸洗液浸泡几分钟，将洗液倒回原瓶，再依次用自来水和蒸馏水洗净，倒夹在滴定台上备用。

(3) 操作溶液的装入　操作溶液亦称滴定剂，可以是标准溶液，也可以是待标定溶液。为了避免装入后的操作溶液被稀释，应首先用待装入的此种溶液 5～10mL 润洗滴定管 2～3 次。操作时，两手平端滴定管，慢慢转动，使操作溶液流遍全管，并使溶液从滴定管下端流净，以除去管内残留水分。在装入操作溶液时，应直接倒入，不得借用任何别的器皿（如漏斗、烧杯、滴管等），以免操作溶液浓度改变或被污染。装好操作溶液后，注意检查滴定管尖嘴内有无气泡，否则在滴定过程中，如果有气泡逸出，将影响溶液体积的准确测量。

(4) 滴定管尖嘴内气泡的排出　对于酸式滴定管，应迅速转动活塞，使溶液很快冲出，将气泡带走。

对于碱式滴定管，把橡皮管向上弯曲，挤动玻璃珠，使溶液从尖嘴处喷出，即可排除气泡（如图 2-35 所示）。待滴定管排除气泡后，装入操作溶液，首先使之在“0”刻度以上，然后再调节液面在 0.00mL 刻度处，备用。如液面不在“0.00mL”处，则应记下初读数，以免忘记。

图 2-35　排除气泡

(5) 滴定管的读数　由于滴定管读数不准确而引起的误差，常常是滴定分析误差的主要来源之一，因此在滴定分析实验前应进行读数练习，做到熟练掌握，避免人为误差的引入。

滴定管应垂直地夹在滴定管架上，由于表面张力的作用，滴定管内的液面呈弯月形。无色溶液的弯月面比较清晰，而有色溶液的弯月面清晰度较差。因此，两种情况的读数方法稍有不同，为了正确读数，应掌握以下各种情况的读数方法。

若刚注入溶液或放出溶液，为了使附着在内壁上的溶液流下，需等 1～2min 才能读数。

对于无色及浅色溶液读数时，读取与弯月面相切的刻度（如图 2-36 所示）。对于深色溶液，如 $KMnO_4$、I_2 溶液等，读取视线与液面两侧的最高点呈水平处的刻度（如图 2-37 所示）。

使用“蓝带”滴定管（滴定管的背面有一条竖直的蓝线）时，溶液体积的读数与上述方法不同。在这种滴定管中，液面处会呈现三角交叉点，读取交叉点与刻度相交之点的读数（如图 2-38 所示）即可。

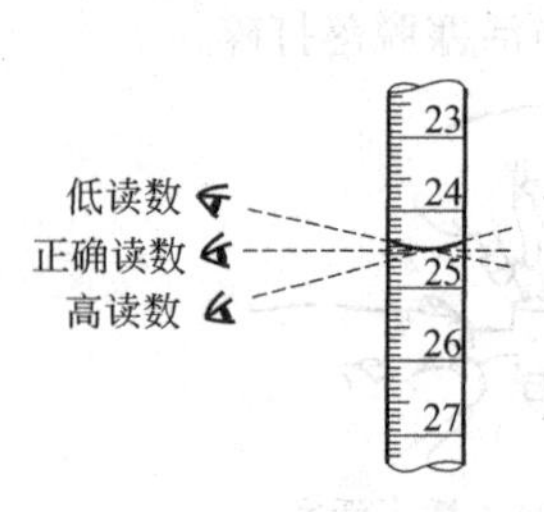

图 2-36　无色及浅色溶液的读数

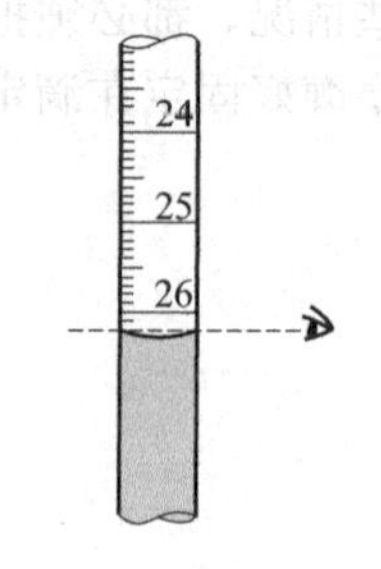

图 2-37　深色溶液的读数

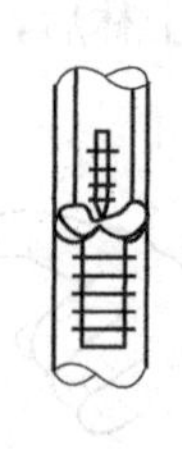

图 2-38　"蓝带"滴定管的读数

每次平行滴定前都应将液面调节在刻度"0.00mL"或接近"0"刻度稍下的位置，这样做可使滴定操作的溶液固定在某一段体积范围内滴定，以减少滴定管不同位置的体积误差。

滴定管读数必须读到小数点后第二位，即读到0.01mL，小数点后第二位数是估读数。

为了读数准确，可采用读数卡，这种方法有助于初学者练习读数。读数卡可用黑纸或涂有墨的长方形（约3cm×1.52cm）白纸制成。读数时将读数卡放在滴定管背后，使黑色部分在弯月面下的1mm处，此时即可看到弯月面的反射层为黑色，然后读与此黑色弯月面相切的刻度。

2. 滴定操作

滴定最好在锥形瓶中进行，特殊情况时也可以在烧杯中进行。

（1）酸式滴定管的操作　如图2-39所示，用左手控制滴定管的活塞，大拇指在前，食指和中指在后，手指略微弯曲，轻轻向内扣住活塞，转动活塞时，要注意勿使手心顶着活塞，以防活塞被顶出，造成漏液。右手持锥形瓶，边滴边摇动，摇动时应做同一方向的圆周运动，使瓶内溶液混合均匀，反应及时进行完全。

刚开始滴定时，溶液滴出的速度可以稍快些，但也不能使溶液呈流水状放出。临近终点时，滴定速度要减慢，应一滴或半滴地加入，滴一滴，摇几下，并用洗瓶吹入少量蒸馏水，清洗锥形瓶内壁，使附着的溶液全部流下。然后再逐滴慢慢加入，直到准确滴定至终点为止。

半滴的操作方法是：将滴定管活塞稍稍转动，使半滴溶液悬于管口，将锥形瓶内壁与管口相接触，使液滴到达锥形瓶内壁，并用蒸馏水冲下。

（2）碱式滴定管的操作　左手拇指在前，食指在后，捏住乳胶管中的玻璃珠所在部位的稍上处，捏挤乳胶管，如图2-40(a)，使乳胶管和玻璃珠之间形成一条缝隙，如图2-40(b)，溶液即可流出。但注意不能捏玻璃珠下方的乳胶管，否则空气进入形成气泡或管内溶液溢出。

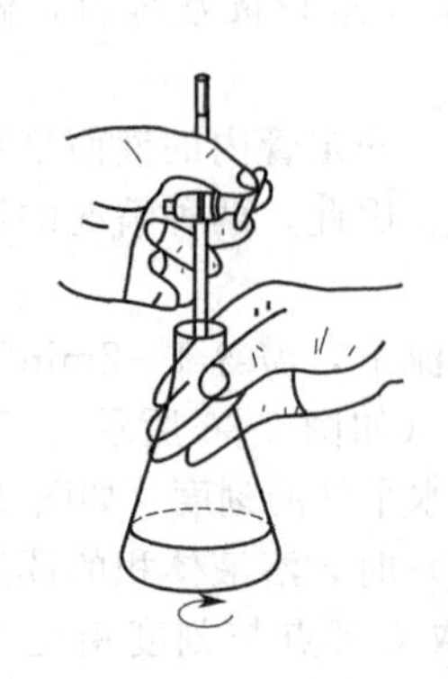

图 2-39　酸式滴定管的操作

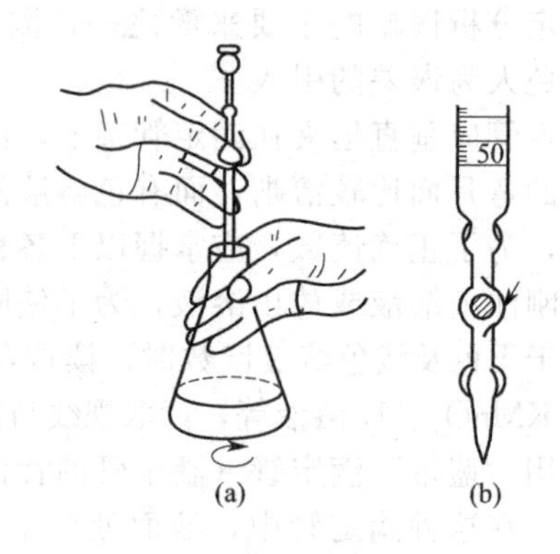

图 2-40　碱式滴定管的操作

第十节 溶解、蒸发与结晶

一、溶解

实验时，常常需将固体溶解。固体的颗粒较大时，溶解前应先在洁净干燥的研钵中研碎。研钵中所盛固体的量不应超过研钵总容量的1/3。溶解固体时，常用搅拌、加热等办法加快溶解速度。加热时应根据被加热物质的热稳定性，选用不同的加热方法。

二、蒸发

当所得溶液中溶剂较多时，需将其蒸发浓缩，以提高溶液的浓度。因蒸发速度的快慢不仅和温度的高低有关，而且和被蒸发溶液表面积的大小有关，故常用蒸发皿进行蒸发以提高蒸发速度。蒸发皿内所盛溶液的量不应超过其容量的2/3。加热方式视溶质的热稳定性而定，对溶质热稳定性大的溶液可放在石棉网上用酒精灯或煤气灯直接加热，否则可在水浴上间接加热蒸发。蒸发到什么程度，取决于溶质溶解度的大小以及结晶时对浓度的要求。一般当溶质的溶解度较大时，必须蒸发到溶液表面出现晶膜；当溶质的溶解度较小，或高温时溶解度较大而室温时溶解度较小时，则不必蒸发到液面出现晶膜。

三、结晶

蒸发到一定程度的溶液，经冷却溶质就会以晶体形式析出，析出晶体颗粒的大小与溶液本身以及操作条件有关。如果溶液浓度大，溶质的溶解度小，冷却速度又快，则易生成细小的晶体；若溶液的浓度小，将其静置使其缓慢冷却（必要时可加一粒晶种），则形成的晶体颗粒就大。

晶体颗粒的大小要适当。颗粒较大且均匀的晶体，所夹带母液及其他杂质较少，易于洗涤。颗粒小且不均匀的晶体，易形成稠厚的糊状物，夹带母液较多，不易洗净。若颗粒太大，则母液中所剩溶质太多，损失较大。若所得晶体含杂质较多时，则需进行重结晶以提高晶体的纯度。

第十一节 沉淀的分离和洗涤

沉淀分离的目的是分离沉淀与溶液，以及沉淀的洗涤。常用的沉淀分离方法有倾析法、过滤法和离心分离法等。

一、沉淀的分离

1. 倾析法

倾析法操作简单，分离速度快，适用于相对密度较大或结晶颗粒较大的沉淀与溶液的分离。

将沉淀混合溶液静置，待沉淀物晶体沉降至容器底部，然后将沉淀上部的澄清溶液倾入另一容器中。为除去沉淀中残留溶液，可在倾出上部清液后的沉淀中再加入少量蒸馏水，充分搅拌后静置沉降，再次倾去上部清液。如此重复操作三遍以上，即可将沉淀洗净，达到沉淀和溶液分离的目的（如图2-41所示）。

2. 过滤法

图 2-41　倾析法分离沉淀

过滤法是通过过滤器实现沉淀和溶液分离的方法。过滤法分为常温常压过滤、热过滤、减压过滤等。过滤器中的滤纸或微孔滤芯可将沉淀留在过滤器上方，而溶液则通过过滤器进入下方的盛接容器中。在沉淀分离中过滤法分离得最为彻底。

（1）常温常压过滤　常温常压过滤采用玻璃漏斗和滤纸来进行，是最常见的过滤方法。

过滤前将准备好的圆形滤纸对折两次，然后一边三层、一边一层展开呈圆锥体，放入玻璃漏斗中，过滤用漏斗锥体角度应为 60°，这样对折后打开的滤纸与漏斗的内壁才能完全贴合。如果漏斗锥体角度不是 60°，两次对折后得到的滤纸圆锥体与漏斗将不密合，此时须改变滤纸第二次折叠的角度，直到能与漏斗密合，再将滤纸折死，使其形状固定。

放入漏斗的滤纸上沿应低于漏斗上沿 5～10mm。把滤纸折叠成三层一侧的外面两层撕去一角，可使滤纸三层的一边能更好地紧贴漏斗。用手指按住滤纸三层一边，以少量的水润湿滤纸，使滤纸完全紧贴在漏斗壁上。轻压滤纸，赶走气泡。加水至滤纸边缘，使漏斗内形成水柱，利用水柱的压力能够加快过滤速度，如图 2-42 所示。备好的漏斗安放在漏斗架上，漏斗出口尖处紧贴容器的内壁上，下面放洁净盛接容器，然后开始过滤。

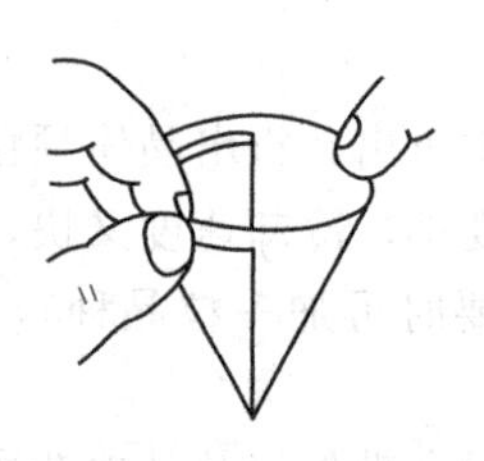

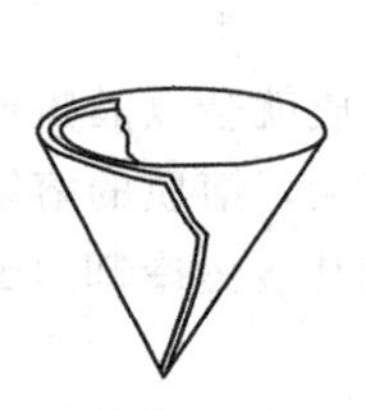

图 2-42　滤纸和漏斗的准备

过滤时，先用倾析法将澄清液转入漏斗中的滤纸上滤出，尽量使沉淀留在原烧杯中，这样可使过滤速度较快，过早将沉淀转移到滤纸上容易堵塞滤纸微孔，从而使过滤速度变得极为缓慢。操作时在漏斗上方将玻璃棒从烧杯中慢慢竖起并直立于漏斗中，下端对着三层滤纸一边并尽可能靠近，但玻璃棒一定不能接触滤纸。将上层清液沿着玻璃棒慢慢倾入漏斗，此时漏斗中的液面必须低于滤纸边缘，防止清液中部分沉淀穿透滤纸，如图 2-43(a) 所示。一般将液面控制在滤纸边缘下 5～10mm。暂停倾析溶液时，将烧杯沿玻璃棒慢慢向上提起扶正，注意烧杯嘴上的液滴不能流到烧杯壁外。

上层清液完全转移后，要先对沉淀作初步洗涤：用洗瓶冲洗烧杯四周内壁，使杯壁附着的沉淀集中在烧杯底部，再用玻璃棒充分搅拌，然后静置，再用倾析法转移洗涤液至漏斗中的滤纸上，洗涤一般需要 3～4 次。完成洗涤之后再将沉淀转移到滤纸上，向烧杯中加入少量蒸馏水，搅动沉淀使之混匀，然后立即将沉淀和溶液一起通过玻璃棒转移至漏斗上。再用洗瓶挤出少量蒸馏水，冲洗原烧杯内壁和玻璃棒，如图 2-43(b) 所示，将其上残留沉淀一并转入滤纸上，最后再用洗瓶挤出少量蒸馏水冲洗滤纸和沉淀，如图 2-43(c) 所示。冲洗时应从滤纸上方开始，以使沉淀尽量集中在圆锥滤纸的尖部。

（2）热过滤　热过滤也称常压热过滤，是将过滤用玻璃漏斗放在热过滤套中进行过滤。热过滤套一般为双层铜制，夹层中充水并在过滤过程中持续加热，以保证过滤过程中温度保

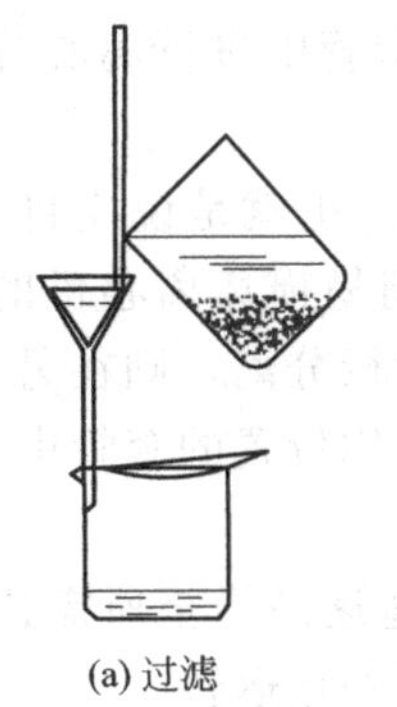
(a) 过滤

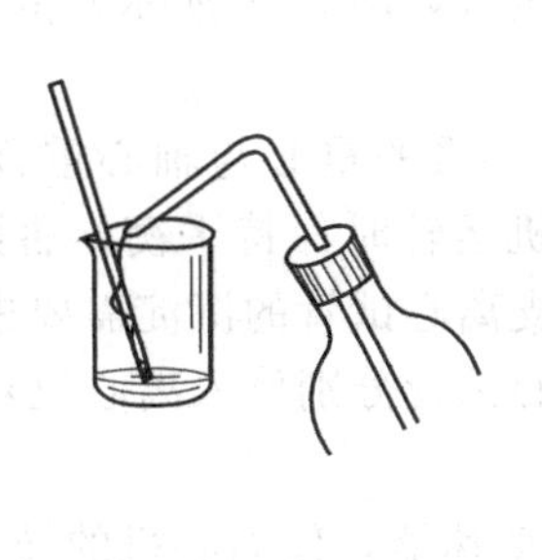
(b) 冲洗玻璃棒和烧杯

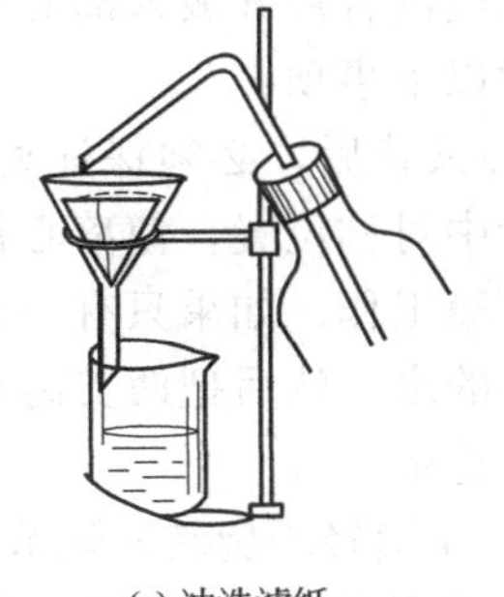
(c) 冲洗滤纸

图 2-43　过滤操作

22-常压过滤操作

持不变。因为某些物质的溶解度随温度变化很大，常温过滤时由于温度下降较快，滤液中的溶质很容易在过滤时析出结晶。为防止在过滤的过程中有溶质结晶析出，就需要趁热过滤。

热过滤的具体操作过程和要求与常温常压过滤基本一致。

（3）减压过滤（或抽滤）　减压过滤装置由抽滤瓶、布氏漏斗、安全瓶和抽气泵构成，全套装置如图 2-44 所示。布氏漏斗为瓷质的，中间部分平坦并有许多小孔，在其上铺贴滤纸，能将沉淀留在滤纸上，滤液透过滤纸后经小孔流出进入抽滤瓶。安全瓶安装在抽气泵与抽滤瓶之间，目的是防止因关闭水阀或水流量突然变化时，自来水倒吸进入抽滤瓶污染滤液。

减压过滤的原理是由抽气泵吸出抽滤瓶中的空气，导致抽滤瓶内压力低于环境压力，从而使布氏漏斗两侧形成压力差，以此提高过滤速度。这种过滤方法可以使大量溶液与沉淀得到较快分离，并能够降低沉淀中的水分残留。但是要求沉淀必须具有较大颗粒，如果颗粒较小，则沉淀很容易穿透滤纸进入抽滤瓶中，这样就会造成沉淀损失。

抽滤操作步骤如下：

① 如图 2-44 所示装配抽滤装置。注意安装布氏漏斗的橡皮塞插入抽滤瓶中不能超过 1/2，布氏漏斗的下端斜口必须正对抽滤瓶的侧管以提高抽滤效率。

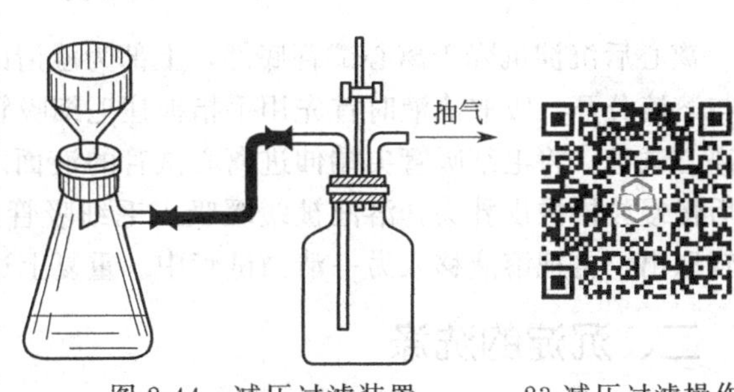

图 2-44　减压过滤装置　　23-减压过滤操作

② 选择和剪切滤纸。滤纸应比布氏漏斗内径略小，并且能全部覆盖布氏漏斗所有小孔。滤纸太大与布氏漏斗贴合不够紧密；太小又不能完全覆盖小孔，导致过滤失败。

③ 贴合滤纸。将滤纸平铺在布氏漏斗中，盖住所有小孔，然后用蒸馏水或溶剂润湿滤纸，之后打开抽气泵抽滤，使滤纸紧贴于布氏漏斗的底部。同时检查抽滤装置是否连接紧密、不漏气。

④ 转移沉淀。先用倾析法将沉淀上方清液逐渐转入布氏漏斗中并及时进行抽滤。然后再将沉淀转入布氏漏斗，用少量溶剂或蒸馏水冲洗烧杯，并将洗涤液转入布氏漏斗中进行抽滤。

⑤ 抽滤结束。将安全瓶的旋塞打开使其与大气相通，然后再关闭抽气泵，以防水倒流进入抽滤瓶内。如果不能采用滤纸过滤，也可以用微孔玻璃漏斗抽滤。

3. 离心分离法

少量沉淀与溶液进行分离，特别是静置沉降沉降速度极为缓慢的小颗粒及无定形沉淀时，可通过离心分离法来实现。

在离心试管中加入沉淀混合液并放入离心机（如图 2-45 所示）的套管中进行离心分离。使用离心机操作时应注意以下事项：

① 离心机中放入离心试管后，必须保证离心机的重心与轴心重合。也就是说应将质量一致的离心试管放入套管中对称位置，使离心机运转时保持平衡，否则易损坏离心机的轴，而且会造成离心机不能平稳工作。如果只有一支离心试管的沉淀需要进行分离，则在另一支离心试管中加入相同质量的水，然后把两支离心试管分别放入离心机对称位置的套管中，以确保离心机运转时平衡、稳定。

② 顺时针打开旋钮，连续轻缓旋转，调节变速器，使离心机的转速逐渐增至所需速度。数分钟后再逆时针缓慢旋转旋钮到“关”的位置，离心机将缓缓地自行停止运转。

③ 离心时间和转速可由沉淀的性质来决定。晶形紧密沉淀，转速为 1000r/min，1min 后即可停止。无定形疏松沉淀，沉降时间要长些，转速可提高到 2000r/min，时间大约为 4min。如果 4min 后仍不能使其分离，则应设法（如加入电解质或加热等）促使沉淀沉降，然后再进行离心分离。

④ 离心操作过程中要将离心机的盖子盖好，离心机没有停止运转时不能打开盖子，严禁在离心机运转时用手去阻止离心机的运转。

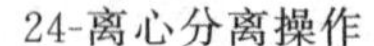

24-离心分离操作

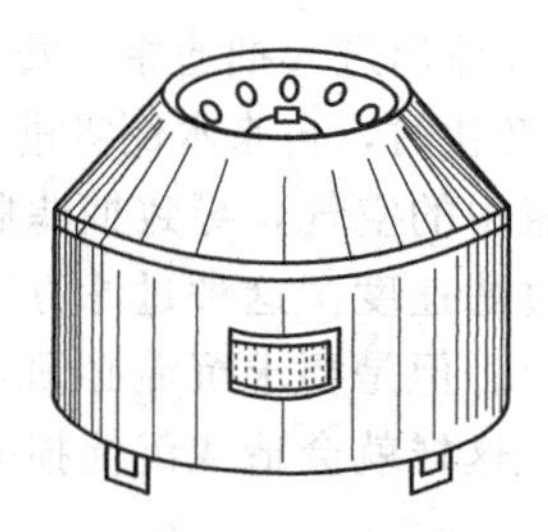

图 2-45　离心机

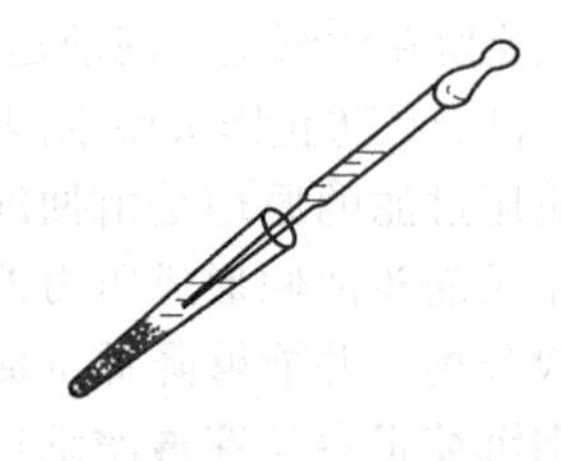

图 2-46　用毛细吸管吸取上层清液

离心后沉淀沉降于离心试管底部，上部为澄清的离心溶液。用毛细吸管吸出清液，可使沉淀与溶液分开。吸取清液时首先用手指捏住毛细吸管上端的橡皮乳头，排出其中空气，然后倾斜离心试管，将毛细吸管尖端伸进离心试管的液面之下，尽可能接近沉淀，但不可触及沉淀，然后慢慢放松橡皮乳头，溶液被缓缓吸入毛细吸管中，如图 2-46 所示。将毛细吸管从溶液中轻轻取出，再把溶液移入另一清洁试管中。重复上述操作，尽量将清液从沉淀表面吸净。

二、沉淀的洗涤

1. 离心试管中沉淀的洗涤

25-沉淀的洗涤

如果要除去沉淀中残留的溶液，还需要将沉淀进行洗涤。常用的洗涤剂是蒸馏水或其他洗涤溶液。

洗涤方法是：用毛细吸管加数滴洗涤液，用玻璃棒搅拌后，充分振荡离心试管，使沉淀与洗涤液充分混匀，然后再次用离心机进行离心沉降，仍用上述操作方法由毛细吸管吸出洗涤液。要注意每次应尽可能把洗涤液完全吸尽。一般情况下可洗涤 2～3 次。洗涤液需并入离心液中。

2. 漏斗滤纸上沉淀的洗涤

沉淀全部转移到滤纸上后，需洗涤沉淀。洗涤的目的在于将沉淀表面所吸附的杂质和残留的母液除去，其方法如图 2-47 所示。从洗瓶中注出细流，从滤纸边缘朝下处开始往下螺旋形移动，这样可使沉淀集中到滤纸的底部。重复这一步骤至沉淀洗净为止。

为了提高洗涤效率应掌握洗涤方法。洗涤沉淀时，每次使用少量洗涤液，洗后尽量沥干前次的洗涤液，多洗几次，这通常称为“少量多次”原则。另外需注意的是，过滤和洗涤必须相继进行，不能间断，否则沉淀干了就无法洗净。

洗涤到什么程度才算洗净？这可根据沉淀性质等具体情况进行检查。例如，如果试液中含 Cl^- 或 Fe^{3+} 时，则检查洗涤液中不含 Cl^- 或 Fe^{3+}，即可认为沉淀已洗净了。为此可用一干净的小试管在漏斗口承接 1～2mL 溶液，酸化后，用 $AgNO_3$ 或 KSCN 溶液分别检查，如果没有 AgCl 白色沉淀或 $[Fe(SCN)_6]^{3-}$ 淡红色配合物出现，说明沉淀已洗净。如果没有明确的规定，通常洗涤 8～10 次就认为已洗净，而对于无定形沉淀，可多洗涤几次。

图 2-47　漏斗滤纸上沉淀的洗涤

3. 沉淀洗涤剂的种类及选择

选用什么洗涤剂洗涤沉淀，应根据沉淀的具体性质而定。

（1）蒸馏水　如果沉淀溶解度很小，又不易生成胶体沉淀，可选用蒸馏水进行洗涤。

（2）冷的稀沉淀剂溶液　晶形沉淀可选用冷的稀沉淀剂溶液作洗涤液，因为这时存在同离子效应，故能减少沉淀溶解的量。但是如果沉淀剂为不挥发的物质，就不能作洗涤液。

（3）热的电解质溶液　无定形沉淀可选用热的电解质溶液作洗涤剂，为防止产生胶溶现象，大多采用易挥发的铵盐溶液作洗涤剂。

（4）沉淀剂加有机溶剂　溶解度较大的沉淀，或易水解的沉淀，一般采用沉淀剂加有机溶剂作为洗涤剂来洗涤沉淀，这样可降低其溶解度。

第十二节　试样的称量方法

一、直接称量法

对某些在空气中没有吸湿性的试样或试剂，如金属、合金等，可以用直接称量法称样。即用牛角匙取试样放在已知质量清洁而干燥的表面皿或称量纸上，一次称取一定量的试样，然后将试样全部转移到接收容器中。

某些实验中器皿的质量也可以用此法称量。

二、固定质量称量法

此法只能用来称取不易吸湿的且不与空气中各种组分发生作用的、性质稳定的粉末状物质。不适用于块状物质的称量。

称量方法如下：先将器皿放在天平上使天平回零，显示屏上显示回零后，慢慢地往器皿中加入样品，直到显示屏显示需要称量的质量读数。

三、递减称量法

该方法称取样品的量是由两次称量之差而求得的。这样称量的结果准确，但不便称取指定质量。此法常用于称取易吸水、易氧化或易与 CO_2 反应的物质。

称量方法如下：将适量样品装入称量瓶中，用干净的纸条套住称量瓶（如图 2-48 所示），放到天平盘上，准确称得称量瓶加样品的质量为 m_1(g)。取出称量瓶，将称量瓶放在容器上方，使称量瓶倾斜，用称量瓶盖轻轻敲瓶口上部，使样品慢慢落入容器中。当倾出的样品已接近所要称的质量时，慢慢将瓶口竖起，再用称量瓶盖轻轻敲瓶口上部，使黏附在瓶口上的样品落下（如图 2-49 所示），然后盖好瓶盖。将称量瓶再放回天平盘上，称得质量为 m_2（g），两次质量之差即为称出样品的质量。按上述方法连续递减，可称取多份样品。

第一份样品质量（g）$=m_1-m_2$

第二份样品质量（g）$=m_2-m_3$

……

26-试样的称量方法

图 2-48　称量瓶的携取

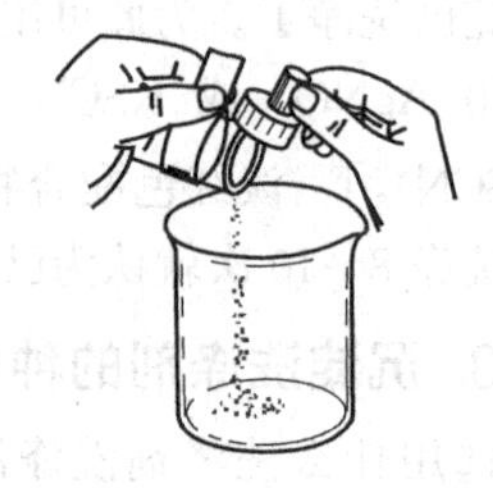

图 2-49　试样的称取

递减称量法操作时必须注意：

① 若倒入试样量不够时，可重复上述操作，如果倒入试样量大大超过所需的数量，则只能弃去重新称量。

② 盛有试样的称量瓶除放在天平盘上或用纸条套住拿在手中外，不得放在其他地方。

③ 取下纸条时，不要碰到称量瓶瓶口，纸条不用时应放在清洁的地方。

④ 粘在瓶口上的试样应尽量处理干净，以免粘到瓶盖上或掉到其他地方。

⑤ 要在接收容器的上方打开瓶盖或盖上瓶盖，以免黏附在瓶盖上的试样落到它处，造成称量误差。

第三章　普通化学实验常用仪器的使用

第一节　托盘天平与电子分析天平

实验中可以根据不同的称量要求，选用托盘天平或电子分析天平进行称量。

一、托盘天平（台秤）

托盘天平一般能称准到0.1g，其构造如图3-1所示。

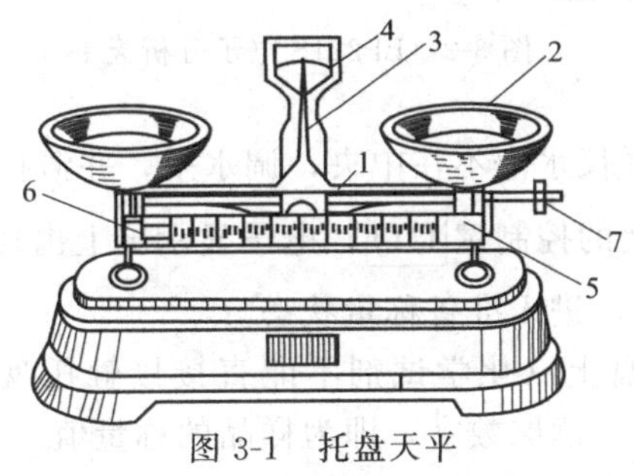

图3-1　托盘天平

1—横梁；2—托盘；3—指针；4—刻度盘；5—游码标尺；6—游码；7—平衡调节螺母

27-托盘天平的使用

1. 使用方法

① 在称量前，首先检查托盘天平刻度盘上指针是否在中间位置，如果不在，须调节托盘下面的平衡调节螺母，使指针正好停在中间的位置上（零点）。

② 称量时，左盘放称量物，右盘放砝码。10g以上的砝码放在砝码盒内，10g以下的砝码是通过移动游标尺上的游码来添加。

③ 当砝码添加到托盘中央两边平衡时，指针停在中间位置，称为停点。停点和零点之间允许偏差在1小格之内。这时砝码和游码所示质量之和就是称量物的质量。

2. 注意事项

托盘天平使用时要注意以下几点：

① 不能称量热的物体。

② 保持清洁，托盘上有药品或其他污物时应立即清除。

③ 称量物不能直接放在托盘上。根据不同情况要放在纸、表面皿上或其他容器内称量。易吸潮或具有腐蚀性的药品必须放在玻璃容器内称量。

④ 称量完毕，砝码放回原处，使托盘天平各部分恢复原状。

二、电子分析天平

电子分析天平是高精密度电子测量仪器，可以精确地测量到0.0001g，且称量准确而迅速，使用方法简便，是目前最好的称量仪器。电子分析天平的型号很多，下面以BP221S电子分析天平为例，其构造如图3-2所示。电子分析天平的使用方法与注意事项如下所述。

28-分析天平的使用

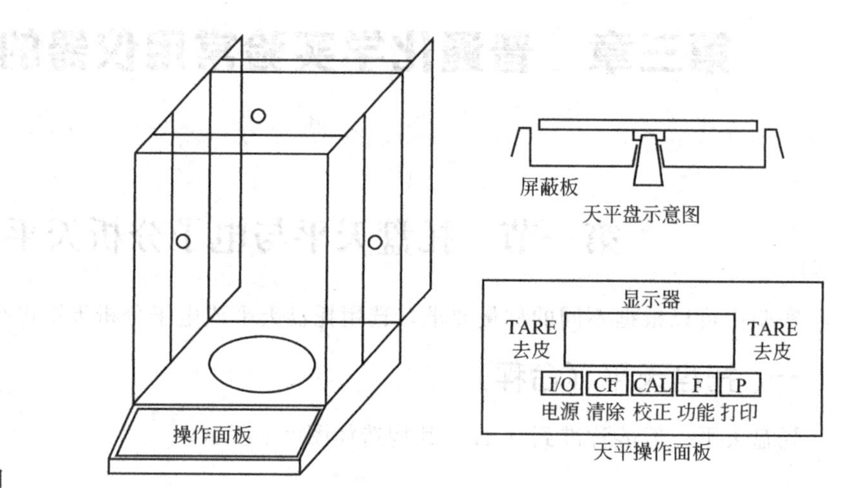

图 3-2 BP221S电子分析天平

1. 使用方法

① 打开天平罩，检查水平仪，如水平仪水泡不在中央，调水平，并清扫天平盘。

② 打开电源，预热，轻按天平面板上的控制键I/O，电子显示屏上出现“0.0000g”并闪动。待数字稳定下来，表示天平已稳定，进入准备称量状态。

③ 打开天平侧门，将样品放到天平盘上（化学试剂不能直接接触托盘），关闭天平侧门。待电子显示屏上闪动的数字稳定下来，读取数字，即为样品的称量值。如需“去皮”称量，则按下TARE键，使显示“0.0000g”。

④ 连续称量功能。当称量完第一个样品以后，若再轻按TARE键，电子显示屏上又重新返回“0.0000g”，表示天平准备称量第二个样品。重复操作③，即可直接读取第二个样品的质量。如此重复，可连续称量。

⑤ 称量完毕后关机，关好天平门，罩上天平罩，切断电源。

2. 注意事项

① 天平室应避免阳光照射，保持干燥，防止腐蚀性气体的侵蚀。天平应放在稳固的台面上以避免震动。

② 天平室内应保持清洁，要定期放置和更换吸湿变色干燥剂（硅胶），以保持干燥。

③ 称量物体质量不得超过天平的载荷。

④ 不得在天平上称量热的或释放腐蚀性气体的物质。

⑤ 称量的样品，必须放在适当的容器中，不得直接放在天平盘上。

第二节 温度计

一、温度计的分类

实验室中最常用的测量温度的仪器是水银温度计和酒精温度计。一般常用的水银温度计有 3 种规格：100℃、200℃、300℃。另有刻度为 0.1℃ 的温度计比较精密，可测至 0.01℃ 。

二、温度计的使用

测量正在加热液体的温度时，最好把温度计悬挂起来，并使水银球完全浸没在液体中。还要注意使温度计在液体内处于适中的位置，不要使水银球靠在容器的底部或壁上。

使用温度计时应注意：

① 温度计不能作搅拌棒使用，以免把水银球碰破。

② 刚测量过高温物体的温度计不能立即用冷水去洗，以免水银球炸裂。

③ 使用温度计时，要轻拿轻放，不要甩动，以免打碎。

④ 所测体系的温度不得高于温度计的最大量程。

如果要测量高温，可以使用热电偶温度计和高温计。

29-温度计的使用

第三节 秒表

一、秒表的分类

秒表是准确测量时间的仪器。它有各种规格，实验室常用的秒表有指针式和数字式两种，如图 3-3 所示。前者为机械表，使用发条为动力；后者为电子表，使用电池为动力。

二、秒表的使用

1. 指针式秒表的使用

指针式秒表有两个针，长针为秒针，短针为分针，表盘上也相应地有两圈刻度，分别表示秒和分的数值，其秒针转一周为 60s，分针转一周为 60min［如图 3-3(a) 所示］。这种表可读准到 0.1s。表的上端有柄头，用它旋紧发条、控制表的启动和停止。使用时先旋紧发条，用手握住表体，用拇指或食指按柄头，按一下，表即走动。需停表时，再按柄头，秒针、分针就都停止，便可读数。第三次按柄头时，秒针、分针即返回零点，恢复原状。有的秒表有暂停装置，需暂停时推动暂停钮，表即停止；退回暂停钮时，表继续走动，连续计时。

2. 数字式秒表的使用

数字式秒表［如图 3-3(b) 所示］的使用方法与指针式秒表基本相同，最小测量值可以达到 0.01s。

30-秒表的使用

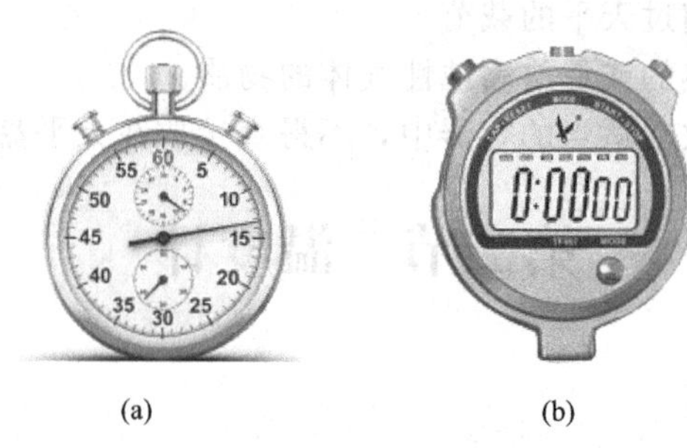

(a)　　(b)

图 3-3　指针式秒表（a）和数字式秒表（b）

3. 使用注意事项

① 使用前应先检查零点（即检查秒针是否正好指向零），如不指向零，则应记下差值，对读数进行校正。

② 按柄头时，有一段空挡。在启动或停止秒表时应先按空挡，做好准备。到正式按时，秒表才会立即启动或停止，否则会因空挡而造成误差。

③ 用完后，指针式秒表应继续走动，使发条完全放松，数字式秒表清零即可。

④ 轻拿轻放，切勿碰、摔、敲击以免震坏。不要与腐蚀性的化学试剂或磁性物质放在一起。

⑤ 使用后应保存在干燥处。

第四节　酸度计

酸度计又称 pH 计，是一种通过测量电势差的方法来测定溶液 pH 值的仪器，除可以测量溶液 pH 值外，还可以测量氧化还原电对的电极电势（mV）及配合电磁搅拌进行电位滴定等。实验室常用的酸度计有雷磁 25 型、pHS-2 型、pHS-3 型等。酸度计的测量精度、外观及附件改进很快，各种型号仪器的结构和精度虽不同，但基本原理相同。现以 pHS-3C 型酸度计为例，介绍其构造、使用方法及注意事项。其他类型酸度计可参考其使用说明书。

一、构造

pHS-3C 型酸度计是一台四位十进制数字显示的酸度计。仪器附有电子搅拌器及电极支架，供测量时作搅拌溶液和安装电极使用。仪器有 0～10mV 的直流输出，如配上适当的记录式电子电位差计，可自动记录电极电势。

pHS-3C 型酸度计以玻璃电极为指示电极，甘汞电极为外参比电极，与被测溶液组成如下原电池：

Ag，AgCl｜内缓冲溶液｜内水化层｜玻璃膜｜外水化层｜被测溶液｜饱和甘汞电极

此原电池电动势的表达式为：$E_{MF}=E^{\ominus}_{MF}+2.303\dfrac{RT}{F}pH$

式中，$E^{\ominus}_{MF}$ 为常数。当被测溶液的 pH 值发生变化时，电池的电动势 E_{MF} 也随之而变。在一定温度范围内，pH 值与 E_{MF} 呈线性关系。为了方便操作，现在 pH 计上使用的都是用以上两种电极组合而成的单支复合电极。

pHS-3C 型酸度计面板如图 3-4 所示。

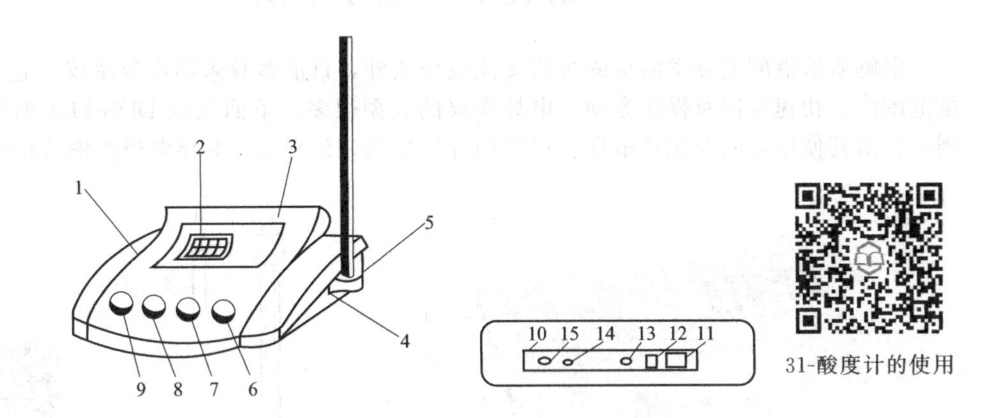

图 3-4　pHS-3C 型酸度计面板

1—机箱外壳；2—显示屏；3—面板；4—机箱底；5—电极杆插座；6—定位旋钮；
7—斜率补偿旋钮；8—温度补偿旋钮；9—选择开关旋钮；10—仪器后面板；
11—电源插座；12—电源开关；13—保险丝；14—参比电极接口；15—测量电极插座

二、使用方法

① 开机前的准备。

a. 将复合电极插入测量电极插座，调节电极夹至适当的位置。

b. 小心取下复合电极前端的电极套，用蒸馏水清洗电极后用滤纸吸干。

② 打开电源开关，将仪器通电预热半小时以上方可使用。

③ 仪器的校正。

a. 将选择开关旋钮 9 旋至 pH 挡，调节温度补偿旋钮 8，使旋钮上的白线对准溶液温度值。把斜率补偿旋钮 7 顺时针旋到底（即旋到“100%”位置）。

b. 将清洗过的电极插入 pH=6.86 的缓冲溶液中，调节定位旋钮 6，使仪器显示的读数与该缓冲溶液在当时温度下的 pH 值一致。

c. 电极用蒸馏水清洗后再插入 pH=4.00（或 pH=9.18）的标准缓冲溶液中，调节斜率补偿旋钮 7，使仪器显示的读数与该缓冲溶液在当时温度下的 pH 值一致。

d. 重复 b、c 操作，直至不用再调节定位或斜率补偿旋钮为止。

④ 被测溶液 pH 值的测定。用蒸馏水清洗电极并用滤纸吸干，将电极浸入被测溶液中，显示屏上的稳定读数即为被测溶液的 pH 值。

三、注意事项

① 玻璃电极的插口必须保持清洁，不使用时应将接触器插入，以防灰尘和湿气进入。

② 新玻璃电极在使用前需要用蒸馏水浸泡 24h。若发现玻璃电极球泡有裂纹或老化，应更换新电极。

③ 酸度计经校正后，定位旋钮和斜率补偿旋钮不可再有变动。

④ 测量时，电极的引入导线需保持静止，否则会导致测量不稳定。

第五节 电导率仪

电解质溶液的电导率测量除可用交流电桥法外，目前多数采用电导率仪。它的特点是测量范围广、快速直读及操作方便。电导率仪的类型很多，下面仅以 DDS-11A 型电导率仪为例，介绍其使用方法及注意事项。仪器的外形如图 3-5 所示，电导电极如图 3-6 所示。

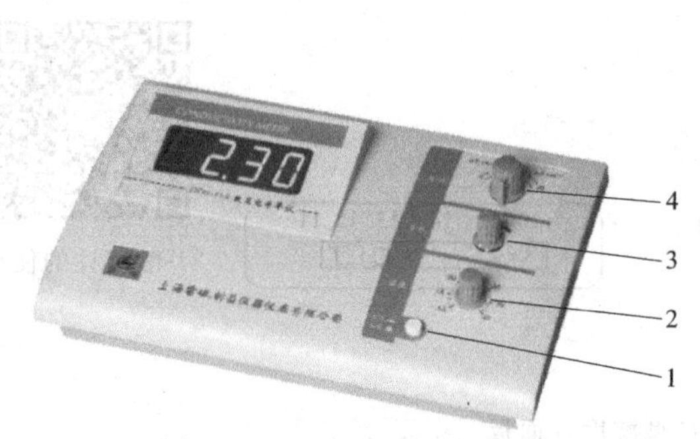

图 3-5 DDS-11A 型电导率仪

1—校正/测量按钮；2—温度补偿旋钮；3—常数校正旋钮；4—量程选择旋钮

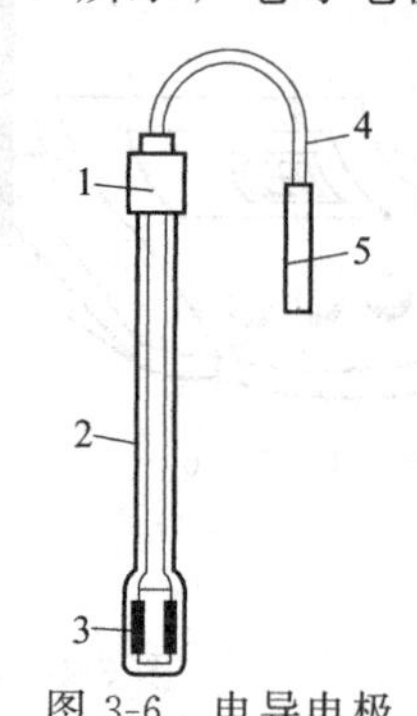

图 3-6 电导电极

1—电极帽；2—玻璃管；3—铂片；4—电极引线；5—电极插头

32-电导率仪的使用

一、使用方法

1. 不采用温度补偿法

① 选择电极：对电导很小的溶液用光亮电极；电导中等的用铂黑电极；电导很高的用 U 形电极。

② 将电导电极连接在 DDS-11A 型电导率仪上，接通电源，打开仪器开关，温度补偿旋钮置于“25℃”刻度值。

③ 电导电极插入被测溶液中。将校正/测量按钮置于“校正”挡，调节常数校正旋钮，仪器显示电导池实际常数值。

④ 将校正/测量按钮置于“测量”挡，选择适当的量程挡，将清洁电极插入被测液中，仪器显示该被测液在溶液温度下的电导率。

2. 温度补偿法

① 常数校正：调节温度补偿旋钮，使其指示的温度值与溶液温度相同，将校正/测量按钮置于“校正”挡，调节常数校正旋钮，使仪器显示电导池实际常数值。

② 操作方法同不采用温度补偿法一样，这时仪器显示的被测液电导率为该液体标准温度（25℃）时的电导率。

二、注意事项

① 一般情况下，液体电导率是指该液体在 25℃时的电导率，当介质温度不是 25℃时，其液体电导率会不同。为等效消除这个变量，仪器设置了温度补偿功能。

② 仪器不采用温度补偿时，测得的液体电导率为该液体在其实测温度下的电导率。

③ 仪器采用温度补偿时，测得的液体电导率已换算为该液体在 25℃时的电导率。

④ 本仪器温度补偿系数为 2%/℃。所以在做高精度测量时，请尽量不要采用温度补偿，而应测量后查表或将被测液在 25℃下测量，获得液体介质 25℃时的电导率。

第六节　分光光度计

分光光度法是基于物质对不同波长的光波具有选择性吸收能力而建立起来的分析方法。分光光度计是利用分光光度法对物质进行定性和定量分析的仪器。

一、分光光度计的分类

按工作波长范围分类，分光光度计一般可分为紫外-可见分光光度计、紫外分光光度计、可见分光光度计、红外分光光度计等。目前在教学中常用的可见分光光度计有 72 型、721 型、722 型。这些仪器的型号虽然不同，但工作原理是一样的。下面仅以 722 型可见分光光度计为例，介绍其使用方法及注意事项。

二、使用方法

722 型可见分光光度计是以碘钨灯为光源，衍射光栅为色散元件的数显式可见光分光光度计。它的使用波长范围为 330～800 nm，波长精度为±2nm，试样架可放置 4 个吸收池，单色光的带宽为 6nm。其外形如图 3-7 所示。

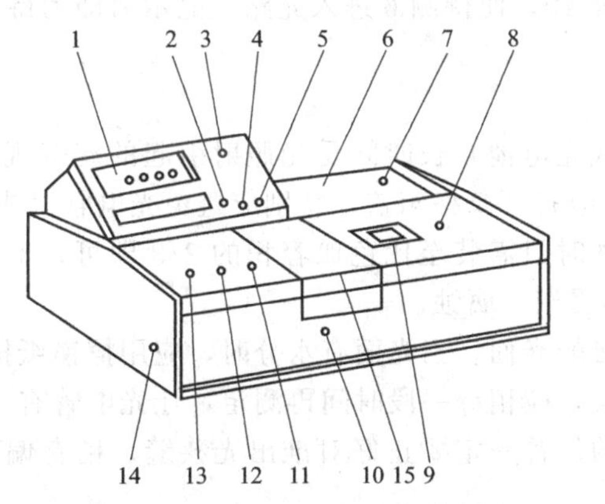

33-分光光度计的使用

图 3-7　722 型可见分光光度计外形

1—数字显示器；2—吸光度调零旋钮；3—测量选择开关；4—吸光度斜率调节旋钮；5—浓度调节旋钮；6—光源室；7—电源开关；8—波长调节旋钮；9—波长刻度窗；10—比色皿架拉杆；11—100% T（透光率）调节旋钮；12—0% T（透光率）调节旋钮；13—灵敏度调节旋钮；14—干燥器；15—比色室盖

其使用方法如下：

1. 准备工作

① 使用仪器前，应先了解本仪器的结构和工作原理，以及各个操作旋钮的功能。

② 在未接通电源前，应对仪器的安全性进行检查，各个调节旋钮起始位置应该正确，然后再接通电源开关。

③ 打开仪器电源开关 7，开启比色室盖 15，预热 20min。

2. 透光率 T 的测定

① 调节波长调节旋钮 8，波长调至测试用波长。

② 转动灵敏度调节旋钮 13，选择合适的灵敏度。

③ 尽可能选用低挡，即 1 挡，若步骤 3 中③～⑤不能调节透光率为 100%，可改为较高

挡，如2挡，逐步提高。每次改变灵敏度，均需重复步骤3中②～⑤的操作。

④ 测量选择开关3转为“T”（透光率）。每改变一个波长，就要重新调透光率“0%”和“100%”。

3. 吸光度 *A* 的测量

① 将盛有参比液与待测液的比色皿放在比色皿架上，并转入比色室（注意卡位）。

② 拉动比色皿架拉杆10，将参比液对准光路。

③ 打开样品室盖（此时光门自动关闭），调节“0”旋钮，使数字显示器1显示值为“0.000”。

④ 盖上样品室盖，调节透光率“100%”旋钮，使数字显示器1显示值为“100.0”。

⑤ 此时将测量选择开关3转为“吸光度”，则数字显示器1上显示值应为“0.000”。

⑥ 拉动比色皿架拉杆10，将待测液对准光路，数字显示器1上显示的数字就是待测液的吸光度。若改变波长进行测量，则每次改变波长后必须重复步骤2及步骤3中①～⑤的操作。

4. 浓度 *c* 的测量

① 将测量选择开关3置于“浓度”挡。

② 将已知浓度的标准样放入光路，用浓度调节旋钮5调节浓度值与标样浓度值相等。

③ 拉动比色皿架拉杆10，使待测液进入光路，显示值即为待测液的浓度值。

三、注意事项

① 为避免光电管（或光电池）长时间受光照射引起的疲劳现象，应尽量减少光电管受光照射的时间，不测定时应打开暗格箱盖，特别应避免光电管（或光电池）受强光照射。

② 用比色皿盛取溶液时只需装至比色皿容积的2/3即可，不要过满，避免待测溶液在拉动过程中溅出，使仪器受潮、腐蚀。

③ 不要用手拿比色皿的光面。当光面有水分时，应用擦镜纸按同一个方向轻轻擦拭。

④ 若大幅度调整波长，应稍等一段时间再测定，让光电管有一定的适应时间。

⑤ 测定时，比色皿的位置一定要正好对准出光狭缝，稍有偏移，测出的吸光度值就有很大误差。

⑥ 测定完毕后，取出比色皿，洗净，晾干后放入比色皿盒中；关闭电源，盖上防尘罩。

第七节　恒温水槽

普通化学实验中许多数据如密度、标准平衡常数、速率常数等都与温度有关，所以这些实验必须在恒温条件下进行。实验中常用恒温水槽来控制温度。现介绍两种常用恒温水槽。

一、HK-1D型玻璃恒温水槽

HK-1D型玻璃恒温水槽，如图3-8所示，集智能化控温、玻璃恒温水槽、电动搅拌机于一体，具有控温精度高、体积小、使用方便等优点。其使用方法如下：

① 在玻璃缸中加入去离子水约至玻璃缸4/5高度，以防烧坏加热管。

② 恒温槽必须接地。先将测量/设定选择按钮置于“设定位置”，搅拌器的调速旋钮逆时针调到底（转速为零），然后打开电源开关。

③ 通过调速旋钮调节合适的搅拌速度。

④ 将“测量/设定”选择按钮置于“设定”位置，通过温度设定旋钮设定温度值，然后

将测量/设定开关置于“测量”位置，控制系统将自动加热水浴并控制在设定温度。

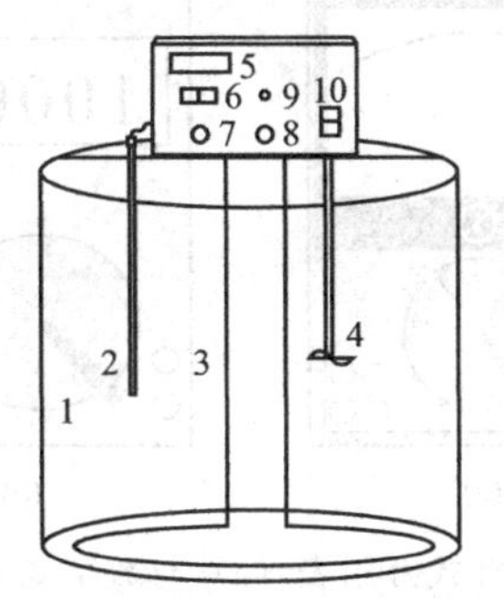

34-恒温水槽的使用

图 3-8　HK-1D 型玻璃恒温水槽

1—玻璃缸；2—温度传感器；3—加热管；4—搅拌器；

5—显示框；6—测量/设定选择按钮；7—温度设定旋钮；

8—调速旋钮；9—加热指示灯；10—电源开关按钮

二、HK-2A 型超级恒温水槽

HK-2A 型超级恒温水槽，如图 3-9 所示，采用单片机智能控制，控温精度高，抗腐蚀性强，结构紧凑。控制箱直接安装在水箱上，控制箱后板有循环水管进出水嘴两只，水箱前侧板有一出水嘴，采用优质水泵对槽外循环，仪器的控温精度能达到较高要求。其使用方法如下：

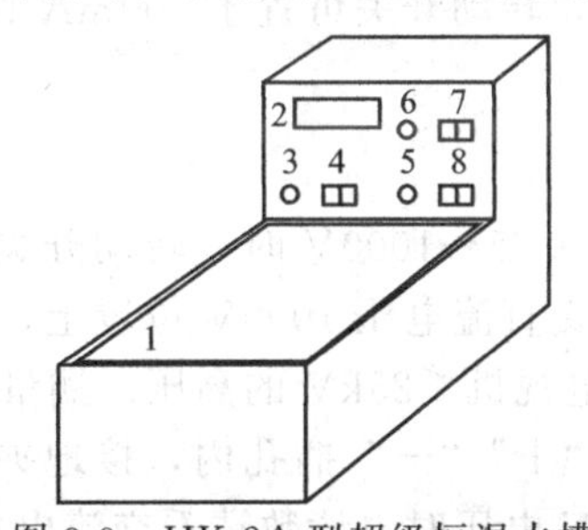

图 3-9　HK-2A 型超级恒温水槽

1—缸体水浴；2—显示框；3—循环量调节旋钮；

4—测量/设定选择按钮；5—设定调节旋钮；6—加热指示灯；

7—循环开关按钮；8—电源开关按钮

① 关闭水箱前侧板出水嘴。在水浴槽内加入去离子水，不能使用自来水，水位线离上盖板不低于 8cm。将控制箱后板上循环水管进出水嘴连接到需要恒温的装置，或将进出水嘴直接连接。循环水管进出水嘴不能不连接，否则搅拌时恒温水会喷出。

② 接通电源。必须先加好水才能接通电源，仪器必须接地。

③ 按“循环开关”按钮，开启循环水泵，调节循环量调节旋钮至适当位置。

④ 将“测量/设定”选择按钮置于“设定”位置，调节设定调节旋钮至需要的温度，再将测量/设定开关置于“测量”位置，仪器进入控温状态。如果水浴温度低于设定温度，仪器开始加热，此时加热指示灯亮。接近设定温度时，加热指示灯闪烁。

第八节　万用表

万用表是一种多功能、多量程的便携式电工仪表，一般的万用表可以测量直流电流、交直流电压或电阻。万用表的类型很多，基本原理大致相同，这里仅以 FM47 系列万用表为例简述其使用方法及注意事项。FM47 系列万用表分为指针式、数字式两种，如图 3-10 所示。

35-万用表的使用

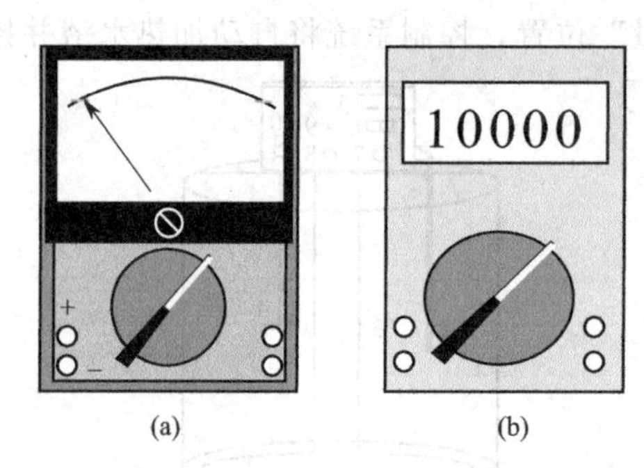

图 3-10 指针式万用表（a）与数字式万用表（b）

一、使用方法

在使用前应检查指针是否在机械零位上，如不在零位，可旋转表盖上的调零器使指针指示在表的零位上。然后将测试棒红、黑插头分别插入“＋”“－”插孔中，如测量交直流 2500V 或 10A 时，红插头则应分别插到标有“2500V”或“10A”的插座中。

1. 直流电流测量

测量 0.05～500mA 直流电流时，转动开关至所需的电流挡。测量 10A 直流电流时，应将红插头“＋”插入 10A 插孔内，转动开关可置于 500mA 直流电流挡位，而后将测试棒串接于被测电路中。

2. 交直流电压测量

测量交流 10～1000V 或直流 0.25～1000V 时，转动开关至所需电压挡。测量交直流电压 2500V 时，开关应分别旋转至交直流电压 1000V 位置上，而后将测试棒跨接于被测电路两端。若配以高压探头，可测量电视机≤25kV 的高压。测量时，开关应放在 50μA 位置上，高压探头的红、黑插头分别插入“＋”“－”插孔内，接地夹与电视机金属底板连接，而后握住探头进行测量。测量交流 10V 电压时，读数请看交流电压 10V 专用刻度（红色）。

3. 直流电阻测量

装上电池（R14 型 2＃1.5V 及 6F22 型 9V 各一个），转动开关至所需测量的电阻挡，将测试棒两端短接，调整欧姆旋钮，使指针对准欧姆“0”位，然后分开测试棒，进行测量。测量电路中的电阻时，应先切断电源，如电路中有电容应先行放电。当检查有极性电解电容漏电电阻时，可转动开关至 R×1k 挡，测试棒红杆必须接电容器负极，黑杆接电容器正极。

4. 通路蜂鸣器检测

同欧姆挡一样将仪器调零，此时蜂鸣器工作，发出约 1kHz 的长鸣声，此时不必观察表盘即可了解电路的通断情况。音量与被测线路电阻成反比例关系。

二、注意事项

① 本仪器采用过压、过流自熔断保护及表头过载限幅保护等多重保护，但使用时仍应遵守下列规程，避免意外损失。

② 测量高压或大电流时，为避免烧坏开关，应在切断电源情况下变换量限。

③ 测量未知的电压或电流，应选择最高量程，待第一次读取数值后，方可逐渐转至适当位置以取得校准读数并避免烧坏电路。

④ 电阻各挡用干电池应定期检查、更换，以保证测量精度，如长期不用，应取出电池，以防止电解液溢出腐蚀而损坏其他零件。

⑤ 仪表应保存在0～40℃，相对湿度不超过80%，并不存在腐蚀性气体的场所。

第九节　常用电极与盐桥

一、玻璃膜电极

1. 构造

玻璃膜电极是对氢离子浓度有选择性响应的电极，其结构如图3-11所示。它的主要部分是一个玻璃泡，玻璃泡的下半部分为特殊组成的玻璃薄膜。膜厚约为30～100μm。在玻璃泡中装有pH值一定的溶液（内参比溶液，通常为$0.1mol \cdot L^{-1}$ HCl溶液），插入一个银-氯化银电极作为内参比电极。

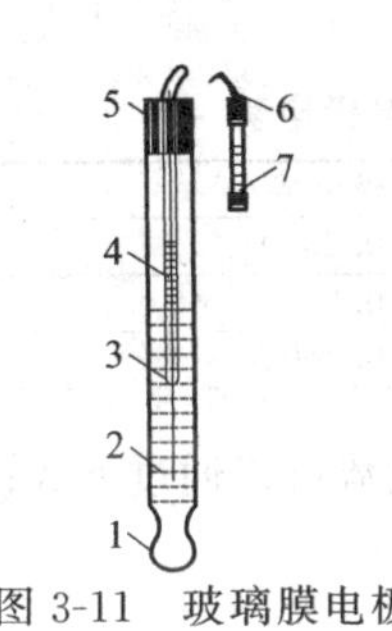

图3-11　玻璃膜电极

1—玻璃泡；2—玻璃外壳；
3—$0.1mol \cdot L^{-1}$ HCl溶液；
4—银-氯化银电极；5—绝缘套；
6—电极引线；7—电极插头

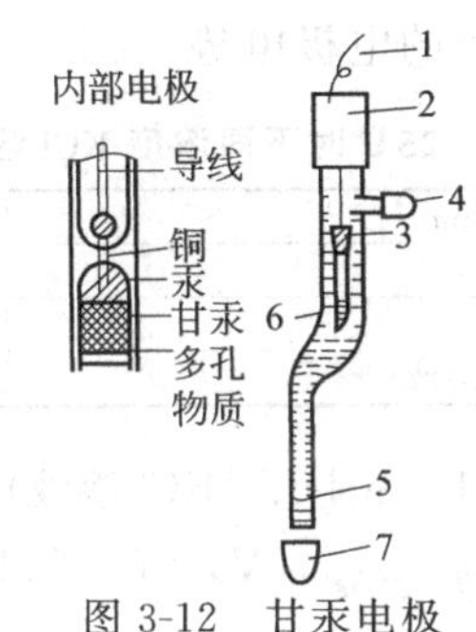

图3-12　甘汞电极

1—电极引线；2—绝缘套；3—内部电极；4—封装口；
5—纤维塞；6—KCl溶液；7—电极胶盖

36-常用电极简介

2. 使用方法

使用前，干玻璃膜电极要在水中浸泡24h，使用时将玻璃膜电极插入待测溶液中。若用已知pH值的溶液标定有关常数，则可由测得的玻璃电极电势求得待测溶液的pH值。

玻璃膜电极的高电阻易受到周围交流电场的干扰，发生静电感应。为消除干扰，一般在电极引线外装网状金属屏蔽线。玻璃电极不易中毒，不易受溶液中氧化剂、还原剂及毛细管活性物质（如蛋白质）的影响，可以在混浊、有色或胶体溶液中使用。缺点是易碎和高电阻。

二、甘汞电极

1. 构造

甘汞电极结构简单、性能较稳定，是实验室中常用的参比电极，其结构如图3-12所示。

2. 电极电势

甘汞电极是以甘汞（Hg_2Cl_2）与一定浓度的KCl溶液为电解液的汞电极，其电极反应为：

$$Hg_2Cl_2(s) + 2e^- \rightleftharpoons 2Hg(l) + 2Cl^-(c_{Cl^-})$$

甘汞电极的电极电势随温度和氯化钾溶液浓度的变化而变化，表3-1列出了不同浓度KCl溶液中甘汞电极的电极电势与温度的关系。其中，在25℃下，饱和KCl溶液中的甘汞电极是最常用的，此时的电极称为饱和甘汞电极（SCE）。

表 3-1 不同浓度 KCl 溶液中的甘汞电极电极电势与温度的关系

KCl 溶液浓度/$mol \cdot L^{-1}$	电极电势/V
饱和 KCl 溶液（常用）	$0.2412-7.6\times10^{-4}(t-25)$
1.0	$0.2801-2.4\times10^{-4}(t-25)$
0.1	$0.3337-7.0\times10^{-4}(t-25)$

三、银-氯化银电极

1. 电极电势

银丝表面镀上一薄层 AgCl，浸在一定浓度的 KCl 溶液中，即构成银-氯化银电极。该电极与甘汞电极相似，都属于金属-金属难溶盐电极。电极反应为：

$$AgCl(s)+e^- = Ag(s)+Cl^-(c_{Cl^-})$$

银-氯化银电极的电极电势决定于温度与氯离子浓度。表 3-2 列出了 25℃时不同浓度 KCl 溶液中银-氯化银电极的电极电势。

表 3-2 25℃时不同浓度 KCl 溶液中银-氯化银电极的电极电势

KCl 溶液浓度/$mol \cdot L^{-1}$	电极电势/V
0.1	0.2880
1.0	0.2224
饱和 KCl 溶液	0.2000

标准银-氯化银电极（$1.0mol \cdot L^{-1}$KCl 溶液）在温度 t 时的电极电势可以通过下式计算：

$$\varphi_{Ag/AgCl}(V)=0.2224-6.0\times10^{-4}(t-25)$$

2. 制备方法

制备银-氯化银电极方法很多。较简便的制备方法如下：

① 取一根洁净的银丝与一根铂丝，插入 $0.1mol \cdot L^{-1}$盐酸溶液中，外接直流电源和可调电阻进行电镀。控制电流密度为 $5mA \cdot cm^{-2}$，通电时间约 5min，在作阳极的银丝表面即镀上一层 AgCl。

② 用蒸馏水洗净，为防止 AgCl 层因干燥而剥落，可将其浸在适当浓度的 KCl 溶液中，保存待用。

银-氯化银电极的电极电势在高温下较甘汞电极稳定。当温度超过 80℃时，甘汞电极不够稳定，此时可用 Ag-AgCl 电极代替。但 AgCl 是光敏性物质，见光易分解，故应避免强光照射。当银的黑色微粒析出时，氯化银将略呈紫黑色。

四、盐桥

盐桥的作用是减小原电池的液体接界电势。常用盐桥的制备方法如下：

① 在烧杯中配制一定量的 KCl 饱和溶液，再按溶液质量的 1%称取琼脂粉加入溶液中，用水浴加热并不断搅拌，直至琼脂全部溶解。

② 用吸管将其灌入 U 形玻璃管中（注意 U 形管中不可夹有气泡）。

③ 待冷却后凝成冻胶即制备完成。

④ 将此盐桥浸于饱和 KCl 溶液中，保存待用。

盐桥内除用 KCl 外，也可用其他正、负离子电迁移率接近的盐类，如 KNO_3、NH_4NO_3 等。具体选择时应防止盐桥中离子与原电池溶液中的物质发生反应。

第四章　基本操作训练实验

基本操作与技能是构成实验的重要内容，是进行普通化学实验的基础。本章主要训练摩尔质量、密度、体积、焓变、速率常数及活化能等物理量的测定手段与方法；溶液的配制与滴定操作；固体物质的分离提纯等技术。经过训练，要求学生熟练掌握的基本操作与技能有电子分析天平、量筒、移液管、容量瓶及滴定管的使用等；常用玻璃仪器的洗涤；气体的制备、收集和净化；溶液的配制；常用的加热、滴定、结晶、固液分离与沉淀的洗涤操作等。训练学生学会正确使用基本仪器测量实验数据的方法；学会细致观察和正确记录实验过程中的现象以及合理处理数据、综合分析归纳、用文字准确表达实验结果的方法。学生需在今后的实践中反复巩固，达到准确、熟练掌握的目的。

实验一　二氧化碳摩尔质量的测定

一、预习思考

1. 为什么二氧化碳气体、瓶、塞的总质量要在电子分析天平上称量，而水、瓶、塞的总质量可以在托盘天平上称量？两者的要求有何不同？

2. 哪些物质可用此法测定摩尔质量？哪些不可以？为什么？

3. 指出实验装置图 4-1 中各部分的作用。

二、实验目的

1. 学习正确地使用电子分析天平。

2. 学习启普发生器的使用，熟悉气体的净化、收集装置。

3. 掌握测定气体摩尔质量的原理和方法。

4. 加深对理想气体状态方程和阿伏伽德罗定律的理解。

三、实验原理

37-实验原理

根据阿伏伽德罗定律，在同温同压下，相同体积的任何气体含有相同数目的分子。

对于 p、V、T 相同的 A、B 两种气体。若以 m_A、m_B 分别代表 A、B 两种气体的质量，M_A、M_B 分别代表 A、B 两种气体的摩尔质量，其理想气体状态方程分别为：

气体 A
$$pV=\frac{m_A}{M_A}RT \tag{4-1}$$

气体 B
$$pV=\frac{m_B}{M_B}RT \tag{4-2}$$

由式（4-1）、式（4-2）整理可得：

$$\frac{m_A}{m_B}=\frac{M_A}{M_B} \tag{4-3}$$

得出结论：在同温同压下，同体积的两种气体质量之比等于其摩尔质量之比。

应用上述结论，在同温同压下可以用相同体积的二氧化碳与空气相比较设计本实验。因为已知空气的平均摩尔质量为 $29.0\text{g}\cdot\text{mol}^{-1}$，只要测得二氧化碳与空气在相同条件下的质量，便可根据式（4-3）求出二氧化碳的摩尔质量。即

$$M_{CO_2}=\frac{m_{CO_2}}{m_{空气}}\times 29.0(\text{g}\cdot\text{mol}^{-1}) \tag{4-4}$$

式中，$29.0\text{g}\cdot\text{mol}^{-1}$ 是空气的平均摩尔质量。体积为 V 的二氧化碳质量可通过二氧化碳气体、瓶、塞的总质量减去瓶与塞的质量计算得到。同体积空气的质量可根据实验室测得的大气压 p 和温度 T，利用理想气体状态方程计算得到。

四、仪器与试剂

1. 仪器：电子分析天平，启普发生器，托盘天平（台秤），洗气瓶，磨口锥形瓶，玻璃棉，玻璃管，橡皮管。

2. 试剂：盐酸（工业级），$NaHCO_3$ 饱和溶液，浓 H_2SO_4（工业级），石灰石。

五、实验内容

1. 实验装置的安装

按图 4-1 组装二氧化碳的生成、净化及收集实验装置。

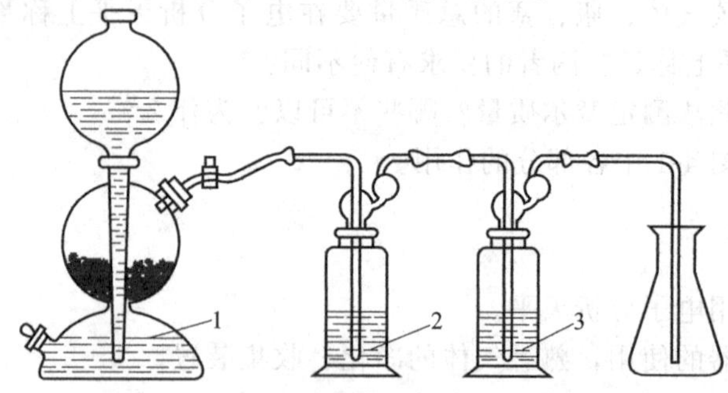

图 4-1　CO_2 气体的生成、净化和收集装置

1—启普发生器；2—饱和 $NaHCO_3$ 溶液；3—浓 H_2SO_4

2. 气体的制备及净化

二氧化碳由盐酸和石灰石反应制备。因石灰石中含有硫，所以在气体生成过程中有硫化氢、酸雾、水汽产生。可用饱和 $NaHCO_3$ 溶液和浓 H_2SO_4 除去硫化氢、酸雾和水汽。

3. 二氧化碳气体摩尔质量的测定

① 取一只洁净而干燥的磨口锥形瓶，在电子分析天平上称出空气、瓶、塞的总质量。在启普发生器中制备二氧化碳气体，经过净化、干燥后导入锥形瓶中。由于二氧化碳气体略重于空气，所以必须把导管伸入瓶底。等待 4～5min 后，轻轻移出导气管，用塞子塞住瓶口，在电子分析天平上称量二氧化碳气体、瓶、塞的总质量。

② 重复通二氧化碳气体和称量的操作，直到前后两次称量的质量相符为止（两次称量质量差值小于 0.002g）。

③ 最后在瓶内装满水，塞好塞子，在托盘天平上准确称量水、瓶、塞的总质量。

六、数据记录与处理

1. 将实验相关数据记录如下，并完成数据处理。

室温 $t=$__________℃

气压 $p=$__________Pa

空气、瓶、塞子的总质量 $m_A=$__________

第一次二氧化碳气体、瓶、塞的总质量 $m_1=$__________

第二次二氧化碳气体、瓶、塞的总质量 $m_2=$__________

二氧化碳气体、瓶、塞总质量的平均值 $m_B=\dfrac{m_1+m_2}{2}=$__________

水、瓶、塞的总质量 $m_C=$__________

瓶的容积 $V=\dfrac{m_C-m_A}{1.00}=$__________

瓶内空气的质量 $m_{空气}=M_{空气}\dfrac{pV}{RT}=$__________

瓶与塞的质量 $m_D=m_A-m_{空气}=$__________

二氧化碳气体的质量 $m_E=m_B-m_D=$__________

二氧化碳气体的摩尔质量 $M_{CO_2}=$__________

2. 将所得实验值与理论值（$M_{CO_2}=44.01g\cdot mol^{-1}$）进行比较，计算相对误差，讨论造成误差的主要原因。

$$相对误差=\frac{M_{实验}-M_{理论}}{M_{理论}}\times100\% \tag{4-5}$$

七、注意事项

1. 需要在检查不漏气的情况下进行实验。
2. 在往磨口锥形瓶中通 CO_2 时一定要控制好气体的流速和通气时间。
3. 测定磨口锥形瓶的容积时一定要装事先在室温放置 1 天以上的水，不能直接由水龙头装自来水。
4. 用电子分析天平准确称量空气、瓶、塞的总质量及二氧化碳气体、瓶、塞的总质量。
5. 用托盘天平准确称量水、瓶、塞的总质量。

实验二　液体密度的测定

一、预习思考

1. 物质的密度受哪些因素影响？
2. 测定液体密度时有哪些注意事项？
3. 测定液体密度有哪些方法？

二、实验目的

1. 进一步熟悉电子分析天平的操作。
2. 学习移液管的洗涤与使用方法。
3. 测定乙醇的密度。
4. 掌握液体密度的测定方法。

三、实验原理

38-实验原理

密度 ρ 定义为质量 m 除以体积 V。用公式 $\rho=\frac{m}{V}$ 计算，其单位为 $kg\cdot m^{-3}$。物质的密度与物质的本性有关，且受外界条件（如温度、压力）的影响。压力对固体、液体密度的影响可以忽略不计，但温度对其的影响却不能忽略。因此，在表示密度时，应同时注明温度。

密度的测定可用于鉴定化合物纯度和区别组成相似而密度不同的化合物。

在一定的条件下，物质的密度与某种参考物质的密度之比称为相对密度，通过参考物质的密度，可以把相对密度换算成密度。

比重瓶法是准确测定液体密度的常用方法之一。将两种液体分别装入同一比重瓶中，且装入液体的体积相同，则有：

$$\rho_1=\frac{m_1}{V} \tag{4-6}$$

$$\rho_2=\frac{m_2}{V} \tag{4-7}$$

m_1、m_2 分别为待测液体和标准液体的质量，实际操作时分别称量两种液体与干燥比重瓶（其质量为 m_0）的总质量，分别为 m_1' 和 m_2'，则：

$$m_1=m_1'-m_0;\quad m_2=m_2'-m_0$$

故：

$$\frac{\rho_1}{\rho_2}=\frac{m_1'-m_0}{m_2'-m_0} \tag{4-8}$$

比重瓶法是一种间接测定液体密度的方法，测定待测液体对标准液体的相对密度，在已知标准液体密度时，可算出被测液体的密度。

本实验是以水作为标准液体，利用比重瓶测定乙醇对水的相对密度，再根据水的密度，计算出乙醇的密度。

四、仪器与试剂

1. 仪器：恒温水槽（1 套），移液管（25.00mL，2 支），洗耳球（1 个），比重瓶（1 个），电子分析天平（1 台）。
2. 试剂：乙醇（分析纯）。

五、实验内容

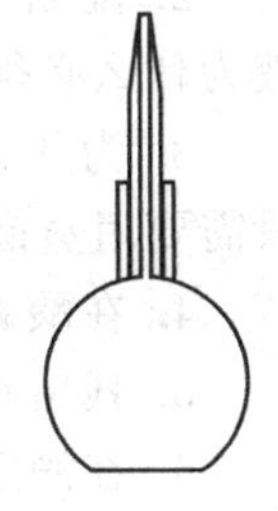

图 4-2　比重瓶

1. 恒温水槽温度的设定

打开恒温水槽开关，将水浴温度设定为 25℃。

2. 比重瓶的清洗与烘干

实验前将比重瓶（图 4-2）用洗液和蒸馏水洗净，烘干备用。

3. 空瓶（含瓶塞）质量的称量

在电子分析天平上准确称量干燥的比重瓶（含瓶塞）空瓶的质量，记为 m_0。

4. 盛装乙醇后比重瓶质量的称量

用移液管移取 25.00mL 乙醇，注入比重瓶内（注意不要有气泡），加满后，盖上瓶塞，小心地放在恒温水槽里，恒温 10～15min 后，用滤纸将超过刻度线上面的液体吸去，并用清洁的干毛巾擦干瓶外的液体（这时要特别小心，不要因为手的温度过高而使瓶中的液体溢出造成误差），然后称量此时比重瓶的质量，记为 m_1'。

5. 盛装水后比重瓶质量的称量

倒出比重瓶中的乙醇，放入烘箱烘干。用移液管移取 25.00mL 蒸馏水，加入同一比重瓶中，用同样的方法称量比重瓶的质量，记为 m_2'。

六、数据记录与处理

1. 将液体密度测定的实验数据记录于表 4-1 中。

表 4-1　液体密度的测定数据

空瓶的质量(含瓶塞)m_0/g	瓶与乙醇的质量 m_1'/g	瓶与蒸馏水的质量　m_2'/g

2. 25℃时，水的密度为 0.9970g·cm^{-3}，应用公式$\frac{\rho_1}{\rho_2}=\frac{m_1'-m_0}{m_2'-m_0}$计算 25℃下乙醇的密度。

3. 将所得实验值与 25℃时乙醇密度的理论值（0.7852g·cm^{-3}）进行比较，计算相对误差，讨论造成误差的主要原因。

$$相对误差=\frac{\rho_{实验}-\rho_{理论}}{\rho_{理论}}\times 100\% \tag{4-9}$$

七、注意事项

1. 测定密度时，要先测空瓶质量（带瓶盖），再测瓶加液体的质量。
2. 相对密度测定中，先测乙醇，后测水。
3. 比重瓶放入烘箱烘干时，不可带瓶盖，且记住其位置，不要和其他比重瓶混淆。
4. 测定完毕，要用乙醇清洗比重瓶，并放置于烘箱中烘干。

实验三　溶液的配制与滴定

一、预习思考

1. 标准溶液的配制有哪些方法？

2. 配制 HCl 和 NaOH 标准溶液所用蒸馏水的体积是否需要准确量取？配制 NaOH 溶液为什么必须用去除 CO_2 的蒸馏水？

3. 为什么移液管和滴定管必须用最终盛装的滴定溶液润洗内壁 2～3 次？为什么锥形瓶只需要用蒸馏水洗净？

4. 在酸碱滴定中，每次指示剂的用量很少，一般只需 1～2 滴，为什么不可多用？

5. 残留在移液管口内部的少量溶液正确的处理方式是什么？

6. 在滴定管中装入溶液后，为什么先要把滴定管下端的空气泡赶净，然后读取滴定管中液面的读数？

7. 酸式及碱式滴定管应怎样准确读数？

8. 在滴定过程中，若滴定液滴到锥形瓶内壁上部该如何处理？

二、实验目的

1. 了解配制一定浓度溶液的基本方法。
2. 学会并掌握容量瓶的正确使用和相关操作。
3. 学会并掌握酸式滴定管、碱式滴定管的洗涤、涂油和排气泡的方法。
4. 进一步巩固移液管的操作。
5. 熟悉酸碱滴定反应的原理、滴定分析结果的计算方法。
6. 初步掌握酸碱指示剂的选择及酸碱滴定终点颜色的准确判断方法。
7. 理解有效数字在实验中的应用及在计算中的取舍规则，培养计算和处理数据的能力。

三、实验原理

1. 一定浓度溶液的配制

39-实验原理

配制一定浓度的溶液，可采用直接法或间接法（标定法）。

（1）直接法　对于那些易提纯且组成稳定的物质，如 Na_2CO_3、$Na_2B_4O_7 \cdot 10H_2O$ 等，可用直接法进行配制。具体操作如下：准确称取其纯物质，将其溶解于水中，全部转移到一定体积的容量瓶中，并稀释至刻度，配制成准确浓度的溶液。然后根据称取的质量和容量瓶的体积即可确定所配制溶液的准确浓度。

（2）间接法　对于那些不易提纯的物质或配制成溶液后稳定性较差，会吸收空气中的水分、二氧化碳或易氧化分解的物质，如 NaOH、$KMnO_4$ 等，可用间接法配制。具体操作如下：先配制成所需近似浓度的溶液（这一过程无论是称量质量还是量取体积都不需要绝对准确），然后再对溶液进行标定，以确定其准确浓度。

用滴定的方法来确定溶液准确浓度的方法叫作溶液的标定。

2. 滴定原理及方法

滴定分析法是常用的定量分析方法。这种方法是将一种已知准确浓度的试剂溶液（标准溶液）滴加到被测物质的溶液中，直到所加的试剂与被测物质按化学计量比定量反应为止，然后根据试剂溶液的浓度和用量，计算被测物质的浓度或含量。

滴定分析法分为酸碱滴定法、氧化还原滴定法、配位滴定法、沉淀滴定法，本实验采用的是酸碱滴定法。

酸碱滴定法是利用质子转移反应来测定酸或碱的浓度。实验过程中用移液管、滴定管分别量出所用的酸或碱的体积，利用已知酸（或碱）的浓度，则可算出碱（或酸）的浓度。滴定终点常借助于酸碱指示剂的变色来确定。

用 HCl 溶液滴定已知质量（或浓度）的 $Na_2B_4O_7 \cdot 10H_2O$ 或者 Na_2CO_3 溶液，以标定 HCl 溶液的浓度，选用甲基橙作为指示剂，滴定终点指示剂的颜色由黄色变成橙黄色。化学反应方程式如下：

$$Na_2B_4O_7 \cdot 10H_2O + 2HCl \xlongequal{} 2NaCl + 4H_3BO_3 + 5H_2O$$

滴定终点时有：

$$c_{HCl}V_{HCl} \xlongequal{} 2c_{Na_2B_4O_7 \cdot 10H_2O}V_{Na_2B_4O_7 \cdot 10H_2O} \quad (4\text{-}10)$$

$$Na_2CO_3 + 2HCl \xlongequal{} 2NaCl + CO_2 + H_2O$$

滴定终点时有：

$$c_{HCl}V_{HCl} \xlongequal{} 2c_{Na_2CO_3}V_{Na_2CO_3} \quad (4\text{-}11)$$

再用未知浓度的 NaOH 溶液来滴定已知准确浓度的 HCl 溶液。以酚酞作为指示剂，滴定终点时指示剂由无色变成粉红色。化学反应方程式如下：

$$NaOH + HCl \xlongequal{} NaCl + H_2O$$

滴定终点时有：

$$c_{HCl}V_{HCl} \xlongequal{} c_{NaOH}V_{NaOH} \quad (4\text{-}12)$$

四、仪器与试剂

1. 仪器：电子分析天平，托盘天平，容量瓶（200mL），酸式滴定管（50.0mL），碱式滴定管（50mL），移液管（25.00mL），量筒（5mL、100mL），细口瓶（200mL），烧杯（50mL、250mL），锥形瓶，滴定管架，洗耳球，洗瓶，石棉网，电炉，玻璃棒。

2. 试剂：硼砂（$Na_2B_4O_7 \cdot 10H_2O$），HCl 溶液（$2mol \cdot L^{-1}$），无水 Na_2CO_3 固体，NaOH 固体，酚酞指示剂（1%），甲基橙指示剂（0.1%）。

五、实验内容

1. 标准硼砂溶液的配制

① 计算配制 200mL 硼砂溶液（$0.02500mol \cdot L^{-1}$）所需硼砂的质量，在电子分析天平上准确称量其质量。

② 往盛有硼砂的小烧杯中加入 20mL 蒸馏水，用微火加热并不断搅拌，使其完全溶解，停止加热。待此溶液冷却后小心转移到 200mL 容量瓶中，然后用蒸馏水淋洗烧杯和玻璃棒 2～3 次，将洗液一并转移到容量瓶中，最后加蒸馏水定容至刻度线，塞好瓶塞，将溶液混合均匀，配制成浓度为 $0.02500mol \cdot L^{-1}$ 的硼砂标准溶液。

2. HCl 溶液（$0.05mol \cdot L^{-1}$）的配制

① 计算配制 200mL HCl 溶液（$0.05mol \cdot L^{-1}$）所需要的 $2mol \cdot L^{-1}$ HCl 溶液的体积。

② 用量筒量取计算出的 HCl 溶液（$2mol \cdot L^{-1}$）的体积，倒入 200mL 细口瓶中，再加入所需要的蒸馏水，塞好玻璃塞子，摇匀，以备标定其准确浓度。

3. NaOH 溶液（$0.05mol \cdot L^{-1}$）的配制

① 计算配制 200mL NaOH 溶液（$0.05mol \cdot L^{-1}$）所需 NaOH 固体的质量，在托盘天平上称取该质量的 NaOH 固体。

② 用量筒量取 200mL 蒸馏水。先加少量蒸馏水使 NaOH 固体在烧杯中溶解，待烧杯冷却到室温后，将溶液和洗涤液一并转移到 200mL 细口瓶中，加入剩余量的蒸馏水，塞好橡胶塞子，摇匀，以备标定其准确浓度。

4. HCl 溶液（$0.05mol \cdot L^{-1}$）浓度的标定

① 依次用蒸馏水和待测 HCl 溶液洗净酸式滴定管，在其中注入待测 HCl 溶液，赶尽下端气泡，调节液面至零刻度或略低于零的位置，记下滴定管中液面的初始位置 V_1。

② 用移液管（已用蒸馏水和硼砂溶液洗净）吸取标准硼砂溶液 25.00mL，放入锥形瓶中，并在其中加入2滴甲基橙指示剂。

③ 开始滴定。滴定时左手控制滴定管活塞，右手拿住锥形瓶，并不断地摇荡和转动，使溶液混合均匀。滴定开始时可以稍快一些，当溶液中出现的橙黄色经摇荡后才消失（接近终点）时，必须一滴一滴地加，直到加入一滴 HCl 溶液而出现稳定的橙黄色为止，达到滴定终点，记下滴定管中液面的位置 V_2。

④ 用同样的步骤重复以上③的操作（两次实验所用的 HCl 溶液量相差不超过 0.05mL）。数据记录于表 4-2 中。

5. NaOH 溶液（0.05mol · L^{-1}）浓度的标定

① 依次用蒸馏水和待测 NaOH 溶液洗净碱式滴定管，并在其中注入 NaOH 溶液，赶尽气泡，调节液面至零刻度或略低于零的位置，记下滴定管中液面的初始位置 V_1。

② 用酸式滴定管量取自己配制并已标定的 HCl 溶液 25.00mL，放入锥形瓶中，并在其中加入 2 滴酚酞指示剂。

③ 开始滴定。滴定时左手控制滴定管乳胶管，右手拿住锥形瓶，并不断地摇荡和转动，使溶液混合均匀。滴定开始时可以稍快一些，当溶液中出现的浅粉色经摇荡后才消失（接近终点）时，必须一滴一滴地加，直到加入一滴 NaOH 溶液而出现稳定的浅粉色（经摇荡半分钟不消失）为止，达到滴定终点，记下滴定管中液面的位置 V_2。

④ 用同样的步骤重复以上③的操作（两次实验所用的 NaOH 溶液量相差不超过 0.05mL）。数据记录于表 4-3 中。

六、数据记录与处理

1. 将 HCl 溶液（0.05mol·L^{-1}）浓度标定数据记录于表 4-2 中。取两次滴定所消耗的 HCl 溶液体积的平均值，计算 HCl 溶液的浓度（保留四位有效数字）。

表 4-2　HCl 溶液浓度标定的数据记录与处理

	初始液面位置 V_1/ mL	终点液面位置 V_2/mL	所消耗 HCl 溶液的体积 $V=(V_2-V_1)$/mL
第一次			
第二次			
$V_{平均}$/mL			
c_{HCl}/mol·L^{-1}			

2. 将 NaOH 溶液（0.05mol·L^{-1}）浓度标定数据记录于表 4-3 中。取两次滴定所消耗的 NaOH 溶液体积的平均值，计算 NaOH 溶液的浓度（保留四位有效数字）。

表 4-3　NaOH 溶液浓度标定的数据记录与处理

	初始液面位置 V_1/ mL	终点液面位置 V_2/mL	所消耗 NaOH 溶液的体积 $V=(V_2-V_1)$/mL
第一次			
第二次			
$V_{平均}$/mL			
c_{NaOH}/mol·L^{-1}			

七、注意事项

1. 实验中可用无水 Na_2CO_3 取代硼砂。

2. 量取浓盐酸应在通风橱中进行。

3. 配制 NaOH 溶液必须用去除 CO_2 的蒸馏水。

4. 酸、碱标准溶液必须由试剂瓶直接倒入酸碱滴定管中，不能通过烧杯或其他量器倒入，以免标准溶液被稀释或污染。

5. 硼砂的称量必须是精准的电子分析天平（万分之一）。

6. 实验中产生的废液要集中回收，统一处理。

实验四　化学反应焓变的测定

（一）锌与硫酸铜的置换反应

一、预习思考

1. 实验中为何锌粉只需要用托盘天平称取，而配制 $CuSO_4$ 溶液时则要求用分析天平准确称取硫酸铜晶体？

2. 如何配制 250mL 0.2000mol·L^{-1}的 $CuSO_4$ 溶液？

3. 为什么不取反应物混合后溶液的最高温度与刚混合时的温度之差，作为实验中测定的 ΔT 数值，而是用作图外推的方法求得 ΔT 数值？作图外推过程中需要注意哪些问题？

4. 所用的量热计是否允许有残留的水滴？为什么？

5. 做好本实验的关键是什么？

二、实验目的

1. 进一步熟悉准确浓度溶液的配制方法与操作。

2. 进一步巩固电子分析天平、容量瓶、移液管的操作。

3. 了解简易量热装置的构造、原理及操作方法。

4. 学习利用作图法处理实验数据。

5. 加深对反应焓变 ΔH 和反应热概念的理解。

40-选题 1
实验原理

三、实验原理

化学反应通常是在定压条件下进行的，此时化学反应的热效应叫作定压热效应（定压反应热）Q_p。化学反应系统焓 H 的变化量 ΔH 被称为焓变。定压条件下，反应的焓变 ΔH 在数值上等于 Q_p。因此，通常可用量热的方法测定反应的焓变。对于放热反应，ΔH 为负值；对于吸热反应，ΔH 为正值。

放热反应的反应热测定方法有很多种。实验测定原理是：设法使反应物在绝热条件下（反应系统不与量热计外的环境发生热量交换），仅在量热计中发生反应，使量热计及其内物质的温度发生改变。根据反应系统前后的温度变化及有关物质的质量和比热容，就可以计算出反应热，即为反应焓变。

本实验测定的是 Zn 粉和 $CuSO_4$ 溶液发生置换反应的化学反应焓变。

$$Zn(s)+CuSO_4(aq)=\!=\!=Cu(s)+ZnSO_4(aq)$$

测定化学反应热效应的仪器称为量热计。对于一般溶液反应的定压反应热（摩尔反应焓变），可用图 4-3 所示的“保温杯式”简易量热计来测定。

在实验中，忽略量热计的热容，则可根据已知溶液的比热容、溶液的密度、浓度、实验中所取溶液的体积和反应过程中（反应前和反应后）溶液的温度变化，求得上述化学反应的摩尔焓变。其计算公式如下：

$$Q_p = m_s c_s \Delta T = V_s \rho_s c_s \Delta T \tag{4-13}$$

式中，Q_p 为反应中溶液吸收的热量，$J \cdot g^{-1}$；m_s 为反应后溶液的质量，g；c_s 为反应后溶液的比热容，$J \cdot g^{-1} \cdot K^{-1}$；$\Delta T$ 为反应前后溶液温度的变化，K，由作图外推法确定；ρ_s 为反应后溶液的密度，$g \cdot mL^{-1}$；V_s 为 $CuSO_4$ 溶液的体积，mL。

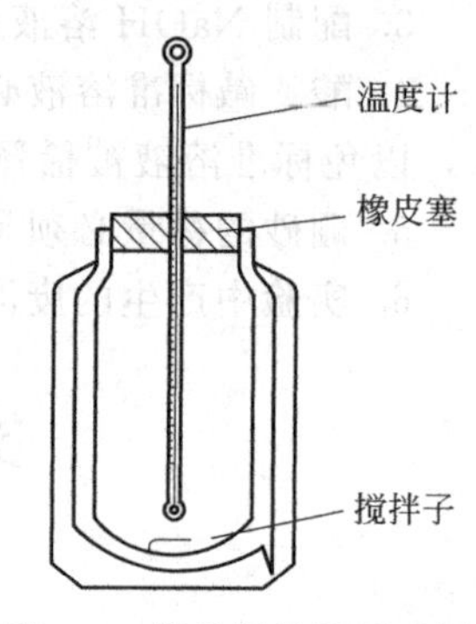

图 4-3　简易量热计示意图

反应前溶液中 $CuSO_4$ 的物质的量为 $n$mol，则反应的摩尔焓变以 $kJ \cdot mol^{-1}$ 计为

$$\Delta_r H_m = \frac{-V_s \rho_s c_s \Delta T}{1000n} \tag{4-14}$$

设反应前后溶液的体积不变，则

$$n = \frac{c_{CuSO_4} V_s}{1000} \tag{4-15}$$

式中，c_{CuSO_4} 为反应前 $CuSO_4$ 溶液的浓度，$mol \cdot L^{-1}$。

从以上可知：

$$\Delta_r H_m = \frac{-1000 V_s \rho_s c_s \Delta T}{1000 c_{CuSO_4} V_s} = \frac{-\rho_s c_s \Delta T}{c_{CuSO_4}} \tag{4-16}$$

四、仪器与试剂

1. 仪器：量热计，精密温度计（最小刻度为 0.1℃），移液管（50.00mL），容量瓶（250mL），磁力搅拌器，电子分析天平，托盘天平，锥形瓶，烧杯，玻璃棒。

2. 试剂：$CuSO_4 \cdot 5H_2O$（固体，分析纯），锌粉（化学纯）。

五、实验内容

1. $CuSO_4$ 溶液（$0.2000mol \cdot L^{-1}$）的配制

① 计算好配制 250mL $CuSO_4$ 溶液（$0.2000mol \cdot L^{-1}$）所需的质量。在电子分析天平上准确称取所需的 $CuSO_4 \cdot 5H_2O$ 晶体，并将它倒入烧杯中。

② 加入少量去离子水，用玻璃棒搅拌。待 $CuSO_4 \cdot 5H_2O$ 晶体完全溶解后，将此溶液沿玻璃棒加入洁净的 250mL 容量瓶中。再用少量去离子水淋洗烧杯和玻璃棒 2～3 次，洗涤溶液也一并加入容量瓶中，最后加去离子水至刻度。盖紧瓶塞，将瓶内溶液混合均匀。

2. 摩尔反应焓变的测定

① 用 50.00mL 移液管准确移取 200.00mL 的 $CuSO_4$ 溶液（$0.2000mol \cdot L^{-1}$）加入已经洗净、擦干的量热计中，盖紧盖子，在盖子中央插有一支最小刻度为 0.1℃的精密温度计。

② 双手扶正、握稳量热计的外壳，不断搅拌（磁力搅拌子，转速一般为 200～300 $r \cdot min^{-1}$），每隔 30s 记录一次温度数值，直至量热计内 $CuSO_4$ 溶液与量热计温度达到平衡且温度计指示的数值保持不变为止（一般约需 3min）。

③ 用托盘天平称取锌粉 3.5g。开启量热计的盖子，迅速向 $CuSO_4$ 溶液中加入称量好的锌粉 3.5g，立即盖紧量热计盖子，不断搅拌，同时每隔 30s 记录一次温度数值，一直到温度上升至最高位置，温度下降后仍需继续进行测定，直到温度基本不变，通常需要再测

定、记录3min，方可终止。

④ 测量完毕，倾倒出量热计中的溶液，并将量热计、精密温度计等洗净擦干，放回原处。

六、数据记录与处理

1. 记录实验相关数据如下。

室温 $t=$ ______ ℃

$CuSO_4$ 溶液的浓度 $c_{CuSO_4}=$ ______ $mol \cdot L^{-1}$

$CuSO_4$ 溶液的密度 $\rho_{CuSO_4}=$ ______ $g \cdot L^{-1}$

将温度随时间变化的数据（每 30s 记录一次）记录于表 4-4 中。

表 4-4 反应时间与温度的变化数据记录与处理

反应进行的时间/s														
温度计示数 t/℃														
热力学温度 $T=(273.15+t)$/K														

2. 利用实验数据绘制时间-温度曲线，外推获取 ΔT。

利用表 4-4 中热力学温度对时间作图，得时间-温度曲线（如图 4-4）所示，实验中温度到达最高值后，往往有逐渐下降的趋势。这是因为本实验所用的简易量热计不是严格的绝热装置，它不可避免地要与环境发生少量热交换。用作图推算的方法，可适当地消除这一影响。为了获得准确的外推值，温度下降后的实验点应足够多。

图 4-4 中线段 bc 表示量热计热量散失的程度。考虑到散热从反应一开始就发生，因此应将该线段延长，使与反应开始时的纵坐标相交于 d 点，外推得到 T_2。图中 dd' 所表示的纵坐标值，就是用外推法补偿的由热量散失造成的温度差。利用图中 T_1、T_2 即可计算出温度的变化值，$\Delta T=T_2-T_1$。

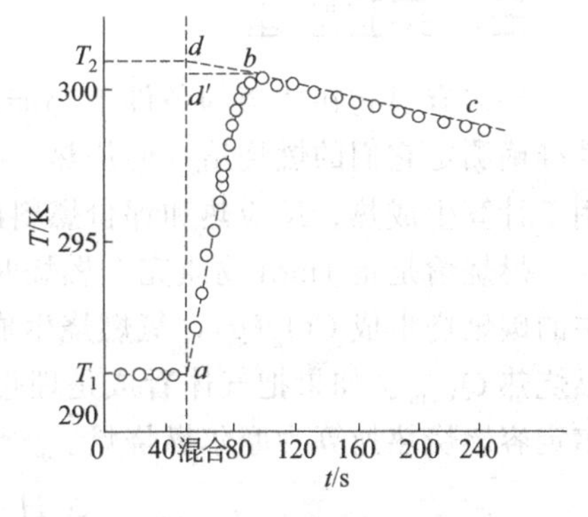

图 4-4 反应的焓变测定的时间-温度曲线

3. 计算摩尔反应焓变 $\Delta_r H_m$。

根据式（4-16）计算该置换反应的摩尔反应焓变。反应后溶液的比热容可近似地用水的比热容 $c=4.18 J \cdot g^{-1} \cdot K^{-1}$ 代替；反应后溶液的密度可近似地取室温时 0.2000$mol \cdot L^{-1}$ $ZnSO_4$ 溶液的密度（1.03$g \cdot mL^{-1}$）。

4. 将所得实验值与理论值进行比较，计算相对误差，分析误差产生的原因。

$$相对误差=\frac{\Delta_r H_{m,实验}-\Delta_r H_{m,理论}}{\Delta_r H_{m,理论}}\times 100\% \tag{4-17}$$

式中，$\Delta_r H_{m,理论}$ 可近似地以 $\Delta_r H_m^{\ominus}$（298.15K）$=-218.66 kJ \cdot mol^{-1}$ 代替。

七、注意事项

1. $CuSO_4 \cdot 5H_2O$ 晶体质量的称量要准确。

2. 锌粉加入要迅速，且应该立即塞紧塞子。

3. 置换反应发生时应不断摇动溶液，使其充分均匀反应。

4. 实验中计时、记录温度要及时准确。

5. 为了获得准确的外推值，温度升到最高点后，需要再继续记录3min。
6. 为减小误差，必须利用作图外推法求ΔT。
7. 实验中若用磁力搅拌器，倾倒溶液时要小心，不要将所用的磁子丢失。

（二）萘的燃烧反应

一、预习思考

1. 按热力学对系统的划分方法，本实验的系统和环境如何划分？
2. 写出萘燃烧过程的反应方程式，如何根据实验测得的$\Delta_c U_m$，求出$\Delta_c H_m$？
3. 简述装置氧弹和拆开氧弹的操作过程。
4. 为什么3L水要准确量取且将水倒入水桶时不能外溅？
5. 为什么实验测量得到的温度差值要经过作图法校正？

二、实验目的

1. 巩固练习电子分析天平的操作。
2. 学会应用图解法处理实验数据，校正温度改变值。
3. 进一步理解有效数字的应用，培养数据处理的能力。
4. 学会用氧弹量热计测定萘的摩尔燃烧热。
5. 掌握氧弹量热计的原理、构造和使用方法。

三、实验原理

41-选题2
实验原理

许多有机物在适当的条件下都能迅速而完全地进行氧化反应，因此有条件准确测定它们的燃烧焓（燃烧热）。燃烧焓是化学热力学中的重要数据，可用于计算生成热、反应热和评价燃料的热值，食品的热量也可从它们的燃烧焓求得。

燃烧焓是指1mol物质完全燃烧时的热效应，以$\Delta_c H_m$表示。所谓完全燃烧是指有机物中的碳燃烧生成$CO_2(g)$，氢燃烧生成$H_2O(l)$等。在氧弹量热计中可测得物质的摩尔定容燃烧热$Q_{V,m}$。如果把气体看成是理想气体，且忽略压力对燃烧热的影响，则可由下式将摩尔定容燃烧热换算为摩尔燃烧焓。

$$\Delta_c H_m = Q_{V,m} + \sum_B \nu_{B(g)} RT \tag{4-18}$$

式中，$\sum_B \nu_{B(g)}$为燃烧前后气体物质的量的变化。

为了使被测物质能迅速而完全地燃烧，就需要有强有力的氧化剂。在实验中经常使用压力为2.5～3MPa的氧气作为氧化剂，用弹式量热计（如图4-5所示）进行实验。

实验时，将氧弹（如图4-6所示）放置在装有一定量水的水桶中，水桶外是空气隔热层，再往外是温度恒定的水夹套。样品在体积固定的氧弹中燃烧放出的热、点火丝燃烧放出的热，大部分被水桶中的水吸收；另一部分则被氧弹、水桶、搅拌器及温度计等吸收。在量热计与环境没有热交换的情况下，可写出如下的热量平衡关系式：

$$\frac{m_s}{M_s} Q_{V,m,s} + m_{Fe} Q_{V,Fe} + n_{H_2O} C_{H_2O} \Delta T + C_I \Delta T = 0 \tag{4-19}$$

式中，m_s为被测样品的质量，g；M_s为被测样品的摩尔质量，g·mol^{-1}；$Q_{V,m,s}$为被测样品的摩尔定容燃烧热，kJ·mol^{-1}；m_{Fe}为燃烧掉的点火丝的质量，g；$Q_{V,Fe}$为点火丝的定容燃烧热，$kJ \cdot g^{-1}$；n_{H_2O} 为水桶中水的物质的量，mol；C_{H_2O} 为水的摩尔热容，$kJ \cdot mol^{-1} \cdot K^{-1}$；$C_I$ 为氧弹、水桶等附件总的热容，$kJ \cdot K^{-1}$；ΔT 为与环境无热交换的实际温差，K。

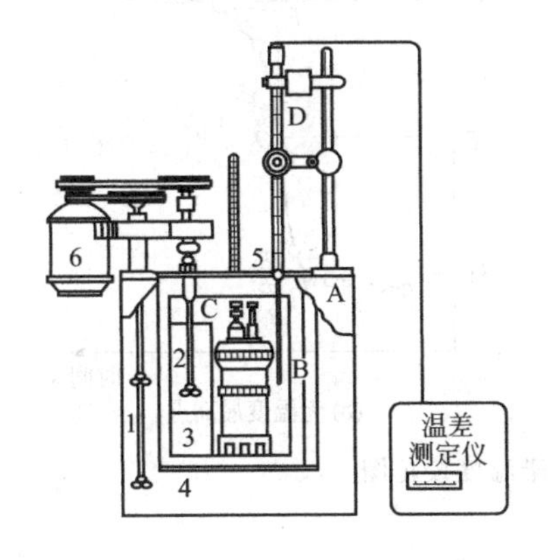

图 4-5　弹式量热计

1，2—搅拌器；3—氧弹；4—空气夹层；5—水夹套温度计；6—马达；A—恒温水夹套；B—空气夹套；C—水桶；D—温差测定仪探头

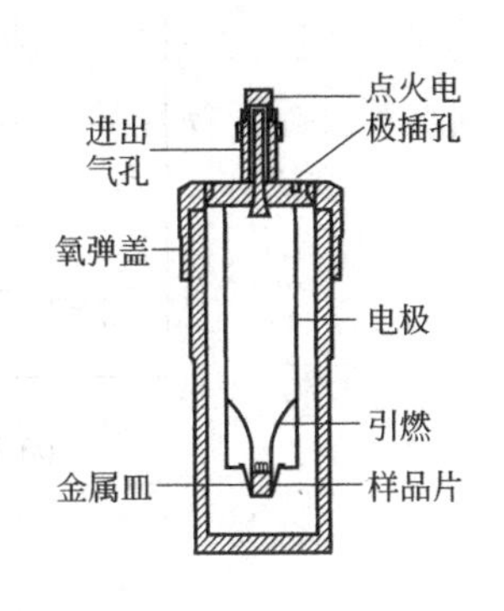

图 4-6　氧弹内部结构示意图

如在实验时保持水桶中水量一定，式（4-19）可改写为下式：

$$-\frac{m_s}{M_s}Q_{V,m,s}-m_{Fe}Q_{V,Fe}=K\Delta T \tag{4-20}$$

式中，$K=n_{H_2O}C_{H_2O}+C_I$，单位为 $kJ \cdot K^{-1}$，称为量热计常数。

实际上，氧弹式量热计不是严格的绝热系统，加之由于传热速度的限制，燃烧后由最低温度达最高温度需一定时间，在这段时间里系统与环境难免发生热交换，因而从温度计上读得的温差并不是真实的温差 ΔT。燃烧前后温度的变化值可通过雷诺图进行校正。校正方法如下：将燃烧前后观测到的水温记录下来，并作图，联成 *abcd* 线［如图 4-7 (a) 所示］，图中 *b* 点相当于开始燃烧之点，*c* 点为观测到的最高温度读数点，由于量热计和外界的热量交换，曲线 *ab* 和 *cd* 常常发生倾斜，取 *b* 点所对应的温度 T_1，*c* 点对应温度 T_2，其平均温度（T_1+T_2）/2 为 T，经过 T 点作横坐标的平行线 TO，与折线 *abcd* 相交于 O 点，然后过 O 作垂直线 AB，此线与线 *ab* 和 *cd* 线的延长线交于 E、F 两点，EE'表示环境辐射进来的热量所造成量热计温度的升高，这部分是必须扣除的；FF'表示量热计向环境辐射出热量而造成量热计温度的降低，这部分是必须加入的。因此 E 点和 F 点所表示的温度差即为欲求温度的升高值 ΔT。经过这样校正后的温差表示由于样品燃烧使量热计温度升高的数值。

若量热计绝热情况良好，热量散失少，而搅拌器功率又较大，这样往往不断引进少量热量使得燃烧后的温度持续上升，这种情况下 ΔT 仍然可以按照同法进行校正[见图 4-7(b)]。

从式（4-20）中可知，要测得样品的 $Q_{V,m,s}$，必须知道仪器常数 K。测定的方法是以一定量的已知燃烧热的标准物质（常用苯甲酸，其燃烧热以标准试剂瓶上所标明的数值为准）在相同的条件下进行实验，由雷诺校正图确定 ΔT 后，就可按式（4-20）算出 K 值。

四、仪器与试剂

1. 仪器：氧弹量热计，压片机，立式充氧器，容量瓶（1000mL），万用表，氧气钢瓶及减压阀，电子分析天平（1台），托盘天平。

2. 试剂：萘（分析纯），苯甲酸（分析纯），点火丝。

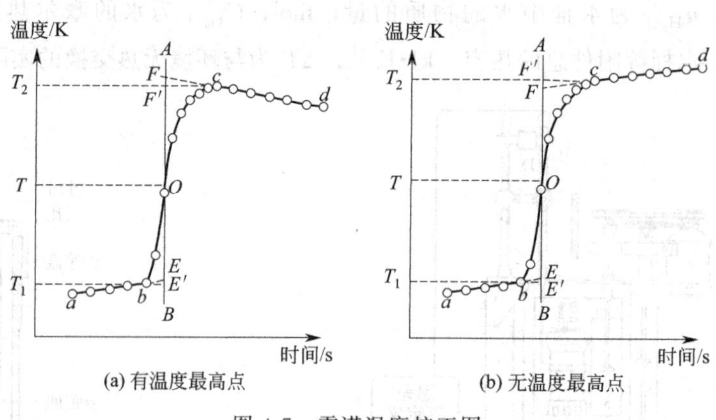

图 4-7　雷诺温度校正图

五、实验内容

1. 量热计常数的测定

（1）恒温水量取与温差仪置零　用容量瓶准确量取 3L 恒温水倒入干净的水桶中；将温差仪的探头插入恒温水中，打开电源开关，LED 显示灯亮，预热 5min，显示数值为当前水温值；待显示数值稳定后，按下置零按钮并保持约 2s，此时温度显示为“0.000”。

（2）样品压片　压片前，先检查压片用的钢模，如发现钢模有铁锈、油污和尘土等，必须擦净后，才能进行压片。用托盘天平称取 0.8g 苯甲酸，用电子分析天平准确称取一段点火丝（约 15cm 长），按图 4-8（a）所示将点火丝穿在钢模的底板内，然后将钢模底板装进模子中，从上面倒入称好的苯甲酸样品，旋紧压片机［图 4-8（b）］的螺杆，直到将样品压成片状为止。抽去模底的托板，再继续向下压，使模底和样品一起脱落。压好的样品形状如图 4-8（c）所示，将此样品表面的碎屑除去，在分析天平上准确称量后即可供燃烧热测定用。

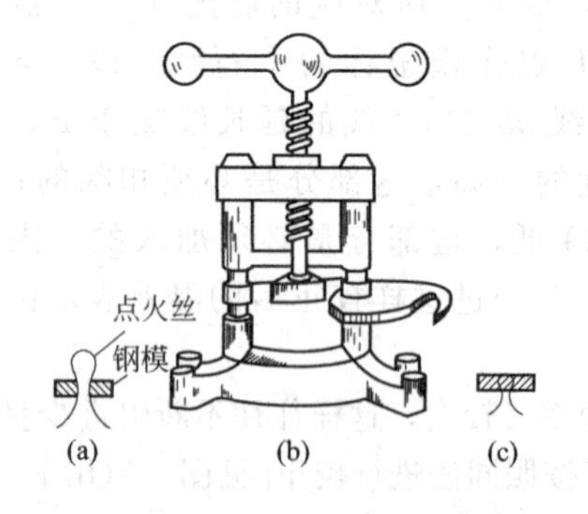

图 4-8　压片机及压片过程示意图

（a）点火丝穿入底板；（b）压片机；（c）压好的样品

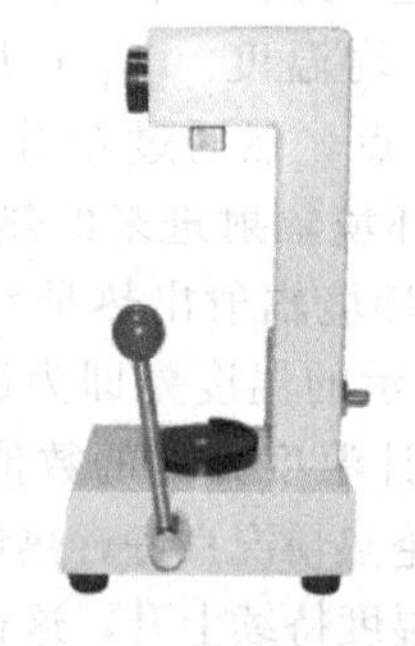

图 4-9　立式充氧器

（3）装置氧弹与充氧　用手拧开氧弹盖，将盖放在专用架上，装好坩埚。先将样品片置于坩埚底部，再将样品片两端的点火丝插入两引火电极的内嵌缝内并压紧，盖好弹盖并用手拧紧弹盖，用万用表检查两电极是否通路，若万用表上红色指示灯亮即为通路，可以开始充氧。充氧时，将氧弹头对准立式充氧器（如图 4-9 所示）的出气口，轻轻按下压杆，同时观察立式充氧器的压力表，待达到 1.5MPa 时，轻轻松开压杆即可。将排气螺钉对准氧弹头，轻轻按下，排掉氧弹内气体，重复充氧。并再次用万用表检查氧弹上导电的两极是否通路，

若不通，则需放出氧气，打开弹盖进行检查。

（4）燃烧和测量温度

① 将氧弹放入水桶内的底座上，在弹盖的两极上接上点火导线，装上温差测量仪探头，盖好盖子。

② 依次打开点火控制器的电源、搅拌开关，注意搅拌桨不要摩擦器壁，待温度变化基本稳定后，开始读点火前最初阶段的温度，每半分钟读一次温度，共读 11 次。

③ 读数完毕，立即按下点火控制器的点火按钮，继续每半分钟读一次温度，当温度达到最高点（有下降趋势）之后再读取最后 10 次读数；如果没有下降趋势，点火后读 29 个数，便可停止实验。

④ 实验结束，先关搅拌，再关电源，并将温差测量仪探头取出，再把氧弹拿出来，先放气，打开弹盖，检查样品片是否燃烧完全；将燃烧后剩下的点火丝在分析天平上称量，记录，并用少许水洗涤氧弹内壁。最后倒去水桶中的水，用毛巾擦干设备，以待进行下一步实验。

2. 萘燃烧热的测定

称取 0.7g 左右萘，按上法量取恒温水、压片、装置氧弹与充氧、燃烧等进行实验操作。实验完毕后，洗净氧弹，倒出量热计盛水桶中的水，擦干。

六、数据记录与处理

1. 将苯甲酸和萘实验测定中的相关数据分别记录于表 4-5 及表 4-6 中。

表 4-5　实验中相关质量称量数据记录与处理

物质	铁丝 $m_{原}/g$	压片总质量 $m_{总}/g$	剩余丝 $m_{剩}/g$	纯样品 m_s/g	燃烧掉铁丝 m_{Fe}/g
苯甲酸					
萘					

表 4-6　实验中相关温度测定数据记录

苯甲酸				萘			
点火前 t/℃	点火后 t/℃			点火前 t/℃	点火后 t/℃		

2. 按作图法求出苯甲酸燃烧引起量热计温度的变化值，已知苯甲酸 $Q_V=-26460J\cdot g^{-1}$（注意单位），计算量热计常数。

3. 按作图法求出萘燃烧引起量热计温度的变化值，已知萘的摩尔质量为 $128.16g\cdot mol^{-1}$，计算萘的摩尔定容燃烧热（$Q_{V,m}$）。

4. 根据萘的燃烧反应，由萘的摩尔定容燃烧热（$Q_{V,m}$）计算萘的摩尔燃烧焓（$\Delta_c H_m$）。

$$C_{10}H_8(s)+12O_2(g)=\!=\!=10CO_2(g)+4H_2O(l)$$

5. 将所得实验值与化学数据手册查出的萘的摩尔燃烧焓（$-5153.9kJ\cdot mol^{-1}$）进行比

较，计算相对误差，讨论造成误差的主要原因。

七、注意事项

1. 整个实验中只对温差仪进行一次置零即可。

2. 样片装置好后，需要检流后充氧；充氧后需放气，并二次充氧；放置于水桶中之前应再次检流。

3. 点火后温度不迅速上升的原因可能为：

① 点火丝与电极接触不好、松动或断开。

② 氧气不足，不能充分燃烧。

③ 在实验点火前，因操作失误，点火丝已断。

4. 一个样品测完后，必须将水桶里的水换掉，再测另外一个样品。

5. 结束实验，先关搅拌，将氧弹取出，放气，小心将剩余点火丝取下，并准确称量。

实验五　速率常数及活化能的测定

一、预习思考

1. 为什么本实验需要在恒温条件下进行？

2. 如何配制乙酸乙酯与 NaOH 溶液？

3. 实验中为什么乙酸乙酯与 NaOH 溶液浓度必须足够稀且初始浓度还要相等？

4. 本实验要求反应液一经混合就立刻开始计时，此时溶液初始浓度 c_0 为多少？

5. 被测溶液的电导率是由哪些离子贡献的？

6. 反应进程中溶液的电导率如何发生变化？

二、实验目的

1. 学习并掌握电导率仪使用及恒温水槽的调节方法。

2. 进一步熟悉容量瓶、移液管的使用，巩固溶液的配制操作。

3. 进一步学习通过作图法处理实验数据。

4. 通过电导率法测定乙酸乙酯皂化反应速率常数并求反应的活化能。

5. 加深对二级反应所具有特点的理解。

42-实验原理

三、实验原理

确定速率常数的方法很多，归纳起来有化学法及物理法。本实验采用物理法中的电导率法。

反应速率与反应物浓度的二次方或两种反应物浓度之积成正比的反应，称为二级反应。乙酸乙酯的皂化反应是典型的二级反应：

$$CH_3COOC_2H_5 + OH^- \longrightarrow CH_3COO^- + C_2H_5OH$$

设反应物乙酸乙酯与碱的起始浓度相同，则反应速率方程为：

$$-\frac{dc}{dt} = kc^2 \quad (4\text{-}21)$$

积分后可得反应速率常数表达式：

$$k=\frac{1}{tc_0}\times\frac{c_0-c}{c} \tag{4-22}$$

式中，c_0 为反应物的起始浓度；c 为反应进行中任一时刻反应物的浓度。为求得某温度下的 k 值，需知该温度下反应过程中任一时刻 t 的浓度 c。测定这一浓度的方法很多，本实验采用电导率法。

本实验中乙酸乙酯不具有明显的导电性，其浓度的变化不至于影响电导率的数值。反应中 Na^+ 的浓度始终不变，它对溶液的电导率具有固定的贡献，而与电导率的变化无关。反应系统中只是 OH^- 和 CH_3COO^- 浓度的变化对电导率的影响较大，由于 OH^- 的迁移速率约是 CH_3COO^- 的 5 倍，所以溶液的电导率随着 OH^- 的消耗而逐渐降低。

溶液在时间 $t=0$、$t=t$ 和 $t=\infty$时的电导率可分别以 κ_0、κ_t 和 κ_∞ 来表示。实质上，κ_0 是 NaOH 溶液浓度为 c_0 时的电导率，κ_t 是 NaOH 溶液浓度为 c 时的电导率 κ_{NaOH} 与 CH_3COONa 溶液浓度为 c_0-c 时的电导率 κ_{CH_3COONa} 之和，而 κ_∞ 则是产物 CH_3COONa 溶液浓度为 c_0 时的电导率。由于溶液的电导率与电解质的浓度成正比，所以有：

$$\kappa_{NaOH}=\kappa_0\frac{c}{c_0}\text{和}\ \kappa_{CH_3COONa}=\kappa_\infty\frac{c_0-c}{c_0}$$

由此，κ_t 可以表示为：

$$\kappa_t=\kappa_0\frac{c}{c_0}+\kappa_\infty\frac{c_0-c}{c_0} \tag{4-23}$$

则：

$$\kappa_0-\kappa_t=(\kappa_0-\kappa_\infty)\frac{c_0-c}{c_0}$$

$$\kappa_t-\kappa_\infty=(\kappa_0-\kappa_\infty)\frac{c}{c_0}$$

所以：

$$\frac{\kappa_0-\kappa_t}{\kappa_t-\kappa_\infty}=\frac{c_0-c}{c} \tag{4-24}$$

将式（4-24）代入式（4-22），得：

$$k=\frac{1}{tc_0}\times\frac{\kappa_0-\kappa_t}{\kappa_t-\kappa_\infty} \tag{4-25}$$

将式（4-25）可整理为如下形式：

$$\kappa_t=\frac{1}{kc_0}\times\frac{\kappa_0-\kappa_t}{t}+\kappa_\infty \tag{4-26}$$

由式（4-26）可见，利用作图法（以 κ_t 对 $\frac{\kappa_0-\kappa_t}{t}$ 作图），由斜率经计算可以求得该反应的速率常数 k。

由式（4-22）可知，此反应的半衰期 $t_{1/2}$ 为：

$$t_{1/2}=\frac{1}{kc_0} \tag{4-27}$$

可见，二级反应半衰期 $t_{1/2}$ 与起始浓度成反比。由式（4-26）可知，此处 $t_{1/2}$ 亦是作图所得直线之斜率。

若由实验求得两个不同温度下的速率常数 k_1、k_2，可利用阿伦尼乌斯方程计算反应的活化能 E_a。

$$\ln\frac{k_2}{k_1}=-\frac{E_a}{R}(\frac{1}{T_2}-\frac{1}{T_1}) \tag{4-28}$$

四、仪器与试剂

1. 仪器：恒温水槽（1套），电导率仪（1台），容量瓶（100mL，2只），秒表（1块），移液管（25.00mL，2支），洗耳球，单管，双管混合反应器。

2. 试剂：NaOH溶液（$0.02mol \cdot L^{-1}$），NaOH溶液（$0.01mol \cdot L^{-1}$），$CH_3COOC_2H_5$溶液（$0.02mol \cdot L^{-1}$）。

五、实验内容

1. $CH_3COOC_2H_5$溶液（$0.02mol \cdot L^{-1}$）的配制

在100mL容量瓶中，加入蒸馏水（本实验所用蒸馏水都必须是新煮沸过的）20mL，准确称量至0.0001g。再用滴管滴入乙酸乙酯6～7滴，摇匀后称量，估算每滴乙酸乙酯的质量，控制加入乙酸乙酯的滴数，使总加入量为0.165～0.175g之间，摇匀后再称其质量，称准至0.0001g。然后注入蒸馏水至刻度，混合均匀，并计算乙酸乙酯的浓度。

2. NaOH溶液（$0.02mol \cdot L^{-1}$）的配制

计算配制与乙酸乙酯溶液浓度相同的NaOH溶液100mL所需浓度为$0.2000mol \cdot L^{-1}$的NaOH标准溶液的体积。用移液管准确量取NaOH标准溶液并注入100mL容量瓶中，用蒸馏水稀释至刻度。

3. 电导率仪设定及电极校正

将电导电极接在数显电导率仪上，打开电导率仪的开关，将量程置于“20mS/cm”，温度补偿值始终在25℃。按照电导电极上的常数进行校正，并对电极进行清洗、拭干以备用。

4. 恒温水槽温度的设定

打开恒温水槽开关，调节到实验所需温度（25℃）。

5. 单管中κ_0的测定

取略多于半管的NaOH溶液（$0.01mol \cdot L^{-1}$），插入电极，溶液液面必须浸没电极。置于恒温水槽中，恒温10～15min，然后测其电导率，此值为κ_0，记录数据。

6. 双管混合反应器中κ_t的测定

① 在干燥的双管混合反应器（图4-10）中，用移液管加20.00mL NaOH溶液（$0.02mol \cdot L^{-1}$）于a池中，a池内插入电极；加20.00mL $CH_3COOC_2H_5$溶液（$0.02mol \cdot L^{-1}$）于b池中，b池塞上带孔的橡胶塞。

② 将其置于25℃的恒温水槽中，恒温10～15min，用洗耳球使两种溶液均匀混合，同时计时，作为反应起始时间，从计时起每2min读一次数，大约40min后可停止实验。

7. 35℃下κ_0和κ_t的测定

调节恒温水槽至实验所需温度（35℃）。重复上述4、5步骤，在该温度下进行实验，测定κ_0和κ_t，并记录数据于表4-7中。

六、数据记录与处理

1. 记录25℃、35℃温度下初始电导率κ_0。

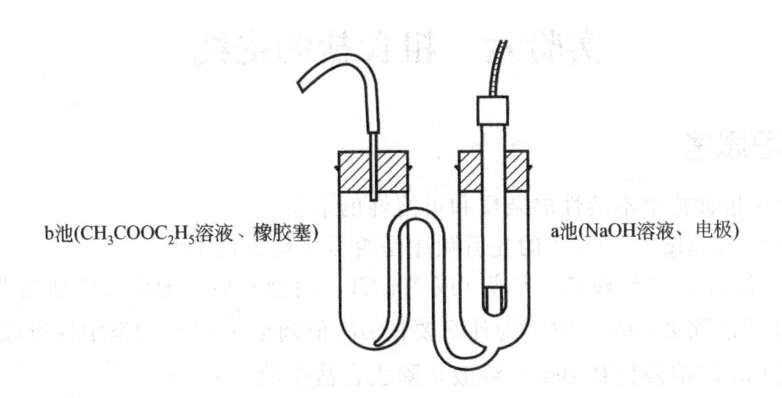

图 4-10　双管混合反应器

κ_0（25℃）＝______mS·cm^{-1}；κ_0（35℃）＝______mS·cm^{-1}。

2. 记录 25℃、35℃温度下溶液的电导率 κ_t（每 2min 记录一次）于表 4-7 中。

表 4-7　电导率测定实验数据与处理

25℃			35℃		
时间/min	κ_t/mS·cm^{-1}	$\frac{\kappa_0-\kappa_t}{t}$ /mS·cm^{-1}·min^{-1}	时间/min	κ_t/mS·cm^{-1}	$\frac{\kappa_0-\kappa_t}{t}$ /mS·cm^{-1}·min^{-1}
2 4 ⋮ 40			2 4 ⋮ 40		

3. 以 κ_t 对 $\frac{\kappa_0-\kappa_t}{t}$ 作图求 25℃、35℃温度下的反应速率常数 k_1、k_2。

4. 利用式（4-28）阿伦尼乌斯方程计算此反应的活化能 E_a。

七、注意事项

1. 实验中要确保恒温水槽温度的稳定性，如果恒温水槽的温度波动超过±0.5℃范围，会对作图时的线性产生较大影响。

2. 量取 NaOH 溶液时应注意浓度，单管中装入 0.01mol·L^{-1}NaOH 溶液；双管中装入 0.02mol·L^{-1}NaOH 溶液。

3. 在用洗耳球把 $CH_3COOC_2H_5$ 溶液压入 NaOH 溶液时，动作要迅速，否则反应的起始时间记录不准，会产生误差。

4. 使用电导率仪进行测量时，在每次测量前 1min 校正好仪器，校正应在 25℃下进行。

5. 该反应是吸热反应，混合后系统温度降低，所以在混合后开始的几分钟内所测溶液的电导率偏低，因此最好在反应 4～6min 后开始计数；否则由 κ_t 对 $\frac{\kappa_0-\kappa_t}{t}$ 作图得到的是抛物线，而非直线。

实验六　粗食盐的提纯

一、预习思考

1. 怎样除去粗食盐中不溶性的杂质和可溶性的杂质？
2. 除去 SO_4^{2-}、Mg^{2+}、Ca^{2+} 的先后顺序是否可以倒置过来？
3. 在 NaCl 溶液中加入 $BaCl_2$ 溶液（或 Na_2CO_3 溶液）后，为什么要加热煮沸？
4. 加 HCl 溶液除去 CO_3^{2-} 时，为什么要把 pH 值调至 4～5？调至中性可以吗？
5. 能否用 $CaCl_2$ 溶液代替 $BaCl_2$ 溶液来除去食盐中的 SO_4^{2-}？
6. 怎样检验提纯后食盐的纯度？

二、实验目的

1. 学习溶解、沉淀、常压过滤、蒸发、浓缩、结晶、减压过滤、干燥等基本操作。
2. 掌握托盘天平、量筒、pH 试纸、滴管和试管的正确使用方法。
3. 通过粗食盐的提纯，了解盐类溶解度知识在无机物提纯中的应用。
4. 学习并掌握食盐中 Ca^{2+}、Mg^{2+}、SO_4^{2-} 的定性检验方法。
5. 学习提纯粗食盐的原理和方法，掌握氯化钠的制备及纯度检验方法。

43-实验原理

三、实验原理

氯化钠，化学式为 NaCl，食盐的主要成分，含杂质时易潮解，溶于水或甘油，难溶于乙醇，不溶于盐酸。氯化钠大量存在于海水和天然盐湖中，可用来制取氯气、盐酸、氢氧化钠、次氯酸盐、漂白粉及金属钠等，是重要的化工原料。经高度精制的氯化钠可用来制生理盐水，用于临床治疗和生理实验。

粗食盐中除 NaCl 外，还含有不溶性杂质（如泥沙等）和可溶性杂质（主要是 Ca^{2+}、Mg^{2+}、K^{+}、SO_4^{2-} 等）。由于氯化钠的溶解度随温度的变化很小，所以不能用重结晶的方法进行提纯。

不溶性杂质的除去：可以用溶解和过滤的方法，即将粗食盐溶于水后过滤的方法去除不溶性杂质。

可溶性杂质的除去：需要用化学方法，即 Ca^{2+}、Mg^{2+}、SO_4^{2-} 等离子可以选择适当的化学试剂使它们分别生成 $CaCO_3$、$Mg(OH)_2$、$BaSO_4$ 等难溶化合物沉淀而被除去。

首先，在粗食盐溶液中加入稍微过量的 $BaCl_2$ 溶液，除去 SO_4^{2-}，其反应方程式如下：

$$Ba^{2+} + SO_4^{2-} = BaSO_4 \downarrow$$

然后，在滤除掉 $BaSO_4$ 沉淀的溶液中，再加入 Na_2CO_3 和 NaOH 溶液，除去 Ca^{2+}、Mg^{2+} 和过量的 Ba^{2+}，反应方程式如下：

$$Ca^{2+} + CO_3^{2-} = CaCO_3 \downarrow$$

$$Mg^{2+} + 2OH^{-} = Mg(OH)_2 \downarrow$$

$$Ba^{2+} + CO_3^{2-} = BaCO_3 \downarrow$$

滤液中过量的 NaOH 和 Na_2CO_3 用盐酸中和。

粗食盐中的 K^{+} 和上述沉淀剂不起作用，仍留在溶液中。由于可溶性杂质 KCl 在粗食盐中含量少，且溶解度又很大，在最后的蒸发浓缩和结晶过程中绝大部分仍留在溶液中，不会与 NaCl 同时结晶出来，即可与 NaCl 结晶分离开。

产品纯度的检验中，对 SO_4^{2-} 检验时，可加入 $BaCl_2$ 溶液，观察有无白色的 $BaSO_4$ 沉淀生成；对 Ca^{2+} 检验时，可加入 $(NH_4)_2C_2O_4$ 溶液，观察有无白色的 CaC_2O_4 沉淀生成；对 Mg^{2+} 检验时，可在碱性条件下加入镁试剂，观察有无蓝色沉淀生成。其中镁试剂是一种有机染料，它在酸性溶液中呈黄色，在碱性溶液中呈红色或紫色，但被 $Mg(OH)_2$ 沉淀吸附后，则呈天蓝色，因此可以用来检验 Mg^{2+} 的存在。

四、仪器与试剂

1. 仪器：托盘天平，常压过滤装置［漏斗、漏斗架、烧杯（100mL）］，减压过滤装置（布氏漏斗、抽滤瓶、真空泵），试管，蒸发皿，量筒，泥三角，石棉网，玻璃棒，电炉，三脚架，pH 试纸，滤纸。

2. 试剂：$(NH_4)_2C_2O_4$ 溶液（$0.5mol \cdot L^{-1}$），HCl 溶液（$2mol \cdot L^{-1}$），NaOH 溶液（$2mol \cdot L^{-1}$），$BaCl_2$ 溶液（$1mol \cdot L^{-1}$），Na_2CO_3 溶液（$1mol \cdot L^{-1}$），粗食盐（s），镁试剂。

五、实验内容

1. 粗食盐的提纯

（1）粗食盐的称量和溶解　在托盘天平上称取 8g 粗食盐，放入 100mL 烧杯中，加入 30 mL 水，加热、搅拌使食盐溶解。

（2）SO_4^{2-} 的除去　在微微煮沸的食盐水溶液中，边搅拌边逐滴加入约 2mL $BaCl_2$ 溶液（$1mol \cdot L^{-1}$），为检验 SO_4^{2-} 是否沉淀完全，可将烧杯放于实验台上，待沉淀下沉后，再在上层清液中滴入 1～2 滴 $BaCl_2$ 溶液（$1mol \cdot L^{-1}$），观察溶液是否有浑浊现象。如果没有浑浊现象，说明 SO_4^{2-} 已沉淀完全，如清液变浑浊，则要继续加 $BaCl_2$ 溶液，直到沉淀完全为止。然后用小火加热 5 min，以使沉淀颗粒长大而便于过滤。用普通漏斗过滤，保留滤液，弃去 $BaSO_4$ 沉淀和不溶性杂质。

（3）Ca^{2+}、Mg^{2+}、Ba^{2+} 的除去　在滤液中先加入适量（约 1mL）NaOH 溶液（$2mol \cdot L^{-1}$），再加入 3mL Na_2CO_3 溶液（$1mol \cdot L^{-1}$），加热至沸腾。仿照步骤（2）将烧杯放于实验台上，待沉淀沉降后，在上层清液中滴加 Na_2CO_3 溶液（$1mol \cdot L^{-1}$），直至不再产生沉淀为止。继续用小火加热煮沸 5 min，用普通漏斗过滤，保留滤液，弃去沉淀。

（4）调节溶液的 pH 值　在滤液中逐滴加入 HCl 溶液（$2mol \cdot L^{-1}$），充分搅拌，并用玻璃棒蘸取滤液在 pH 试纸上试验，直到溶液呈微酸性（pH 值为 4～5）为止。

（5）蒸发浓缩　将溶液转移至蒸发皿中，放于泥三角上用小火加热，蒸发浓缩到溶液呈稀糊状为止，切不可将溶液蒸干。

（6）结晶、减压过滤、干燥　将浓缩液冷却至室温，然后用布氏漏斗减压过滤，尽量抽干。再将晶体转移到蒸发皿中，放在石棉网上，用小火加热并搅拌，烘干，冷却后称其质量，计算产率。

如有后续实验，则需要将实验产品妥善保存。

2. 产品纯度的检验

称取粗食盐和提纯后的产品各 1g，分别加入 6mL 蒸馏水进行溶解，然后将二者各分盛于 3 支试管中，用下述方法对照检验它们的纯度。

（1）SO_4^{2-} 的检验

分别在对应的试管各加入 2 滴 $BaCl_2$ 溶液（$1mol·L^{-1}$），观察有无白色的 $BaSO_4$ 沉淀生成。在产品溶液中应该没有沉淀生成。

（2）Ca^{2+} 的检验

分别在对应的试管各加入 2 滴 $(NH_4)_2C_2O_4$ 溶液（$0.5mol·L^{-1}$），稍待片刻，观察有无白色的 CaC_2O_4 沉淀生成。在产品溶液中应该没有沉淀生成。

（3）Mg^{2+} 的检验

分别在对应试管各加入 2～3 滴 NaOH 溶液（$2mol·L^{-1}$），使溶液呈碱性，再加入几滴镁试剂，如有蓝色沉淀产生，表示有 Mg^{2+} 存在。在产品溶液中应该没有蓝色沉淀生成。

六、数据记录与处理

1. 产品外观：①粗盐____________；②精盐____________。

2. 产品纯度检验按表 4-8 进行。

表 4-8 实验现象记录及结论

检验项目	检验方法	被检溶液	实验现象	结论
SO_4^{2-}	加入 $BaCl_2$ 溶液（$1mol·L^{-1}$）	1mL 粗盐溶液		
		1mL 精盐溶液		
Ca^{2+}	加入 $(NH_4)_2C_2O_4$ 溶液（$0.5mol·L^{-1}$）	1mL 粗盐溶液		
		1mL 精盐溶液		
Mg^{2+}	加入 NaOH 溶液（$2mol·L^{-1}$）	1mL 粗盐溶液		
		1mL 精盐溶液		

七、注意事项

1. 所加入的除杂质试剂必须要过量。

2. 除去 Ca^{2+}、Mg^{2+}、SO_4^{2-} 时，必须先加入过量的 $BaCl_2$ 溶液除去 SO_4^{2-}，然后再加入 Na_2CO_3 溶液、NaOH 溶液除去 Ca^{2+}、Mg^{2+} 及过量的 Ba^{2+}，除去上述杂质的顺序不能颠倒。

3. 加热和烘干食盐水时，应注意下面几个步骤：

① 调整过滤除杂质后滤液的 pH 值为 4～5，将其转移至蒸发皿中，在泥三角上加热蒸发，边加热边搅拌。待 NaCl 溶液快变成浓溶液时，将泥三角换成石棉网。

② 当蒸发皿中有少量 NaCl 晶体出现时，停止加热，加速搅拌。

③ 最后将蒸发皿转移到烘箱，进行烘干。

4. 在减压过滤前，必须检验漏斗的进口是否对准抽滤瓶的支管。在抽滤过程中，不得突然关闭水泵。停止抽滤时，为防倒吸，先拔下抽滤瓶支管上的橡胶管，然后再关水泵。

5. 加 HCl 溶液除去 CO_3^{2-} 时，其目的是要把 CO_3^{2-} 转化成 H_2CO_3。实际中调整溶液的 pH 值在 4～5，中性是不行的，因为中性时溶液中同时有 HCO_3^- 的存在，达不到提纯的目的。

第五章　基本测定实验

摩尔气体常数的测定、生成焓的测定、标准平衡常数的测定、解离度和解离常数的测定、溶度积常数的测定、配位数和稳定常数的测定都是化学实验的重要组成部分。通过本章的基本测定实验，学生将继续巩固化学实验的基本操作和技能，并初步掌握一些基本常数的实验测定原理和方法。本章实验训练要求学生学会酸度计、分光光度计、电导率仪等简单仪器的使用方法。同时为了拓宽学生进行化学研究的思路，同一物理量（弱酸的解离度和解离常数）可以采用多种方法（pH 法、电导率法）测定。由于实验均为定量实验，在训练学生熟练掌握基本操作与技能，加深对化学基础知识和基本理论理解的同时，也能培养学生严谨的科学态度。

实验七　摩尔气体常数的测定

一、预习思考

1. 计算摩尔气体常数 R 时，要用到哪些数据？如何获取这些数据？

2. 为什么要检查装置是否漏气？如果装置漏气将造成怎样的误差？

3. 检查实验装置是否漏气的原理是什么？

4. 量气管内气体的压力是否等于氢气的压力？为什么？

5. 产生的氢气压力应如何计算？

6. 在镁和硫酸反应完毕后，为什么要等试管冷却至室温时，方可读取量气管液面所在的位置？

7. 氢气的体积怎样测量？为什么读数时必须使漏斗内液面与量气管内液面保持在同一水平上？

8. 实验过程中，出现下列情况对实验结果有何影响？实验进行过程中如何避免？

① 镁条的称量不准。

② 镁条表面的氧化物没有除尽。

③ 镁条装入时与酸发生接触。

④ 量气管没有洗净，排水后内壁上有水珠。

⑤ 量气管中气泡没赶尽。

⑥ 读数时，漏斗及量气管中液面没处在同一水平面。

⑦ 读数时，量气管的温度高于室温。

⑧ 反应过程中，由量气管压入漏斗的水过多而溢出。

二、实验目的

1. 进一步加深理想气体状态方程和分压定律的理解。
2. 学会一种测定摩尔气体常数的方法。
3. 学习称量、测量气体体积等操作技术。

44-实验原理

三、实验原理

理想气体是指在任何温度和压力下，分子本身不占有体积且分子间无相互作用力的气体。这一模型是一种理想的状况，实际上是不存在的。

对于一般的气体，在高温低压下，一定量的气体自由运动到达的空间是很大的，这样分子自身的体积相对于分子运动的空间是微不足道的。高温低压下的真实气体可以近似认为是理想气体，进而运用理想气体的状态方程进行相关运算。

理想气体状态方程指出了气体的分压 p(Pa)、体积 V(m^3)、物质的量 n(mol) 及温度 T(K) 之间的相互关系，即

$$pV=nRT \tag{5-1}$$

则只要测出一定温度下气体的压力、体积和物质的量，摩尔气体常数 R 的值就可以计算出来。

本实验通过金属镁置换出硫酸中的氢气来测定 R 的值。其置换反应方程为：

$$Mg(s)+H_2SO_4(aq)=MgSO_4(aq)+H_2(g)$$

上述反应在通常条件下是不可逆反应。根据反应方程式可知：

$$\frac{m_{Mg}}{M_{Mg}}=\frac{m_{H_2}}{M_{H_2}} \tag{5-2}$$

式中，m_{Mg} 为称取的镁的质量；m_{H_2} 为产生氢气的质量；M_{Mg} 和 M_{H_2} 分别为镁和氢气的摩尔质量。

已知一定质量（m_{Mg}）的金属镁与过量的稀硫酸反应，在一定的温度和压力下测出产生氢气的体积 V_{H_2}，就可运用理想气体状态方程计算出摩尔气体常数 R 的数值。

实验时的温度 T 和压力 p 可以分别由温度计和气压计测得，氢气的物质的量可以通过反应的镁来求得。由于氢气是在水面上收集的，氢气中还混有水汽。实验温度下水的饱和蒸气压 p_{H_2O} 可在附录二中查出，根据分压定律，氢气的分压可由下式求得：

$$p=p_{H_2}+p_{H_2O} \tag{5-3}$$

$$p_{H_2}=p-p_{H_2O} \tag{5-4}$$

理想气体状态方程为：

$$p_{H_2}V=\frac{m_{H_2}RT}{M_{H_2}} \tag{5-5}$$

将式(5-2) 代入式(5-5) 并整理得：

$$R=\frac{p_{H_2}VM_{Mg}}{Tm_{Mg}} \tag{5-6}$$

将以上所得各项数据代入式（5-6）中，即可算出摩尔气体常数 R。

四、仪器与试剂

1. 仪器：测定气体常数 R 的装置，电子分析天平，漏斗，试管，烧杯，砂纸。
2. 试剂：H_2SO_4 溶液（3mol·L^{-1}），镁条。

五、实验内容

1. 称量镁条的质量

准确称取两份已擦去表面氧化膜的镁条，每份质量为 0.03～0.04g（准确称至 0.0001g）。

2. 安装测定装置

按图 5-1 所示装配好测定装置，并将量气管内装水至略低于“0”刻度的位置。上下移动漏斗，以赶尽附着在橡皮管和量气管内壁的气泡，然后把反应试管和量气管用乳胶管连接。

3. 检漏

把漏斗下移一段距离，并固定在一定位置上，如果量气管中的液面只在开始时稍有下降后（约 3～5min）即维持恒定，便说明装置不漏气。如果液面继续下降，则表明装置漏气。检查各接口处是否严密，经检查与调整后，再重复试验，直至不漏气为止。

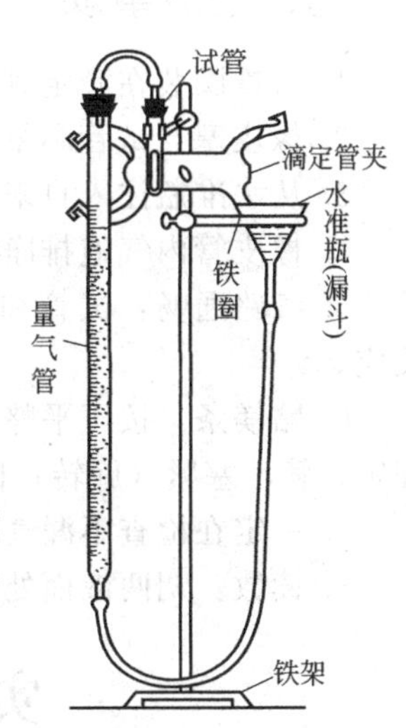

图 5-1 摩尔气体常数 R 的测定装置图

4. 测定

① 取下试管，如果需要的话，可以再调整一次漏斗的高度，使量气管内液面保持在略低于“0”刻度的位置。然后用一漏斗将 6～8mL H_2SO_4 溶液（3mol·L^{-1}）注入试管中，切勿使酸沾在试管壁上。用一滴水将镁条贴在试管内壁上部，确保镁条不与酸接触。装好试管，塞紧磨口塞，再一次检查装置是否漏气。

② 把漏斗移至量气管的右侧，使两者的液面保持同一水平，记下量气管中的液面位置。

③ 把试管底部略为抬高，以使镁条和 H_2SO_4 溶液接触，这时由于反应产生的氢气进入量气管中，量气管中的水被压入漏斗内。为避免量气管内压力过大，在量气管内液面下降时，漏斗也相应地向下移动，使量气管内液面和漏斗液面大体上保持同一水平。

④ 镁条反应后，待试管冷至室温，使漏斗与量气管的液面处于同一水平，记下液面位置。稍等 1～2min，再记录液面位置，如两次读数相等，表明管内气体温度已与室温一样。记下室内的温度和大气压力。

⑤ 用另一份已称量的镁条重复上述实验。

六、数据记录与处理

1. 将实验相关数据记录于表 5-1 中，并完成数据处理。

2. 将所得实验值与通用值（$R=8.314\text{J}\cdot\text{mol}^{-1}\cdot\text{K}^{-1}$）进行比较，计算相对误差，并讨论造成误差的主要原因。

$$相对误差=\frac{R_{实验}-R_{通用}}{R_{通用}}\times 100\% \tag{5-7}$$

表 5-1　摩尔气体常数 *R* 测定实验数据记录及处理

项目	实验序号	
	1	2
实验时温度 T/K		
实验时大气压力 p/Pa		
镁条质量 m/g		
反应前量气管液面读数 V_1/mL		
反应后量气管液面读数 V_2/mL		
氢气的体积 $V_{H_2}=(V_2-V_1)$ /mL		
T(K)时水的饱和蒸气压 p/Pa		
氢气的物质的量 n_{H_2}/mol		
摩尔气体常数 R/$\text{J}\cdot\text{mol}^{-1}\cdot\text{K}^{-1}$		
相对误差（%）		

七、注意事项

1. 将铁圈装在滴定管夹的下方，以便可以自由移动水准瓶（漏斗）。

2. 橡皮塞与试管和量气管口合适后再塞紧，不能硬塞，防止管口塞烂。

3. 从水准瓶注入自来水，使量气管内液面略低于“0”刻度。

4. 橡皮管内气泡排净标志：橡皮管内透明度均匀，无浅色块状部分。

5. 气路通畅：试管和量气管间的橡皮管勿打折，保证通畅后再检查是否漏气或进行反应。

6. 贴镁条：按压平整后蘸少许水贴在试管壁上部，确保镁条不与硫酸接触，然后小心固定试管，塞紧（旋转）橡皮塞，谨防镁条落入稀硫酸溶液中。

7. 一定在检查不漏气的情况下发生反应（切勿使酸碰到橡皮塞）。

8. 读数：调两液面处于同一水平面，冷至室温后读数（小数点后两位，单位为 mL）。

实验八　氯化铵生成焓的测定

一、预习思考

1. 以 HCl 溶液为基准进行中和焓的测定时，为什么氨水必须过量？

2. 对所用的保温杯及热电偶数字温度计有什么要求？是否允许有残留的洗涤水？

3. 本实验中造成误差的主要原因是什么？

二、实验目的

1. 掌握测定氯化铵生成焓的原理和方法。

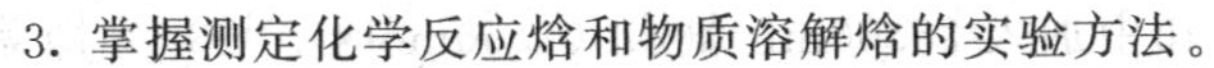

2. 加深对化学热力学中盖斯定律的理解。

3. 掌握测定化学反应焓和物质溶解焓的实验方法。

三、实验原理

45-实验原理

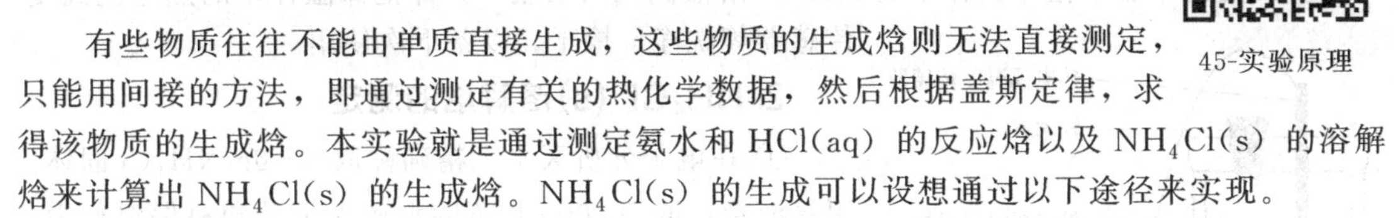

有些物质往往不能由单质直接生成，这些物质的生成焓则无法直接测定，只能用间接的方法，即通过测定有关的热化学数据，然后根据盖斯定律，求得该物质的生成焓。本实验就是通过测定氨水和 HCl(aq) 的反应焓以及 $NH_4Cl(s)$ 的溶解焓来计算出 $NH_4Cl(s)$ 的生成焓。$NH_4Cl(s)$ 的生成可以设想通过以下途径来实现。

始态 终态

$$\frac{1}{2}N_2(g)+\frac{3}{2}H_2(g)+\frac{1}{2}H_2(g)+\frac{1}{2}Cl_2(g)\xrightarrow{\Delta_f H_m^{\ominus}}NH_4Cl(s)$$

$\Delta H_1 \downarrow H_2O(l)$ $\Delta H_2 \downarrow H_2O(l)$ $-\Delta H_4 \Updownarrow \Delta H_4$

$$\text{氨水} + HCl(aq) \xrightarrow{\Delta H_3} NH_4Cl(aq)$$

根据盖斯定律

$$\Delta H_1+\Delta H_2+\Delta H_3+\Delta H_4=\Delta_f H_m^{\ominus} \tag{5-8}$$

可知

$\Delta H_1=-80.29kJ\cdot mol^{-1}$ 氨水在 298.15K 时的生成焓

$\Delta H_2=-167.159kJ\cdot mol^{-1}$ HCl（aq）在 298.15K 时的生成焓

因此，只要测定氨水和 HCl 溶液反应的中和焓 ΔH_3 及 $NH_4Cl(s)$ 的溶解焓 $-\Delta H_4$，利用盖斯定律即可求得 $NH_4Cl(s)$ 的生成焓 $\Delta_f H_m^{\ominus}$。

为了提高实验的准确度，减小实验误差，实验中氨水和 HCl 溶液的中和反应需用低浓度溶液进行，并且需在绝热、保温良好的量热器中进行。

中和焓或 $NH_4Cl(s)$ 的溶解焓可以通过溶液的比热容和反应过程中溶液温度的改变来计算，计算公式为

$$\Delta H=-\Delta TCV\rho\frac{1}{n\times1000} \tag{5-9}$$

式中，ΔH 为反应的焓变，$kJ\cdot mol^{-1}$，即中和焓或溶解焓；ΔT 为反应前后的温度差，K；C 为溶液的比热容，$J\cdot g^{-1}\cdot K^{-1}$；$V$ 为溶液的体积，mL；ρ 为溶液的密度，$g\cdot mL^{-1}$；n 为 V mL 溶液中 NH_4Cl 的物质的量，mol。

四、仪器与试剂

1. 仪器：电子分析天平，移液管（25.00mL，2 支；50.00mL，1 支），带盖塑料保温杯（1 个），热电偶温度传感器（1 套，精确至 0.1℃）。

2. 试剂：HCl 溶液（$1.50mol\cdot L^{-1}$），氨水（$1.60mol\cdot L^{-1}$），$NH_4Cl(s)$。

五、实验内容

1. HCl 溶液和氨水中和焓的测定

① 用移液管取 25.00mL HCl 溶液（$1.50mol\cdot L^{-1}$）放入预先洗净且干燥的带盖塑料保温杯中，盖上盖子，在盖上插入热电偶温度传感器（如图 5-2 所示），水平旋转方式摇动塑料保温杯，直至数字温度计显示温度保持恒定为止（需要 3～5min），记下中和反应前的

温度。

② 用移液管从保温杯盖子上的小孔中加入25.00mL氨水（1.60mol·L^{-1}），立即盖上小软木塞，水平旋转方式摇动保温杯，并记下中和反应后上升的最高温度（20～30s完成）。

③ 测定完毕后，把保温杯中的NH_4Cl溶液倒入回收瓶中，并把保温杯中的热电偶温度传感器等洗净、擦干，以备下次使用。

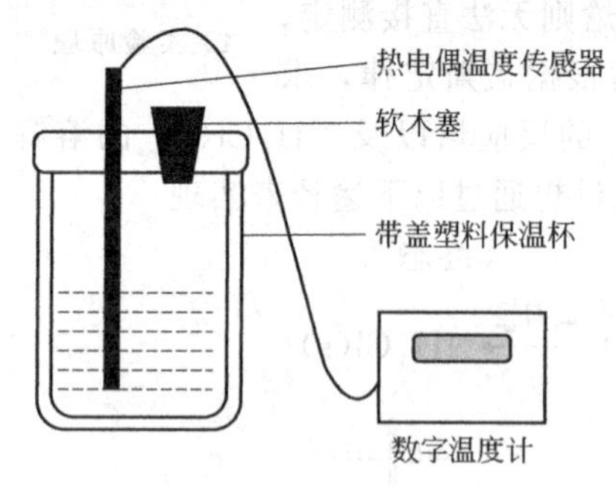

图5-2　中和焓和溶解焓的测定装置

2. NH_4Cl（s）溶解焓的测定

① 在电子分析天平上精确称取5～6g NH_4Cl固体。用移液管量取50.00mL蒸馏水放入带盖塑料保温杯中，盖上盖子，插入热电偶温度传感器，盖上软木塞。水平旋转方式摇动塑料保温杯，直至保温杯中的水温不再改变为止（需要3～5min），记下水温。

② 迅速将称取好的NH_4Cl固体倒入保温杯中，立即盖紧盖子并不断以水平旋转方式轻轻地摇动塑料保温杯，直到温度下降达到稳定的最低温度后，记下溶解后的水温。

③ 测量完毕，把保温杯中的溶液倒入回收瓶中，并将保温杯、热电偶温度传感器等洗净、擦干，放回原处。

六、数据记录与处理

1. 将HCl溶液和氨水中和焓测定的相关实验数据记录于表5-2中。

表5-2　中和焓测定的实验数据记录

反应物温度 T/K	中和反应前				中和反应后溶液的最高温度 T/K	中和反应的温升 ΔT/K
	HCl溶液		氨水			
	浓度/mol·L^{-1}	体积/mL	浓度/mol·L^{-1}	体积/mL		

2. 将NH_4Cl(s)溶解焓测定的相关实验数据记录于表5-3中。

表5-3　溶解焓测定的实验数据记录

无水NH_4Cl固体的摩尔质量/g·mol^{-1}	无水NH_4Cl固体的质量/g	溶解NH_4Cl固体前蒸馏水的温度T_1/K	溶解NH_4Cl固体后溶液的最低温度T_2/K	$\Delta T=(T_1-T_2)$/K

3. 依据式(5-9)计算中和焓ΔH_3和溶解焓$\Delta H_{溶解}$。

反应器的热容可以忽略不计；反应后溶液的比热容可近似地用水的比热容$C=4.18$ J·g^{-1}·K^{-1}代替；NH_4Cl溶液的密度$\rho=1.00$g·mL^{-1}。

4. 计算NH_4Cl(s)的标准摩尔生成焓。

$$\Delta_f H_m^{\ominus}=\Delta H_1+\Delta H_2+\Delta H_3+\Delta H_4$$

$$\Delta H_1=-80.29\text{kJ·mol}^{-1}$$

$$\Delta H_2=-167.159\text{kJ·mol}^{-1}$$

$\Delta H_3=$____________kJ·mol^{-1}

$\Delta H_4=$____________kJ·mol^{-1}

$\Delta_f H_m^{\ominus}=$____________kJ·mol^{-1}

5. 将所得实验值与理论值 $\Delta_f H_m^{\ominus}(NH_4Cl) = -314.43kJ \cdot mol^{-1}$ 进行比较，计算相对误差，分析误差产生的原因。

$$\text{相对误差} = \frac{\Delta_f H_{m,\text{实验}}^{\ominus} - \Delta_f H_{m,\text{理论}}^{\ominus}}{\Delta_f H_{m,\text{理论}}^{\ominus}} \times 100\% \tag{5-10}$$

七、注意事项

1. 注意移液管的正确操作。
2. 实验结束后，要将保温杯、热电偶温度传感器等洗净、擦干。
3. 实验中产生的废液要集中回收，统一处理。

实验九　反应标准平衡常数的测定

一、预习思考

1. 分光光度比色法是如何测得 $[Fe(SCN)]^{2+}$ 的平衡浓度的？
2. 如何利用 $[Fe(SCN)]^{2+}$ 平衡浓度进一步求得 Fe^{3+} 与 HSCN 反应的标准平衡常数？
3. 本实验中所用的 $Fe(NO_3)_3$ 溶液为何要用 HNO_3 溶液配制？
4. HNO_3 溶液浓度对该标准平衡常数的测定有何影响？
5. 使用分光光度计与比色皿时有哪些应注意之处？

二、实验目的

1. 加深对标准平衡常数概念的理解。
2. 熟悉起始浓度与平衡浓度的关系以及标准平衡常数的表达。
3. 通过朗伯-比尔定律，熟悉分光光度比色法确定待测溶液浓度的方法。
4. 学习并掌握分光光度计的使用方法。
5. 进一步理解有效数字在实验中的应用及在计算中的规则。

三、实验原理

46-实验原理

通常对于一些能生成有色离子的反应，可利用比色法测定离子的平衡浓度，从而求得反应的标准平衡常数。本实验采用分光光度法测定反应的标准平衡常数。

根据朗伯-比尔定律可知，待测溶液的吸光度 A 与溶液中有色物质的浓度 c 和液层厚度 l 的乘积成正比，其比例系数 ε 为摩尔吸光系数：

$$A = \varepsilon c l \tag{5-11}$$

标准溶液的吸光度 A' 与其浓度 c'（已知）和液层厚度 l 的乘积成正比，则有：

$$A' = \varepsilon c' l \tag{5-12}$$

分光光度法是采用单色光进行比色分析的。在指定条件下（ε 不变），让光线通过置于厚度同为 l 的比色皿中的待测溶液和标准溶液。

由式(5-11) 及式(5-12) 可得：

$$A'/A = c'/c \tag{5-13}$$

这样利用已知标准溶液的浓度 c'，再由分光光度计分别测出标准溶液的吸光度 A' 和待

测溶液的吸光度 A，就可求得待测溶液中有色物质的浓度 c。

本实验测定的是如下反应的标准平衡常数：

$$Fe^{3+}(aq)+HSCN(aq) \rightleftharpoons [Fe(SCN)]^{2+}(aq)+H^{+}(aq)$$

（无色）　（无色）　（血红色）

$$K^{\ominus}=\frac{(c^{eq}_{[Fe(SCN)]^{2+}}/c^{\ominus})\times(c^{eq}_{H^{+}}/c^{\ominus})}{(c^{eq}_{Fe^{3+}}/c^{\ominus})\times(c^{eq}_{HSCN}/c^{\ominus})} \tag{5-14}$$

为了抑制 Fe^{3+} 与水发生水解反应而产生棕色的 $[Fe(OH)]^{2+}$（它会干扰比色测定），反应系统中应控制较大的酸度，例如 $c_{H^{+}}=0.5mol\cdot L^{-1}$。而在此条件下，系统中所用反应试剂（配位剂）$SCN^{-}$ 基本以 HSCN 形式存在。

待测溶液中 $[Fe(SCN)]^{2+}$ 的平衡浓度 $c^{eq}_{[Fe(SCN)]^{2+}}$ 可与 $[Fe(SCN)]^{2+}$ 的标准溶液比色测得。Fe^{3+}、HSCN 以及 H^{+} 的平衡浓度 c^{eq} 与其对应的起始浓度 c_0 的关系分别为：

$$c^{eq}_{Fe^{3+}}=c_{0,Fe^{3+}}-c^{eq}_{[Fe(SCN)]^{2+}} \tag{5-15}$$

$$c^{eq}_{HSCN}=c_{0,HSCN}-c^{eq}_{[Fe(SCN)]^{2+}} \tag{5-16}$$

$$c^{eq}_{H^{+}}\approx c_{0,H^{+}}$$

将各物质的平衡浓度 c^{eq} 代入式(5-14) 即可求得标准平衡常数 $K^{\ominus}$ 值。

四、仪器与试剂

1. 仪器：分光光度计，比色皿（1cm），烧杯（干燥，50mL，5 只），滴管，移液管（10.00mL，4 支），洗耳球，白瓷板，洗瓶，吸水纸，温度计。

2. 试剂：$Fe(NO_3)_3$ 溶液（$0.2000mol\cdot L^{-1}$），KSCN 溶液（$0.002000mol\cdot L^{-1}$），$Fe(NO_3)_3\cdot 9H_2O(s)$，HNO_3 溶液（$1mol\cdot L^{-1}$）。

五、实验内容

1. 溶液的配制

（1）配制 $[Fe(SCN)]^{2+}$ 标准溶液　用移液管分别准确量取 10.00mL $Fe(NO_3)_3$ 溶液（$0.2000mol\cdot L^{-1}$）、2.00mL KSCN 溶液（$0.002000mol\cdot L^{-1}$）、8.00mL 蒸馏水，加入已编号的干燥小烧杯中，轻轻摇荡，使混合均匀。

（2）配制待测溶液　往 4 只干燥的小烧杯中，分别按表 5-4 的编号所示配方比例，混合待测溶液，具体配制方法如上述标准 $[Fe(SCN)]^{2+}$ 溶液的配制。

表 5-4　待测溶液的配制

实验编号	Ⅰ	Ⅱ	Ⅲ	Ⅳ
$0.2000mol\cdot L^{-1}$ $Fe(NO_3)_3$ 溶液的体积/mL	5.00	5.00	5.00	5.00
$0.002000mol\cdot L^{-1}$ KSCN 溶液的体积/mL	5.00	4.00	3.00	2.00
H_2O 的体积/mL	0.00	1.00	2.00	3.00

2. 标准平衡常数的测定

应用分光光度法测定反应的标准平衡常数。

按照分光光度计的操作步骤，选定单色光的波长为 447nm。

取 6 只厚度为 1cm 的比色皿，分别加入空白溶液（可用蒸馏水）、标准溶液、编号Ⅰ～Ⅳ的待测溶液至约为比色皿 4/5 容积处。

将盛有空白溶液、标准溶液的比色皿放入比色皿框的第一、第二格中，将盛有其他溶液的比色皿依次放入其余的位置中。

按分光光度计操作步骤测量各溶液的吸光度 A，记录实验数据。若比色皿数量有限，待测溶液比色皿可以更换，但整个测定过程中需保留空白溶液及标准溶液的比色皿。

测量完毕，关闭分光光度计电源，从比色皿框中取出比色皿，弃去其中的溶液，用蒸馏水洗净后放回原处。

六、数据记录与处理

将分光光度法实验数据记录于表 5-5 中，并完成数据处理。

表 5-5　分光光度法实验数据记录与处理

实验编号		Ⅰ	Ⅱ	Ⅲ	Ⅳ
吸光度 A(比色皿厚度___cm)					
起始浓度 $c_0/\mathrm{mol\cdot L^{-1}}$	Fe^{3+} 溶液				
	SCN^- 溶液				
平衡浓度 $c^{eq}/\mathrm{mol\cdot L^{-1}}$	H^+ 溶液				
	$[Fe(SCN)]^{2+}$ 溶液				
	Fe^{3+} 溶液				
	HSCN 溶液				
标准平衡常数 $K^{\ominus}$					
$K^{\ominus}$ 的平均值					
实验时室温 $T=$______K					

七、注意事项

1. 实验中标准 $[Fe(SCN)]^{2+}$ 溶液的配制是基于：当 $c_{0,Fe^{3+}} \gg c_{0,HSCN}$ 时，例如 $c_{0,Fe^{3+}}=0.1000\mathrm{mol\cdot L^{-1}}$，$c_{0,HSCN}=0.0002000\mathrm{mol\cdot L^{-1}}$，可认为 HSCN 几乎全部转化为 $[Fe(SCN)]^{2+}$，即标准 $[Fe(SCN)]^{2+}$ 溶液的浓度等于 HSCN（或 KSCN）的起始浓度。

2. 若考虑下列平衡：

$$\mathrm{HSCN(aq)} \rightleftharpoons \mathrm{H^+(aq)+SCN^-(aq)} \qquad K^{\ominus}_{a,HSCN}=0.141$$

$$K^{\ominus}_{a,HSCN}=\frac{(c^{eq}_{H^+}/c^{\ominus})\times(c^{eq}_{SCN^-}/c^{\ominus})}{c^{eq}_{HSCN}/c^{\ominus}}$$

式(5-16) 应为

$$c^{eq}_{HSCN}+c^{eq}_{SCN^-}=c_{0,HSCN}-c^{eq}_{[Fe(SCN)]^{2+}}$$

$$c^{eq}_{HSCN}+K^{\ominus}_{a,HSCN}\times\frac{c^{eq}_{HSCN}}{c^{eq}_{H^+}/c^{\ominus}}=c_{0,HSCN}-c^{eq}_{[Fe(SCN)]^{2+}}$$

$$c^{eq}_{HSCN}=(c_{0,HSCN}-c^{eq}_{[Fe(SCN)]^{2+}})\Big/\left(1+\frac{K^{\ominus}_{a,HSCN}}{c^{eq}_{H^+}/c^{\ominus}}\right)$$

设 $c^{eq}_{H^+}=0.50\mathrm{mol\cdot L^{-1}}$，又 $K^{\ominus}_{a,HSCN}=0.141$，上式变为

$$c^{eq}_{HSCN}=(c_{0,HSCN}-c^{eq}_{[Fe(SCN)]^{2+}})\Big/\left(1+\frac{0.141}{0.50}\right)=0.78\times(c_{0,HSCN}-c^{eq}_{[Fe(SCN)]^{2+}})$$

3. 将 $Fe(NO_3)_3\cdot 9H_2O(s)$ 溶解于 HNO_3 溶液（$1\mathrm{mol\cdot L^{-1}}$）的浓度应尽量准确，以免影响 H^+ 浓度。

4. 合理选择参比溶液，而且参比溶液必须放置在比色皿框的第一格内。

实验十　弱酸解离度与解离常数的测定

一、预习思考

1. pH 法和电导率法测定醋酸解离度和解离常数的原理有何不同？

2. 如果实验中所用醋酸溶液的浓度极稀，是否还可以用 $K^{\ominus}_{a,HAc}=\frac{(c^{eq}_{H^+})^2}{c}$ 计算解离常数？

3. 如果改变所测醋酸的浓度或实验温度，则解离度和解离常数有无变化？

4. 为什么 HAc 溶液的 pH 值要用酸度计来测定？HAc 溶液的浓度与酸度有何区别？

5. 配制不同浓度的 HAc 溶液时，玻璃器皿是否要干燥，为什么？

二、实验目的

1. 用 pH 法或电导率法测定醋酸解离度及解离常数，熟悉测定的原理和方法。
2. 加深对弱电解质解离平衡的理解。
3. 了解酸度计的原理，学习使用酸度计。
4. 巩固滴定管、移液管、容量瓶的操作和电导率仪的使用方法。
5. 进一步熟悉溶液的配制与标定。

三、实验原理

醋酸是一元弱酸，即弱电解质，它在溶液中存在下列解离平衡：

$$HAc(aq)+H_2O(l) \rightleftharpoons H_3O^+(aq)+Ac^-(aq)$$

或简写为

$$HAc(aq) \rightleftharpoons H^+(aq)+Ac^-(aq)$$

47-实验原理

其解离常数为：

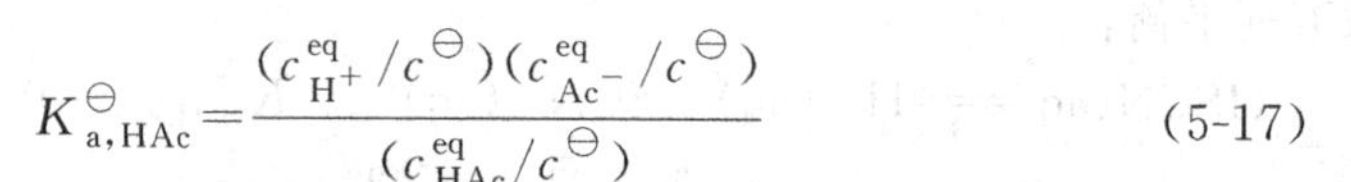

$$K^{\ominus}_{a,HAc}=\frac{(c^{eq}_{H^+}/c^{\ominus})(c^{eq}_{Ac^-}/c^{\ominus})}{(c^{eq}_{HAc}/c^{\ominus})} \qquad (5\text{-}17)$$

如果 HAc 的起始浓度为 c_0，其解离度为 α，由于 $c^{eq}_{H^+}=c^{eq}_{Ac^-}=c_0\alpha$，带入上式(5-17)，得：

$$\begin{aligned}K^{\ominus}_{a,HAc}&=(c_0\alpha)^2/(c_0-c_0\alpha)\\&=c_0\alpha^2/(1-\alpha)\end{aligned} \qquad (5\text{-}18)$$

某一弱电解质的解离常数 $K^{\ominus}_a$ 仅与温度有关，而与该弱电解质溶液的浓度无关，其解离度 α 则随着溶液浓度的降低而增大。

醋酸解离度和解离常数的测定可以采用 pH 法或电导率法，下面介绍两种方法所涉及的实验原理。

1. pH 法测定醋酸解离度和解离常数

一定温度下用酸度计测得一系列不同浓度醋酸溶液的 pH 值，根据 $pH=-\lg c_{H^+}$，换算出不同浓度醋酸溶液中的 c_{H^+}，再根据 $\alpha=(c_{H^+}/c_0)\times100\%$，可求得不同浓度醋酸溶液的解离度 α 值，最后根据式(5-18) 求得一系列对应的解离常数 $K^{\ominus}_{a,HAc}$ 值，取其平均值，即为该温度下醋酸的解离常数。

2. 电导率法测定醋酸解离度和解离常数

电解质溶液是离子电导体，在一定温度时，电解质溶液的电导（电阻的倒数）G 为

$$G=\kappa A/l \tag{5-19}$$

式中，κ 为电导率（电阻率的倒数），表示长度 l 为 1m、截面积 A 为 $1m^2$ 导体的电导，单位为 $S\cdot m^{-1}$，电导的单位为 S（西门子）。

为了便于比较不同溶质电解质溶液的电导，常采用摩尔电导率 λ_m。摩尔电导率表示在相距 1cm 的两平行电极之间，放置含有 1mol 电解质的电导，其数值等于电导率 κ 乘以此溶液的全部体积。若溶液的浓度为 $c(mol\cdot L^{-1})$，则含有 1mol 电解质的溶液体积 $V=10^{-3}/c$ $(m^3\cdot mol^{-1})$，溶液的摩尔电导率为：

$$\lambda_m=\kappa V=10^{-3}\kappa/c \tag{5-20}$$

式中，λ_m 的单位为 $S\cdot m^2\cdot mol^{-1}$。

根据稀释定律可知，弱电解质溶液的浓度 c 越小，弱电解质的解离度 α 越大，无限稀释时弱电解质也可看作是完全解离的，即此时的 $\alpha=100\%$。从而可知，一定温度下，某浓度 c 的摩尔电导率 λ_m 与无限稀释时的摩尔电导率 $\lambda_{m,\infty}$ 之比，即为该弱电解质的解离度：

$$\alpha=\lambda_m/\lambda_{m,\infty} \tag{5-21}$$

不同温度时，HAc 溶液的 $\lambda_{m,\infty}$ 值见表 5-6。

表 5-6 不同温度下 HAc 溶液无限稀释时的摩尔电导率 $\lambda_{m,\infty}$

温度 T/K	273	291	298	303
$\lambda_{m,\infty}$/ $S\cdot m^2\cdot mol^{-1}$	0.0245	0.0349	0.0391	0.0428

通过电导率仪测定一系列已知起始浓度的 HAc 溶液的 κ 值。根据式(5-20) 以及式(5-21) 即可求得对应的解离度 α。若将式(5-21) 代入式(5-18) 可得：

$$K_a^{\ominus}=\frac{c_0\lambda_m^2}{\lambda_{m,\infty}(\lambda_{m,\infty}-\lambda_m)} \tag{5-22}$$

根据式(5-22) 即可求得 HAc 溶液的解离常数 $K_a^{\ominus}$。

四、仪器与试剂

1. 仪器：洗瓶（1 个），移液管（25.00mL，1 支），吸量管，小烧杯（50mL，4 只），容量瓶（50mL，3 个），移液管架（1 只），洗耳球，酸度计（1 台），温度计（0～100℃，1 支），电导率仪。

2. 试剂：HAc 溶液（$0.1mol\cdot L^{-1}$），pH=4.00 的标准缓冲溶液（邻苯二甲酸氢钾），pH=6.86 的标准缓冲溶液（磷酸二氢钾和磷酸氢二钠），NaOH 标准溶液，酚酞指示剂。

五、实验内容

1. pH 法测定醋酸解离度和解离常数

（1）醋酸溶液浓度的测定　以酚酞为指示剂，用已知浓度的 NaOH 标准溶液标定 HAc 溶液的准确浓度，把结果填入表 5-7 中。

表 5-7　NaOH 标准溶液标定 HAc 溶液的实验数据

滴定序号		1	2	3
NaOH 溶液的浓度/$mol \cdot L^{-1}$				
HAc 溶液的用量/mL				
NaOH 溶液的用量/mL				
HAc 溶液的浓度/$mol \cdot L^{-1}$	测定值			
	平均值			

(2) 配制不同浓度的 HAc 溶液　用移液管或吸量管分别准确移取 25.00mL、5.00mL、2.50mL 已测得准确浓度的 HAc 溶液，把它们分别加入 3 个 50mL 容量瓶中，再用蒸馏水稀释至刻度，摇匀，并计算出这 3 个容量瓶中 HAc 溶液的准确浓度。

(3) 测定醋酸溶液的 pH 值　把以上 4 种不同浓度的 HAc 溶液分别加入 4 只洁净干燥的 50mL 烧杯中，按由稀到浓的次序在酸度计上分别测定它们的 pH 值，并记录数据和室温。

(4) 计算醋酸解离度和解离平衡常数　计算醋酸解离度，并根据式(5-18) 计算 HAc 溶液的解离常数 $K_{a,HAc}$。

2. 电导率法测定醋酸解离度和解离常数

① 取配制好的醋酸溶液，用电导率仪分别依次测量 1～4 号小烧杯中醋酸溶液的电导率值，并如实正确记录测定数据。

② 记录室温下不同起始浓度醋酸溶液的电导率 κ 数据。根据表 5-8 的数值，得到实验时室温下 HAc 溶液无限稀释时的摩尔电导率 $\lambda_{m,\infty}$。根据式(5-20) 计算不同起始浓度时的摩尔电导率 λ_m。根据式(5-21) 计算得各浓度时 HAc 溶液的解离度 α。根据式(5-22) 的计算，取平均值，可得到 HAc 溶液的解离常数 $K^{\ominus}_{a,HAc}$。

六、数据记录与处理

1. 将 pH 法测定实验数据记录于表 5-8 中，并计算醋酸解离度和解离常数。

实验时室温=________℃。

表 5-8　pH 法测定醋酸解离常数的数据及处理

溶液编号	c/$mol \cdot L^{-1}$	pH	c_{H^+}/$mol \cdot L^{-1}$	醋酸解离度 α/%	醋酸解离常数 $K^{\ominus}_{a,HAc}$	
					测定值	平均值
1						
2						
3						
4						

2. 将电导率法测定的实验数据记录于表 5-9 中，并计算醋酸的解离度和解离常数。

表 5-9　电导率法测定醋酸解离常数的数据及处理

烧杯编号	配制的 HAc 溶液浓度 $c_{0,HAc}$/$mol \cdot L^{-1}$	电导率 κ/$S \cdot m^{-1}$	摩尔电导率 λ_m/$S \cdot m^2 \cdot mol^{-1}$	醋酸解离度 α/%	醋酸解离常数 $K^{\ominus}_{a,HAc}$
1					
2					
3					
4					
5					
醋酸解离常数的平均值 $K^{\ominus}_{a,HAc}$=					

本实验测定的 $K_{a,HAc}^{\ominus}$ 在 1.0×10^{-5}～2.0×10^{-5} 范围内合格（25℃的文献值为 1.76×10^{-5}）。

七、注意事项

1. 注意移液管的正确使用。

2. 注意酸度计和电导率仪使用方法以及注意事项，尤其是电极的清洗。

3. 酸度计第一次应用 pH＝6.86 的标准缓冲溶液校准，第二次应用接近被测溶液 pH 值的标准缓冲溶液校准，如被测溶液为酸性时，应选用 pH＝4.00 的标准缓冲溶液校准；如果被测溶液为碱性时，应选用 pH＝9.18 的标准缓冲溶液校准。一般情况下，在 24h 内仪器不需再校准。

4. 利用表 5-6 中 291K、298K 时 HAc 溶液无限稀释时的摩尔电导率 $\lambda_{m,\infty}$ 数据，内插法求 295K 时 HAc 溶液无限稀释时的摩尔电导率 x 的方法如下：

$$\frac{(0.0391-0.0349)\mathrm{S\cdot m^2\cdot mol^{-1}}}{(x-0.0349)\mathrm{S\cdot m^2\cdot mol^{-1}}}=\frac{(298-291)\mathrm{K}}{(295-291)\mathrm{K}}$$

计算得 $x=0.0373\mathrm{S\cdot m^2\cdot mol^{-1}}$。

实验十一　溶度积常数的测定

一、预习思考

1. 溶度积规则在沉淀溶解平衡中如何应用？

2. 怎样制备 $Cu(IO_3)_2$ 饱和溶液？

3. 过滤 $Cu(IO_3)_2$ 饱和溶液时，若 $Cu(IO_3)_2$ 固体损失，将对实验结果产生怎样的影响？

4. 实验中的参比溶液可否用其他试剂取代？

5. 可否用量筒量取 $CuSO_4\cdot5H_2O$ 固体配制溶液？

二、实验目的

1. 掌握分光光度计测定难溶电解质溶度积常数的原理和方法。

2. 了解分光光度计的测定原理，学习分光光度计的使用。

3. 进一步熟悉容量瓶、移液管、吸量管的使用，巩固溶液的配制操作。

4. 学习工作曲线的绘制，学会用工作曲线确定溶液浓度的方法。

三、实验原理

1. 沉淀溶解平衡与溶度积常数

48-实验原理

$Cu(IO_3)_2$ 是难溶强电解质，在其饱和溶液中，存在如下沉淀溶解平衡：

$$Cu(IO_3)_2(s) \rightleftharpoons Cu^{2+}(aq)+2IO_3^-(aq)$$

在一定温度下，上述平衡溶液中 Cu^{2+} 浓度与 IO_3^- 浓度平方的乘积是一个常数：

$$K_{sp,Cu(IO_3)_2}^{\ominus}=c_{Cu^{2+}}^{eq}\times(c_{IO_3^-}^{eq})^2 \tag{5-23}$$

$K_{sp}^{\ominus}$ 称为溶度积常数，与其他平衡常数一样，溶度积常数是温度的函数，随温度的不同而改变。因此，如果能测得一定温度下 $Cu(IO_3)_2$ 饱和溶液中的 Cu^{2+} 和 IO_3^- 的平衡浓度，即可

求算出该温度时的 $K_{sp}^{\ominus}$。

本实验是由硫酸铜和碘酸钾作用制备碘酸铜饱和溶液，然后利用饱和溶液中的 Cu^{2+} 与过量氨水作用生成深蓝色的配离子$[Cu(NH_3)_4]^{2+}$，这种配离子对波长为 600nm 的光具有强吸收作用，而且在一定温度下，它对光的吸收程度（即吸光度 A）与溶液浓度成正比。因此，由分光光度计测得碘酸铜饱和溶液中 Cu^{2+} 与过量氨水作用后生成的配离子$[Cu(NH_3)_4]^{2+}$溶液的吸光度,利用标准工作曲线并通过计算就能确定饱和溶液中 Cu^{2+} 的浓度。

2. 标准工作曲线的绘制

配制一系列$[Cu(NH_3)_4]^{2+}$不同浓度的标准溶液，用分光光度计测定该标准系列中各溶液的吸光度，然后以吸光度 A 为纵坐标，相应的一系列 Cu^{2+} 浓度为横坐标作图，得到的直线即为工作曲线。

最后根据沉淀溶解平衡时 Cu^{2+} 浓度和 IO_3^- 浓度的关系，利用式（5-23）就能求出碘酸铜的溶度积常数 $K_{sp}^{\ominus}$。

四、仪器与试剂

1. 仪器：分光光度计，比色皿（1cm），烧杯，吸量管，漏斗，定量滤纸，镜头纸，容量瓶（50mL），温度计，托盘天平。

2. 试剂：$CuSO_4 \cdot 5H_2O(s)$，$KIO_3(s)$，氨水（1∶1），$CuSO_4$ 溶液$(0.1000mol \cdot L^{-1})$，$BaCl_2$ 溶液（$0.1mol \cdot L^{-1}$）。

五、实验内容

1. 标准工作曲线的绘制

用吸量管准确移取 0.40mL、0.80mL、1.20mL、1.60mL、2.00mL 的 $CuSO_4$$(0.1000mol \cdot L^{-1})$标准溶液，分别置于 5 个编号为 1～5 的 50mL 容量瓶中，然后向容量瓶中各加入 4.00mL 氨水（1∶1），摇匀后，用蒸馏水稀释至刻度线，再摇匀。

以纯溶剂蒸馏水为参比溶液，选用 1cm 比色皿，选择入射光波长为 600nm，用分光光度计分别测定各编号溶液的吸光度，将数据列入表 5-10 中。

2. $Cu(IO_3)_2$ 固体的制备

称取 2.0 $CuSO_4 \cdot 5H_2O(s)$ 和 3.4g $KIO_3(s)$ 与适量水反应制得 $Cu(IO_3)_2$ 沉淀，用蒸馏水洗涤沉淀至不含 SO_4^{2-} 为止。

3. $Cu(IO_3)_2$ 饱和溶液的制备

在上述洗涤后的不含 SO_4^{2-} 的 $Cu(IO_3)_2$ 固体中，加入 80mL 蒸馏水，即配制为 $Cu(IO_3)_2$ 的饱和溶液，然后用干的双层定量滤纸将饱和溶液进行过滤，滤液收集于一个干燥的烧杯中。

4. $Cu(IO_3)_2$ 饱和溶液中 Cu^{2+} 浓度的测定

用移液管准确移取 20.00mL 过滤后的 $Cu(IO_3)_2$ 饱和溶液于 50mL 容量瓶中，加入 4.00mL 氨水（1∶1），摇匀，用蒸馏水稀释至刻度线，再摇匀。然后以纯溶剂蒸馏水为参比溶液，选用 1cm 比色皿，选择入射光波长为 600nm ，用分光光度计测定该溶液的吸光度。根据工作曲线求出饱和溶液中 Cu^{2+} 的浓度。

根据 $Cu(IO_3)_2(s) \rightleftharpoons Cu^{2+}(aq)+2IO_3^-(aq)$ 平衡中 Cu^{2+} 浓度和 IO_3^- 浓度的关系，即可求出碘酸铜的溶度积 $K_{sp}^{\ominus}$。

六、数据记录与处理

1. 将标准工作曲线测定数据记录于表 5-10 中。

表 5-10 不同浓度时的吸光度

编 号	1	2	3	4	5
V_{CuSO_4}/mL	0.40	0.80	1.20	1.60	2.00
$c_{Cu^{2+}}$/mol·L^{-1}					
吸光度 A					

2. 以吸光度 A 为纵坐标，Cu^{2+} 溶液浓度为横坐标，绘制标准工作曲线。

3. 根据标准工作曲线确定 $Cu(IO_3)_2$ 饱和溶液中 Cu^{2+} 的浓度，利用式(5-23) 求出碘酸铜的溶度积常数 $K_{sp}^{\ominus}$。

七、注意事项

1. 移液管必须专管专用，注意移液管的正确操作。
2. 用容量瓶进行标准溶液配制时，必须严格按照容器刻度定容体积。
3. 注意比色皿的拿法和放置方向以及比色皿中溶液的加入量。
4. 正确使用分光光度计，合理选用参比溶液。
5. 实验中产生的废液要集中回收，统一处理。

实验十二 配位数与稳定常数的测定

一、预习思考

1. 复习配位平衡和溶度积等基本概念，理清它们之间的关系。
2. $AgNO_3$ 溶液为什么要放在棕色试剂瓶中？还有哪些试剂应放在棕色试剂瓶中？
3. 如何由 $K_f^{\ominus}$ 和初始浓度求各离子的平衡浓度 $c_{Br^-}^{eq}$、$c_{[Ag(NH_3)_n]^+}^{eq}$ 和 $c_{NH_3}^{eq}$？
4. 计算 $c_{Br^-}^{eq}$、$c_{[Ag(NH_3)_n]^+}^{eq}$ 和 $c_{NH_3}^{eq}$ 时，为何可以忽略生成 AgBr 沉淀时所消耗的 c_{Br^-} 和 c_{Ag^+}，同时也可以忽略 $[Ag(NH_3)_n]^+$ 电离出来的 c_{Ag^+} 以及生成 $[Ag(NH_3)_n]^+$ 时所消耗的 c_{NH_3}？
5. 实验中若采用 NaCl 替代 KBr 作为沉淀剂，对实验的测定结果是否有影响？

二、实验目的

1. 学习应用配位平衡和溶度积原理测定银氨配离子的配位数及其稳定常数的方法。
2. 加深对溶度积常数、配离子稳定常数、配位平衡等概念的理解。
3. 进一步熟练掌握数据处理和作图方法。

三、实验原理

在 $AgNO_3$ 溶液中加入过量的氨水，即生成稳定的银氨配离子 $[Ag(NH_3)_n]^+$，存在下面的反应式及稳定常数的表达式：

$$Ag^{+}+nNH_3 \rightleftharpoons [Ag(NH_3)_n]^{+} \quad (a)$$

$$K^{\ominus}_{f,[Ag(NH_3)_n]^{+}}=\frac{c^{eq}_{[Ag(NH_3)_n]^{+}}}{c^{eq}_{Ag^{+}}\times(c^{eq}_{NH_3})^{n}} \quad (5\text{-}24)$$

49-实验原理

然后再往溶液中逐滴加入 KBr 溶液，直到出现淡黄色的 AgBr 沉淀不消失为止，则会存在下面的反应式及标准平衡常数表达式：

$$Ag^{+}+Br^{-} \rightleftharpoons AgBr(s) \quad (b)$$

$$K^{\ominus}=c^{eq}_{Ag^{+}}\times c^{eq}_{Br^{-}}=\frac{1}{K^{\ominus}_{sp,AgBr}} \quad (5\text{-}25)$$

上述溶液中存在总的化学平衡反应式(c) 可以由反应式(b)－(a) 得到：

$$[Ag(NH_3)_n]^{+}+Br^{-} \rightleftharpoons AgBr(s)+nNH_3 \quad (c)$$

其平衡常数表达式为：

$$K^{\ominus}=\frac{(c^{eq}_{NH_3})^{n}}{c^{eq}_{Br^{-}}\,c^{eq}_{[Ag(NH_3)_n]^{+}}}$$

上述平衡常数表达式右侧分子、分母项同乘 $c^{eq}_{Ag^{+}}$，则会得到下式：

$$K^{\ominus}=\frac{1}{K^{\ominus}_{f,[Ag(NH_3)_n]^{+}}\,K^{\ominus}_{sp,AgBr}} \quad (5\text{-}26)$$

式(5-26) 中两个平衡常数 $K^{\ominus}_{f,[Ag(NH_3)_n]^{+}}$、$K^{\ominus}_{sp,AgBr}$ 表达式中所涉及的各组分的平衡浓度，可以通过下述近似计算求得。

在氨水大大过量的条件下，系统中只生成单核最高配位数的配离子 $[Ag(NH_3)_n]^{+}$ 和 AgBr 沉淀，没有其他副反应发生。设每份混合溶液中最初取用的 $AgNO_3$ 溶液的体积 $V_{Ag^{+}}$ 均相同，初始浓度为 $c_{0,Ag^{+}}$，每份加入的氨水（大大过量）和 KBr 溶液的体积分别为 V_{NH_3} 和 $V_{Br^{-}}$，其初始浓度分别为 c_{0,NH_3} 和 $c_{0,Br^{-}}$，混合溶液总体积为 $V_{总}$。混合后达到平衡时存在如下关系：

$$c^{eq}_{[Ag(NH_3)_n]^{+}}=\frac{c_{0,Ag^{+}}V_{Ag^{+}}}{V_{总}} \quad (5\text{-}27)$$

滴加 KBr 溶液，有淡黄色的 AgBr 沉淀稳定出现时：

$$c^{eq}_{Br^{-}}=\frac{c_{0,Br^{-}}V_{Br^{-}}}{V_{总}} \quad (5\text{-}28)$$

$$c^{eq}_{NH_3}=\frac{c_{0,NH_3}V_{NH_3}}{V_{总}} \quad (5\text{-}29)$$

将式(5-27)～(5-29)代入式(5-26)，经整理后得：

$$V_{Br^{-}}=\frac{K^{\ominus}_{f,[Ag(NH_3)_n]^{+}}K^{\ominus}_{sp,AgBr}\left(\frac{c_{0,NH_3}}{V_{总}}\right)^{n}\times(V_{NH_3})^{n}}{\frac{c_{0,Ag^{+}}V_{Ag^{+}}}{V_{总}}\times\frac{c_{0,Br^{-}}}{V_{总}}} \quad (5\text{-}30)$$

式(5-30) 等号右边除了 $(V_{NH_3})^n$ 外，其余皆为常数或已知量，故式(5-30) 可改写为：

$$V_{Br^-}=K'(V_{NH_3})^n \tag{5-31}$$

即 K'的表达式为：

$$K'=\frac{K^{\ominus}_{f,[Ag(NH_3)_n]^+}K^{\ominus}_{sp,AgBr}\left(\frac{c_{0,NH_3}}{V_{总}}\right)^n}{\frac{c_{0,Ag^+}V_{Ag^+}}{V_{总}}\times\frac{c_{0,Br^-}}{V_{总}}} \tag{5-32}$$

将式(5-31) 两边取对数得直线方程：

$$\lg V_{Br^-}=n\lg V_{NH_3}+\lg K' \tag{5-33}$$

以 $\lg V_{Br^-}$ 为纵坐标，$\lg V_{NH_3}$ 为横坐标作图，求出该直线斜率 n，即得 $[Ag(NH_3)_n]^+$ 的配位数。由直线在 $\lg V_{Br^-}$ 轴上的截距 $\lg K'$，求出 K'，并利用 K' 的表达式，求得 $K^{\ominus}_{f,[Ag(NH_3)_n]^+}$。

四、仪器与试剂

1. 仪器：锥形瓶，量筒，酸式滴定管，移液管，吸量管，铁架台，万用夹。

2. 试剂：氨水 ($2mol\cdot L^{-1}$)，$AgNO_3$ 溶液 ($0.01mol\cdot L^{-1}$)，KBr 溶液 ($0.01mol\cdot L^{-1}$)。上述溶液均需在实验前确定其准确浓度。

五、实验内容

1. 按表 5-11 各编号所列数据，依次加入 $AgNO_3$ 溶液 ($0.01mol\cdot L^{-1}$)、氨水 ($2mol\cdot L^{-1}$) 溶液及蒸馏水于各锥形瓶中，然后在不断振荡下从滴定管中逐滴加入 KBr 溶液 ($0.01mol\cdot L^{-1}$)，直到溶液中刚开始出现浑浊并不再消失为止（沉淀为何物）。记下所消耗的 KBr 溶液的体积 V_{Br^-} 和溶液的总体积 $V_{总}$。

表 5-11　配位数测定实验试剂用量分组表

编号	1	2	3	4	5	6	7
V_{Ag^+}/mL	4.00	4.00	4.00	4.00	4.00	4.00	4.00
V_{NH_3}/mL	8.00	7.00	6.00	5.00	4.00	3.00	2.00
V_{H_2O}/mL	8.0	9.0	10.0	11.0	12.0	13.0	14.0

2. 从 2 号溶液开始，当滴定接近终点时，还要加适量蒸馏水，继续滴定至终点，使溶液的总体积都与 1 号溶液的总体积基本相同。

六、数据记录与处理

1. 记录消耗的 KBr 溶液的体积 V_{Br^-} 和溶液的总体积 $V_{总}$ 于表 5-12，并完成数据的处理。

表 5-12　配位数及稳定常数实验测定数据记录及处理

编号	1	2	3	4	5	6	7
V_{Br^-}/mL							
$V_{总}$/mL							
$\lg V_{NH_3}$							
$\lg V_{Br^-}$							

2. 以 $\lg V_{Br^-}$ 为纵坐标，$\lg V_{NH_3}$ 为横坐标作图，根据式(5-33) 可知直线的斜率为配位数 n。

3. 在 $\lg V_{Br^-}$-$\lg V_{NH_3}$ 图中，根据式(5-33) 可知直线的截距即为 $\lg K'$，进而确定 K'。

4. 已知 25℃时，$K^{\ominus}_{sp,AgBr}=5.3\times10^{-13}$，利用 K'的表达式(5-32) 求得 $K^{\ominus}_{f,[Ag(NH_3)_n]^+}$。

七、注意事项

1. 量取 $AgNO_3$ 溶液和氨水溶液的体积一定要准确。

2. 取用各试剂要专管专用，专筒专用。

3. 逐滴加入 KBr 溶液至出现浑浊并不再消失为止。

4. 由于终点时产生的 AgBr 的量很少，观察沉淀较困难，所以一定要仔细观察实验现象。

第六章　基本原理与性质实验

本章的基本原理与性质实验包括了化学热力学、化学动力学、酸碱平衡、沉淀溶解平衡、氧化还原平衡、配位平衡及元素化学的相关实验。通过这些实验，巩固化学实验的基本操作、技能；加深对基本原理和基本知识的理解；熟悉重要化合物的性质、制备、分离方法；掌握用实验方法获取新知识的能力。

实验十三　化学反应速率与化学平衡

一、预习思考

1. 能否根据某一个反应方程式直接确定反应级数？为什么？
2. 怎样通过实验确定化学反应级数？
3. 使用秒表记录反应时间时应注意什么问题？
4. 量筒专筒专用的目的是什么？为什么需要准确量取溶液？
5. 能否在 KIO_3 溶液中先加 $NaHCO_3$，后加淀粉试剂？

二、实验目的

1. 熟悉浓度、温度对化学反应速率的影响。
2. 熟悉浓度、温度对化学平衡移动的影响。
3. 掌握初始速率法确定反应级数的原理及方法。
4. 练习并熟悉水浴控温的操作。

三、实验原理

1. 浓度对化学反应速率的影响

化学反应速率是以单位时间内物质浓度的改变来进行表示，化学反应速率与各反应物浓度幂的乘积成正比。

碘酸钾与亚硫酸氢钠的反应如下：

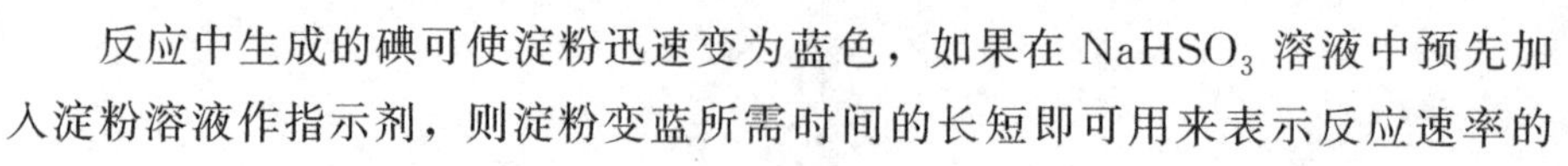

$$2KIO_3+5NaHSO_3 = Na_2SO_4+3NaHSO_4+K_2SO_4+I_2+H_2O$$

50-实验原理

反应中生成的碘可使淀粉迅速变为蓝色，如果在 $NaHSO_3$ 溶液中预先加入淀粉溶液作指示剂，则淀粉变蓝所需时间的长短即可用来表示反应速率的快慢。反应时间与反应速率成反比，即 $v_1:v_2:v_3\cdots=\frac{1}{t_1}:\frac{1}{t_2}:\frac{1}{t_3}\cdots$

上述反应的反应速率与反应物浓度的关系可表示为：$v=k[KIO_3]^{\alpha}[NaHSO_3]^{\beta}$。

为了能够求 α 和 β，可固定 $NaHSO_3$ 溶液浓度不变，只改变 KIO_3 溶液浓度，即可求出 α；再固定 KIO_3 溶液浓度，改变 $NaHSO_3$ 溶液浓度，即可求出 β。

2. 温度对化学反应速率的影响

根据范特霍夫的近似实验规律，对于一般的化学反应，温度每升高 10℃，反应速率约增加 2～4 倍。

3. 浓度对化学平衡的影响

可逆反应达到平衡时，如果增加反应物浓度或者减少产物的浓度，平衡会正向移动；减少反应物浓度或者增加产物浓度，平衡会逆向移动。

4. 温度对化学平衡的影响

可逆反应达到平衡时，如果升高温度，平衡会向吸热方向移动；降低温度，平衡会向放热方向移动。

四、仪器与试剂

1. 仪器：烧杯，秒表，量筒，温度计，水浴锅，搅拌棒。

2. 试剂：淀粉溶液，$NaHSO_3$ 溶液（$0.05mol \cdot L^{-1}$），KIO_3 溶液（$0.05mol \cdot L^{-1}$），$CuSO_4$ 溶液（$1.0mol \cdot L^{-1}$），$FeCl_3$ 溶液（$0.10mol \cdot L^{-1}$，$1.0mol \cdot L^{-1}$），KSCN 溶液（$0.10mol \cdot L^{-1}$，$1.0mol \cdot L^{-1}$），KBr 溶液（$1.5mol \cdot L^{-1}$）。

五、实验内容

1. 浓度对化学反应速率的影响

① 室温下，用 2 支量筒分别准确量取 10mL $NaHSO_3$ 溶液（$0.05mol \cdot L^{-1}$）和 35mL 蒸馏水，倒入 100mL 烧杯中，滴加淀粉溶液 3 滴，搅拌均匀，准备好秒表和搅拌棒。

② 用另一支量筒准确量取 5mL KIO_3 溶液（$0.05mol \cdot L^{-1}$），并将量筒中的 KIO_3 溶液迅速倒入盛有 $NaHSO_3$（$0.05mol \cdot L^{-1}$）溶液的烧杯中，同时用秒表计时，并进行不断搅拌。

③ 当溶液出现蓝色时，立刻停止计时，记录溶液变蓝所需的反应时间及室温。

④ 用同样方法按照表 6-1 中的用量进行另外 2 次实验，记录溶液变蓝的反应时间。

表 6-1 浓度对化学反应速率的影响数据记录

实验号数	$NaHSO_3$ 溶液的体积 V/mL	H_2O 的体积 V/mL	KIO_3 溶液的体积 V/mL	溶液变蓝时间 t/s	混合后 $NaHSO_3$ 溶液的浓度 c/mol·L^{-1}	混合后 KIO_3 溶液的浓度 c/mol·L^{-1}
1	10	35	5			
2	10	30	10			
3	5	35	10			

2. 温度对化学反应速率的影响

① 按表 6-1 中 1 号实验的各试剂用量，选用不同的温度进行该项实验，温度选择是在室温基础上升高 10℃。

② 把 10mL $NaHSO_3$ 溶液（0.05mol·L^{-1}）、35mL 蒸馏水和 3 滴淀粉溶液加到 100mL 烧杯中，搅拌均匀，量取 5mL KIO_3 溶液（0.05mol·L^{-1}）加入一支试管中，将烧杯和试管同时放在水浴锅中进行加热。

③ 等烧杯中的溶液加热到所需温度时，将试管中的 KIO_3 溶液（0.05mol·L^{-1}）快速倒入烧杯中，立刻计时并不断搅拌，当溶液刚出现蓝色时停止计时，将反应时间记录于表 6-2 中。

表 6-2 温度对化学反应速率的影响数据记录

实验号数	$NaHSO_3$ 溶液的体积 V/mL	H_2O 的体积 V/mL	KIO_3 溶液的体积 V/mL	实验温度 t/℃	溶液变蓝时间 t/s
1	10	35	5		
2	10	35	5		

3. 浓度对化学平衡的影响

① 取 3 支试管，分别加入 2mL 蒸馏水、1 滴 $FeCl_3$ 溶液（0.10mol·L^{-1}）和 1 滴 KSCN 溶液（0.10mol·L^{-1}），注意观察实验现象并记录。

② 在第 1 支试管中再加入 2 滴 $FeCl_3$ 溶液（1.0mol·L^{-1}），第 2 支试管中再加入 2 滴 KSCN 溶液（1.0mol·L^{-1}）。比较 3 支试管中溶液颜色的深浅，说明浓度对化学平衡的影响。

4. 温度对化学平衡的影响

① 取 $CuSO_4$ 溶液（1.0mol·L^{-1}）和 KBr 溶液（1.5mol·L^{-1}）各 10mL 于烧杯中混匀，将此混合均匀后的溶液平分于 3 支试管中，注意观察实验现象并记录。

② 将第 1 支试管溶液加热至沸腾，第 2 支试管用冰水冷却，观察两支试管中的颜色变化，并与第 3 支试管中溶液的颜色作比较，并说明温度对化学平衡的影响。

$CuSO_4$ 溶液和 KBr 溶液混合后，发生下列反应：

$$\underset{\text{蓝色}}{CuSO_4} + 4KBr \rightleftharpoons \underset{\text{绿色}}{K_2[CuBr_4]} + K_2SO_4$$

六、数据记录与处理

1. 根据表 6-1 中数据，利用初始速率法计算出两个反应物的分级数，进而确定该反应的级数。

由式 $\frac{v_1}{v_2}=\frac{t_2}{t_1}=\frac{k[KIO_3]_1^{\alpha}[NaHSO_3]^{\beta}}{k[KIO_3]_2^{\alpha}[NaHSO_3]^{\beta}}=\left(\frac{[KIO_3]_1}{[KIO_3]_2}\right)^{\alpha}$，即可求得 α 值，

由式$\frac{v_2}{v_3}=\frac{t_3}{t_2}=\frac{k[KIO_3]^{\alpha}[NaHSO_3]_2^{\beta}}{k[KIO_3]^{\alpha}[NaHSO_3]_3^{\beta}}=\left(\frac{[NaHSO_3]_2}{[NaHSO_3]_3}\right)^{\beta}$，即可求得$\beta$值。

反应的级数$n=\alpha+\beta$。

2. 根据表 6-2 中的实验数据，给出温度对反应速率影响的结论。

3. 在浓度对化学平衡影响的实验中，比较 3 支试管中溶液颜色的深浅，说明浓度对化学平衡的影响。

4. 在温度对化学平衡影响的实验中，比较 3 支试管中溶液颜色的变化，判断反应是吸热还是放热反应，并说明温度对化学平衡的影响。

七、注意事项

1. 量取 $NaHSO_3$ 溶液、KIO_3 溶液、H_2O 的量筒要专筒专用，量取各溶液的体积要准确。

2. $NaHSO_3$ 溶液和 KIO_3 溶液二者的混合必须迅速，并要及时准确地记录时间。

3. 混合后要不断搅拌，注意搅拌棒不要打到烧杯，出现蓝色时停止计时。

4. 温度对化学反应速率影响的实验中，温度计要放在被加热的溶液中，达到温度后再混合。不可拿温度计当搅拌棒用。

5. 使用胶头滴管时的注意事项：

① 严禁胶头滴管混用；

② 禁止倒置胶头滴管。

6. 浓度对化学平衡影响的实验中，注意不同浓度试剂的使用地方，按实验要求正确取用相应浓度的溶液进行实验，否则将会造成实验现象不正确的情况。

7. 温度对化学平衡影响实验中，为了使颜色变化更为明显，试管在冰水中冷却时间尽可能长一些（可在实验开始就将其置于冰水中，待本节实验全部结束再取出对比颜色变化）。

8. 实验中产生的废液要集中回收，统一处理。

实验十四　酸碱平衡与缓冲溶液

一、预习思考

1. 按照酸碱质子理论，NH_4^+、Ac^- 分别属于哪类物质？

2. 同离子效应的基本原理是什么？同离子效应对弱电解质的解离度有什么影响？对溶液 pH 值又有什么影响？

3. 缓冲溶液的 pH 值如何计算？其计算公式是否可以用一种形式进行表示？

4. 怎样根据所要配制缓冲溶液的 pH 值，合理选定所需要的共轭酸碱对？

5. 将 10.0mL 0.2mol·L^{-1} HAc 溶液和 10.0mL 0.1mol·L^{-1} NaOH 溶液进行均匀混合，问所得溶液是否具有缓冲能力？为什么？

6. 在通常情况下，配制缓冲溶液时，为什么要选择所用酸（或碱）的浓度与其共轭碱（或共轭酸）的浓度相同或相近？

二、实验目的

1. 了解可溶电解质溶液的酸碱性。

2. 进一步理解同离子效应的基本原理。

3. 学习缓冲溶液的配制方法及其 pH 值的测定方法，并试验其缓冲作用。

4. 熟悉 pH 试纸的选用和使用方法。

5. 熟悉酸度计的使用方法。

三、实验原理

1. 酸、碱的概念

酸碱质子理论就是按照质子转移的观点来定义酸和碱。

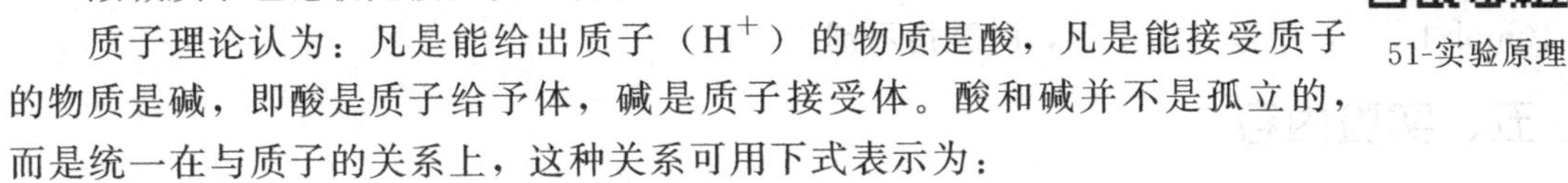

51-实验原理

质子理论认为：凡是能给出质子（H^+）的物质是酸，凡是能接受质子的物质是碱，即酸是质子给予体，碱是质子接受体。酸和碱并不是孤立的，而是统一在与质子的关系上，这种关系可用下式表示为：

$$\text{酸} \rightleftharpoons \text{质子} + \text{碱}$$

酸既可以是中性分子，也可以是带正、负电荷的离子，前者叫作分子酸，后者是离子酸；碱也有分子碱和离子碱之分。例如：

$$HAc(aq) \rightleftharpoons H^+(aq) + Ac^-(aq)$$

$$NH_4^+(aq) \rightleftharpoons H^+(aq) + NH_3(aq)$$

其中，HAc 为分子酸；NH_4^+ 为正离子酸；NH_3 为分子碱；Ac^- 为负离子碱。

2. 同离子效应

弱电解质在水中只是部分解离。在一定温度下，弱酸以 HAc 为例、弱碱以 NH_3 为例，存在如下解离平衡：

$$HAc(aq) \rightleftharpoons H^+(aq) + Ac^-(aq)$$

$$NH_3(aq) + H_2O(l) \rightleftharpoons NH_4^+(aq) + OH^-(aq)$$

在弱电解质溶液中，加入与弱电解质具有相同离子的强电解质时，可使弱电解质的解离度降低，即解离平衡向生成弱电解质的方向移动，这种现象被称为同离子效应。同离子效应将会使溶液的 pH 值发生改变。

3. 缓冲溶液

弱酸与其共轭碱或弱碱与其共轭酸组成的溶液，具有保持 pH 值相对稳定的性质，这种溶液被称为缓冲溶液。如 HAc-NaAc、NH_3-NH_4Cl、H_3PO_4-NaH_2PO_4 缓冲溶液等。

HAc-NaAc 缓冲溶液的 pH 值在 4.74 左右，其 pH 值计算公式如下：

$$pH = pK^{\ominus}_{a,HAc} - \lg \frac{c_{HAc}}{c_{NaAc}} \qquad K^{\ominus}_{a,HAc} = 10^{-4.74} \tag{6-1}$$

NH_3-NH_4Cl 缓冲溶液的 pH 值在 9.26 左右，其 pH 值计算公式如下：

$$pH = 14 - pK^{\ominus}_{b,NH_3} + \lg \frac{c_{NH_3}}{c_{NH_4Cl}} \qquad K^{\ominus}_{b,NH_3} = 10^{-4.74}$$

$$pH = pK^{\ominus}_{a,NH_4^+} - \lg \frac{c_{NH_4Cl}}{c_{NH_3}} \qquad K^{\ominus}_{a,NH_4^+} = 10^{-9.26} \tag{6-2}$$

缓冲溶液的缓冲能力与组成缓冲溶液的各物质的浓度有关，当弱酸与它共轭碱的浓度较大时，缓冲溶液的缓冲能力较强。此外，缓冲能力还与弱酸-共轭碱之间的浓度比值有关，当比值接近 1 时，缓冲溶液的缓冲能力最强。两者的比值通常选在 0.1～10 范围之内，此时缓冲溶液的缓冲范围为：

$$pH = pK_a^{\ominus} \pm 1 \quad (6\text{-}3)$$

四、仪器与试剂

1. 仪器：酸度计（或 pH 试纸），量筒，烧杯，点滴板，离心机，试管，离心试管，石棉网，电炉。

2. 试剂：NH_4Ac 溶液（0.10mol·L^{-1}），氨水溶液（0.1mol·L^{-1}、1.0mol·L^{-1}），NH_4Cl 溶液（0.10mol·L^{-1}），HAc 溶液（0.10mol·L^{-1}），NaAc 溶液（0.10mol·L^{-1}），Na_2CO_3 溶液（0.10mol·L^{-1}），NH_4Cl(s)，NaAc(s)，HCl 溶液（0.10mol·L^{-1}），NaOH 溶液（0.10mol·L^{-1}），甲基橙指示剂，酚酞指示剂。

五、实验内容

1. 溶液 pH 值的测定（下列各溶液的浓度均为 0.1mol·L^{-1}）

各溶液 pH 的测定值见表 6-3。

表 6-3　各溶液 pH 的测定值

溶液	HAc 溶液	HCl 溶液	NH_4Ac 溶液	NH_4Cl 溶液	Na_2CO_3 溶液	氨水
pH 值						

将 pH 试纸置于点滴板空穴上，用洁净的玻璃棒蘸些待测液润湿 pH 试纸，立即将 pH 试纸所显颜色与 pH 试纸比色卡的颜色作对比，确定该溶液的 pH 值。若两种溶液的 pH 值相差不大，可改用精密 pH 试纸测定。将实验结果按 pH 值从小到大的顺序排列。并指出哪些是分子酸，哪些是离子酸；哪些是分子碱，哪些是离子碱。

2. 同离子效应

① 在试管中加入 1mL 氨水（1.0mol·L^{-1}）和一滴酚酞指示剂，摇匀，观察溶液显示什么颜色？再加入少量的 NH_4Cl(s)，摇荡使其溶解，溶液的颜色又有何变化？为什么？

② 在试管中加入 HAc 溶液（0.10mol·L^{-1}）和一滴甲基橙指示剂，摇匀，观察溶液显示什么颜色？再加入少量 NaAc(s)，摇荡使其溶解，溶液的颜色又有何变化？为什么？

3. 缓冲溶液的配制及其 pH 值的测定

按表 6-4 的方案配制 2 种缓冲溶液，用酸度计（或精密 pH 试纸）分别测定其 pH 值并记录在表中，并将测定结果与理论计算值进行比较。酸度计的使用方法参看第三章第四节的内容。

表 6-4　缓冲溶液的配制及其 pH 值的测定

实验编号	缓冲溶液配制方案(量筒各取 25.0mL)	pH 测定值	pH 理论值
1	氨水溶液(1.0mol·L^{-1}) ＋NH_4Cl 溶液（0.10mol·L^{-1}）		
2	HAc 溶液（0.10mol·L^{-1}）＋NaAc 溶液（0.10mol·L^{-1}）		

4. 试验缓冲溶液的缓冲作用

在上面配制的第 2 号缓冲溶液中加入 0.5mL（约 10 滴）的 HCl 溶液（0.10mol·L^{-1}），搅拌摇匀，用酸度计测定其 pH 值并记录在表 6-5 内，然后再向此溶液中加入 1.0mL（约 20 滴）NaOH（0.10mol·L^{-1}）溶液，搅拌摇匀，再用酸度计（或精密 pH 试纸）测定其 pH 值，记录测定结果，并与理论计算值进行比较。

表 6-5　缓冲溶液产生缓冲作用时 pH 值的比较

实验编号	溶液组成	pH 测定值	pH 理论计算值
1	HAc 溶液（$0.10mol·L^{-1}$）＋NaAc 溶液（$0.10mol·L^{-1}$）		
2	2 号溶液中加入 0.5mL HCl 溶液（$0.10mol·L^{-1}$）		
3	3 号溶液中加入 1.0mL NaOH 溶液（$0.10mol·L^{-1}$）		

六、注意事项

1. 配制缓冲溶液时，如果需要大量取用，则首先用大试剂瓶中的溶液，最后用滴瓶中的胶头滴管加到量筒刻度。注意要专筒专用。

2. 注意 pH 试纸的正确使用。

3. 注意试管的振荡操作，不要使溶液迸溅出来。

4. 实验中注意观察各实验现象并实事求是正确地做好记录。

5. 使用酸度计测定缓冲溶液 pH 值时，电极必须清洗干净并拭干后插入待测溶液。电极从一种溶液转到另一种溶液时，同样必须清洗干净并拭干。

6. 实验中产生的废液要集中回收，统一处理。

实验十五　沉淀溶解平衡及配合物形成时性质的改变

一、预习思考

1. 如何利用溶度积规则判断是否有沉淀生成？

2. 沉淀转化反应的方向如何？

3. 为什么会出现分步沉淀的现象？进行分步沉淀实验时沉淀剂为什么要逐滴加入？

4. 配合物形成时哪些性质会发生变化？

5. $CuSO_4$ 溶液中滴加氨水的量不同时，为什么会产生不同的实验现象？

6. AgCl 难溶电解质可溶于何种试剂中？

7. 如何在 pH 试纸上进行有关实验？

8. 离心分离操作中应注意什么问题？

二、实验目的

1. 加深对沉淀溶解平衡基本原理的理解。

2. 熟悉溶度积规则的实际运用。

3. 熟悉配合物形成时多种性质的改变。

4. 学习并掌握离心机的使用和离心分离操作。

三、实验原理

52-实验原理

1. 沉淀溶解平衡

(1) 溶度积规则　在难溶电解质的饱和溶液中，存在着难溶电解质与溶液中相应离子之间的多相离子平衡，这种平衡被称为沉淀溶解平衡，通式表示如下：

$$A_mB_n(s) \rightleftharpoons mA^{n+}(aq) + nB^{m-}(aq)$$

上述平衡的标准平衡常数称为溶度积常数，可表示为：

$$K^{\ominus}_{sp,A_mB_n}=(c^{eq}_{A^{n+}})^m\times(c^{eq}_{B^{m-}})^n \tag{6-4}$$

沉淀的生成和溶解可以根据溶度积规则进行判断：

$J>K^{\ominus}_{sp}$，平衡向左移动，沉淀从溶液中析出；

$J=K^{\ominus}_{sp}$，溶液为饱和溶液，处于平衡状态；

$J<K^{\ominus}_{sp}$，溶液为不饱和溶液，无沉淀析出或平衡向右移动，原来系统中的沉淀溶解。

（2）沉淀的转化　把一种沉淀转化为另一种沉淀的过程，叫作沉淀的转化。对于同一类型的难溶电解质，一种沉淀可转化为溶度积更小的、更难溶（溶解度更小）的另一种沉淀。两种沉淀之间相互转化的难易程度要根据沉淀转化反应的标准平衡常数确定。

（3）分步沉淀　溶液中如果含有多种被沉淀离子，随着沉淀剂的不断加入，会有一种离子先沉淀，而另外一些离子按先后顺序依次沉淀，这种先后沉淀的现象，叫作分步沉淀。

在这种情况下，沉淀反应将按照怎样的次序进行？哪种离子先被沉淀，哪种离子后被沉淀？判断依据是：需要较少的沉淀剂即能达到 $J=K^{\ominus}_{sp}$ 的离子先生成沉淀，反之则后生成沉淀。

若生成的是同一类型的难溶电解质，且被沉淀离子浓度相同或相近，逐滴慢慢加入沉淀试剂时，溶度积小的沉淀先析出，溶度积大的沉淀后析出。

若所生成的难溶电解质类型不同，沉淀的先后顺序是不能根据溶度积的大小做出判断的，而必须计算出所需沉淀试剂浓度，所需沉淀试剂浓度小的先沉淀，大的后沉淀。

掌握了分步沉淀的规律，根据具体情况，适当地控制条件就可以达到分离离子的目的。

2. 配合物形成时性质的改变

由中心离子（形成体）提供空轨道，与周围一定数目的可提供电子对的分子或离子，以配位键结合形成的稳定的化合物叫作配位化合物，简称配合物。

配合物是一类组成比较复杂的、数量很多的重要化合物。生物体内的金属元素多以配合物的形式存在。配合物形成时溶液性质将发生如下改变：

（1）颜色改变　配体取代反应发生后，溶液颜色会发生变化，如 $[Fe(SCN)_6]^{3-}$ 为血红色，$[FeF_6]^{3-}$ 为无色等。

（2）溶解度改变　AgCl 可以溶解在过量氨水中，是因为形成了 $[Ag(NH_3)_2]^+$；AgBr 可以溶解在过量 $Na_2S_2O_3$ 溶液中，是因为形成了 $[Ag(S_2O_3)_2]^{3-}$；AgI 可以溶解在过量 KI 中，是因为形成了 $[AgI_2]^-$。

（3）pH 值改变　配合物形成时由于产物中 H^+ 的出现，造成溶液 pH 值发生变化，例如下面的反应：

$$Ca^{2+}+H_2Y^{2-} \longrightarrow CaY^{2-}+2H^+$$

四、仪器与试剂

1. 仪器：离心机，试管和离心试管，玻璃棒，洗瓶，pH 试纸。

2. 试剂：$Pb(NO_3)_2$ 溶液（$1.0mol \cdot L^{-1}$），NaCl 溶液（$1.0mol \cdot L^{-1}$、$0.1mol \cdot L^{-1}$），KI 溶液（$0.1mol \cdot L^{-1}$），K_2CrO_4 溶液（$0.1mol \cdot L^{-1}$），$AgNO_3$ 溶液（$0.1mol \cdot L^{-1}$），$CuSO_4$ 溶液（$0.10mol \cdot L^{-1}$），氨水（$2.0mol \cdot L^{-1}$），$CaCl_2$ 溶液（$0.10mol \cdot L^{-1}$），Na_2H_2Y 溶液（$0.10mol \cdot L^{-1}$）。

五、实验内容

1. 沉淀的生成和转化

① 往一支试管中加入 2 滴 $Pb(NO_3)_2$ 溶液（$1.0mol\cdot L^{-1}$）和 4mL 蒸馏水，再往另一支试管中加入 2 滴 NaCl 溶液（$1.0mol\cdot L^{-1}$）和 4mL 蒸馏水，将两支试管中的溶液进行混合，充分振荡，使溶液混合均匀，观察是否有沉淀生成，解释实验现象。

② 在离心试管中加入 2mL $Pb(NO_3)_2$ 溶液（$1.0mol\cdot L^{-1}$）和 4mL NaCl 溶液（$1.0mol\cdot L^{-1}$），将两支试管中的溶液进行混合，充分振荡后，观察是否有沉淀生成，解释实验现象。

③ 上述溶液若有沉淀生成，离心沉降后取所遗留的沉淀，滴加少量 KI 溶液（$0.1mol\cdot L^{-1}$），并用玻璃棒不断进行搅拌，观察沉淀颜色的变化。说明其原因，并写出化学反应方程式。

2. 分步沉淀

① 在试管中加入 5 滴 K_2CrO_4 溶液（$0.1mol\cdot L^{-1}$）和 5 滴 $AgNO_3$ 溶液（$0.1mol\cdot L^{-1}$），观察沉淀的颜色。

② 在试管中加入 5 滴 NaCl 溶液（$0.1mol\cdot L^{-1}$）和 5 滴 $AgNO_3$ 溶液（$0.1mol\cdot L^{-1}$），观察沉淀的颜色。

(3) 在一支离心试管中，加入 NaCl 溶液（$0.1mol\cdot L^{-1}$）和 K_2CrO_4 溶液（$0.1mol\cdot L^{-1}$）各 3 滴，并将混合的溶液稀释至 2mL。摇匀后，逐滴加入 $AgNO_3$ 溶液（$0.1mol\cdot L^{-1}$），边滴边摇，当白色沉淀中即将开始有砖红色沉淀时，停止加入 $AgNO_3$ 溶液。离心沉降后，吸取出上层清液，并再往清液中加入数滴 $AgNO_3$ 溶液。观察，比较离心分离前后所生成的沉淀颜色有何不同，解释实验现象产生的原因。

3. 配合物形成时颜色的改变

试管中加入几滴 $CuSO_4$ 溶液（$0.10mol\cdot L^{-1}$），不断滴加氨水（$2.0mol\cdot L^{-1}$）至溶液生成沉淀后又溶解。观察，记录溶液颜色的变化过程，并写出相应的反应方程式。

4. 配合物形成时难溶物溶解度的改变

在离心试管中加几滴 NaCl 溶液（$0.10mol\cdot L^{-1}$），然后加入 $AgNO_3$ 溶液（$0.10mol\cdot L^{-1}$），离心分离，弃去清液，在沉淀中加入过量氨水（$2.0mol\cdot L^{-1}$），沉淀是否溶解？为什么？

5. 配合物形成时 pH 值的改变

取一条 pH 试纸，在它的一端蘸上半滴 $CaCl_2$ 溶液（$0.10mol\cdot L^{-1}$），记下被 $CaCl_2$ 溶液润湿处的 pH 值，待 $CaCl_2$ 溶液不再扩散时，在距离 $CaCl_2$ 溶液扩散边缘 0.5cm 干试纸处，蘸上半滴 Na_2H_2Y 溶液（$0.10mol\cdot L^{-1}$），待 Na_2H_2Y 溶液扩散到 $CaCl_2$ 溶液区域形成重叠时，记下 Na_2H_2Y 溶液处、$CaCl_2$ 溶液处以及重叠区域的 pH 值。写出反应方程式，解释说明 pH 值变化的原因。

六、注意事项

1. 沉淀的生成：注意观察所产生沉淀的颜色及确定是何种沉淀。

2. 因为是性质实验，所以要求凡是生成沉淀的步骤，刚生成沉淀即可；凡是沉淀溶解的步骤，沉淀刚好溶解即可。

3. 沉淀的转化：离心分离后，弃去上层清液，在留有沉淀的离心试管中再继续实验。

4. 试剂由少到多的加入过程中一定仔细观察现象的变化。

5. 分步沉淀：

① 沉淀剂需逐滴加入。

② 观察先、后所生成沉淀的颜色。

③ 确定先、后生成的是何种沉淀。

6. 取用硝酸银溶液时，应注意避免沾在手上。

7. 离心机的使用：

① 记住离心试管所放置的位置号。

② 离心试管一定要对称放置；启动前盖好盖；转速适中。

③ 建议将所有需要离心分离的试液一起进行离心分离。

④ 转动过程中不可将手靠近机器，完全停止后再拿出离心试管。

8. 离心分离后，应根据实验要求，保留沉淀或保留清液继续实验。

9. 配合物形成时 pH 值改变的实验中，在 pH 试纸上先后滴加的两种溶液的位置一定不能离得太远，否则两种溶液不会交叉，即观察不到重叠区域。

10. 实验中产生的废液要集中回收，统一处理。

实验十六　氧化还原反应与电化学

一、预习思考

1. $KMnO_4$ 与 Na_2SO_3 在酸性、中性、碱性介质中的反应产物各是什么？

2. 根据实验结果说明浓度、酸度对氧化还原产物的影响。

3. 为什么要用砂纸擦净金属表面？

4. 怎样根据实验现象，确定不同电对电极电势的相对大小？

5. 某电对的电极电势与其标准电极电势有怎样的关系？如何进行它们之间的互算？

6. Cu-Zn 原电池中，分别减小 Cu^{2+} 或 Zn^{2+} 浓度，原电池的电动势将如何变化？

7. 如何正确测定电池电动势？盐桥的作用是什么？

二、实验目的

1. 掌握电极电势与氧化还原反应方向的关系。

2. 理解介质的酸碱性对氧化还原反应的影响。

3. 掌握原电池的组成和影响原电池电动势的因素。

4. 学习用万用表粗略测量原电池电动势的方法。

三、实验原理

1. 电极电势与氧化还原反应的关系

53-实验原理

氧化还原反应进行的方向可以根据电极电势的大小进行判断。组成原电池时，氧化剂电对为原电池的正极，还原剂电对为原电池的负极。因此当氧化剂电对的电极电势大于还原剂电对的电极电势，也就是正极的（标准）电极电势大于负极的（标准）电极电势时，即满足：

非标准态（任意态）$E_{MF}=\varphi_{+}-\varphi_{-}>0$，反应可以正向自发进行；标准态 $E_{MF}^{\ominus}=\varphi_{+}^{\ominus}-\varphi_{-}^{\ominus}>0$，反应可以正向自发进行。

例如，对下列反应：

$$2Fe^{3+}+2I^{-} = 2Fe^{2+}+I_2$$

$$2Fe^{3+}+2Br^{-} = 2Fe^{2+}+Br_2$$

因为 $\varphi_{I_2/I^-}^{\ominus}=0.5545V$，$\varphi_{Fe^{3+}/Fe^{2+}}^{\ominus}=0.769V$，$\varphi_{Br_2/Br^-}^{\ominus}=1.0774V$，所以，在标准状态下，第一个反应正向进行，第二个反应逆向进行。换言之，Fe^{3+} 可以氧化 I^- 而不能氧化 Br^-，同样 Br_2 可以氧化 Fe^{2+} 而 I_2 不能。

当氧化剂电对和还原剂电对的标准电极电势相差较大，即 $E_{MF}^{\ominus}>0.2V$ 时，通常可以用标准电极电势判断非标准状态时反应进行的方向。

氧化还原反应的实质是电子的得失和转移。物质氧化还原能力的强弱与其本性有关，一般从电对的电极电势大小来进行判断。电极电势代数值越大，表示氧化还原电对中氧化态物质的氧化能力越强，还原态物质的还原能力越弱；反之，电极电势代数值越小，表示氧化还原电对中还原态物质的还原能力越强，氧化态物质的氧化能力越弱。

2. 氧化剂、还原剂及其相对性

纯过氧化氢是淡蓝色的黏稠液体，可任意比例与水混溶，是一种强氧化剂，水溶液俗称双氧水，为无色透明溶液。

因为过氧化氢中氧元素的氧化值为−1，在一定的条件下，该氧化值既可以升高又可以降低，所以过氧化氢既有氧化性又有还原性。遇到更强的氧化剂时，过氧化氢为还原剂，如过氧化氢与氯气反应生成氯化氢和氧气。

3. 介质对氧化还原反应的影响

溶液的 pH 值会影响某些电对的电极电势或氧化还原反应的方向。介质的酸碱性也会影响某些氧化还原反应的产物。例如 $KMnO_4$ 在不同介质环境下，与还原剂发生作用时，其氧化还原产物及现象是完全不一样的。在酸性、中性、碱性溶液中，MnO_4^- 的还原产物分别为Mn^{2+}、MnO_2、MnO_4^{2-}。

实际中必须根据其性质特点合理使用，以充分发挥其应有的作用。$KMnO_4$ 作为一个强氧化剂，必须在酸性较强的溶液中使用。

$$MnO_4^{-}+8H^{+}+5e^{-} = Mn^{2+}+4H_2O \qquad \varphi^{\ominus}=1.512V$$

4. 原电池

原电池是利用氧化还原反应将化学能转变为电能的装置。一般原电池由两个半电池和盐桥构成。一般较活泼的金属为负极，不活泼的金属为正极。放电时，负极发生氧化反应不断地给出电子，电子通过导线流入正极，正极发生还原反应。单个半电池的电极电势是无法测定的，我们可以测量由两个半电池构成的原电池的电动势。在一定的条件下，原电池的电动势为正、负电极的电极电势之差。

利用万用表可以粗略地测定原电池的电池电动势。电动势的测量具有重要的实际意义，通过电池电动势的测量可以获得氧化还原系统的许多热力学数据，如平衡常数、解离常数、溶解度、酸碱度以及热力学函数改变量等。

四、仪器与试剂

1. 仪器：万用表，铜电极，锌电极，盐桥，烧杯，量筒，试管。

2. 试剂：KI溶液（$0.10mol \cdot L^{-1}$），$FeCl_3$ 溶液（$0.10mol \cdot L^{-1}$），KBr溶液（$0.10mol \cdot L^{-1}$），H_2O_2 溶液（3%），H_2SO_4 溶液（$2.0mol \cdot L^{-1}$），$KMnO_4$ 溶液（$0.10mol \cdot L^{-1}$、$0.01mol \cdot L^{-1}$），NaOH溶液（$2.0mol \cdot L^{-1}$），Na_2SO_3 溶液（$1.0mol \cdot L^{-1}$），$ZnSO_4$ 溶液（$1.0mol \cdot L^{-1}$），$CuSO_4$ 溶液（$1.0mol \cdot L^{-1}$），CCl_4。

五、实验内容

1. 电极电势与氧化还原反应的关系

① 在试管中加入10滴KI溶液（$0.10mol \cdot L^{-1}$）和2滴 $FeCl_3$ 溶液（$0.10mol \cdot L^{-1}$），摇匀后，再加入1mL CCl_4，充分摇荡，观察 CCl_4 层的颜色有无变化。

② 在试管中加入10滴KBr溶液（$0.10mol \cdot L^{-1}$）和2滴 $FeCl_3$ 溶液（$0.10mol \cdot L^{-1}$），摇匀后，再加入1mL CCl_4，充分摇荡，观察 CCl_4 层的颜色有无变化。

根据以上实验结果，定性比较 $Br_2/2Br^-$、$I_2/2I^-$、Fe^{3+}/Fe^{2+} 三个电对电极电势的相对大小；指出其中最强的氧化剂和最强的还原剂各是什么。

2. 氧化剂、还原剂及其相对性

① 在试管中加入5滴KI溶液（$0.10mol \cdot L^{-1}$），加入2滴 H_2SO_4 溶液（$2.0mol \cdot L^{-1}$）进行酸化，再加入5滴 H_2O_2 溶液（3%），摇匀后，最后加入1mL CCl_4，充分摇荡，观察 CCl_4 层的颜色有无变化。

② 在试管中加入2滴 $KMnO_4$ 溶液（$0.01mol \cdot L^{-1}$），加入2滴 H_2SO_4 溶液（$2.0mol \cdot L^{-1}$）进行酸化，再加入数滴 H_2O_2 溶液（3%），观察实验现象。

根据①、②的实验结果，指出 H_2O_2 溶液在不同的反应中各起什么作用。

3. 介质对氧化还原反应的影响

在3支试管中各加入5滴 $KMnO_4$ 溶液（$0.10mol \cdot L^{-1}$），然后在第1支试管中加入5滴 H_2SO_4 溶液（$2.0mol \cdot L^{-1}$），第2支试管中加入5滴去离子水，第3支试管中加入5滴NaOH溶液（$2.0mol \cdot L^{-1}$），最后分别向3支试管中各加入 Na_2SO_3 溶液（$1.0mol \cdot L^{-1}$），认真观察各试管中的实验现象。

4. 组装原电池，测定电池电动势

① 在100mL烧杯中加入25mL $ZnSO_4$ 溶液（$1.0mol \cdot L^{-1}$），在另外一个100mL烧杯中加入25mL $CuSO_4$ 溶液（$1.0mol \cdot L^{-1}$）。

② 将锌电极插入 $ZnSO_4$ 溶液，铜电极插入 $CuSO_4$ 溶液中，再将盐桥插入两个烧杯中，按图6-1所示装配成原电池，接上万用表，记录原电池的电动势 E_{MF}。

六、注意事项

1. 实验前应用砂纸处理金属固体表面，实验后未反应完的金属固体要回收到指定容器。

2. 注意不同浓度同种溶液的使用用途，如果取用错误可能会导致实验现象不正确，进而导致实验结论错误。

3. 有关原电池测定实验：

① Cu 金属片和 Zn 金属片表面处理时，一定要将金属片平放在实验台上，用手按住金属表面与导线连接处，另一只手用砂纸处理金属表面。

② Cu-Zn 原电池中，Cu 金属片和 Zn 金属片对应放在分别装有 $CuSO_4$ 溶液和 $ZnSO_4$ 溶液的烧杯中，中间需要插入盐桥。

4. 原电池电动势的测定中，如果测定值出现负数，说明原电池的两个电极接反了，将电极重新进行连接，然后再次进行测定即可。

5. 实验中产生的废液要集中回收，统一处理。

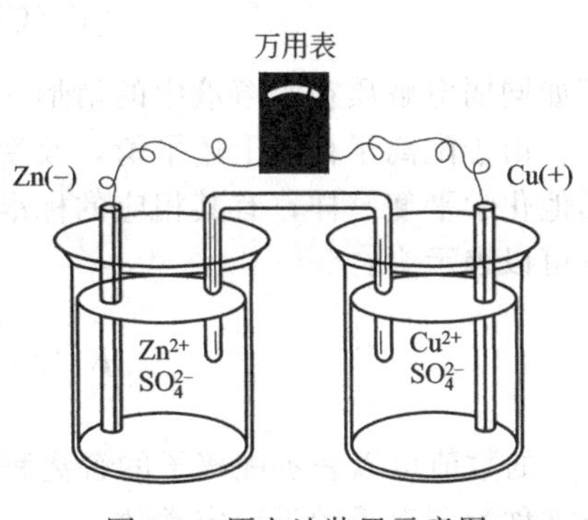

图 6-1　原电池装置示意图

实验十七　配位化合物

一、预习思考

1. 在简单离子和由该简单离子作为中心配离子的溶液中，加入相同的试剂，为什么会出现不同的现象？

2. 用 KSCN 溶液检查不出 $K_3[Fe(CN)_6]$ 溶液中的 Fe^{3+}，是否表明该配位化合物溶液中不存在 Fe^{3+}？

3. 比较 $[Ag(NH_3)_2]^+$、$[Ag(S_2O_3)_2]^{3-}$、$[AgI_2]^-$ 的稳定性。

4. Fe^{3+} 可以将 I^- 氧化成 I_2，而自身被还原成 Fe^{2+}，但 Fe^{2+} 的配离子 $[Fe(CN)_6]^{4-}$ 又可以将 I_2 还原成 I^-，而自身被氧化成 $[Fe(CN)_6]^{3-}$，如何解释此现象？

二、实验目的

1. 了解配位化合物的生成和组成。
2. 了解简单离子与配离子在性质上的区别。
3. 试验沉淀平衡、氧化还原平衡与配位平衡的相互影响。
4. 通过几种不同类型配离子的实验，加深对配位平衡及平衡移动的理解。
5. 了解螯合物的形成条件及应用，增强对螯合物形成的感性认识。

三、实验原理

54-实验原理

由一个简单正离子和几个中性分子（或负离子）结合形成的复杂离子称为配位离子或配离子，含有配离子的化合物称为配位化合物，如 $[Ag(NH_3)_2]^+$、$[Cu(NH_3)_4]^{2+}$ 分别为银氨配离子、铜氨配离子，$[Ag(NH_3)_2]Cl$、$[Cu(NH_3)_4]SO_4$ 为配位化合物。

配合物的组成中，有一个带正电荷的中心离子（如 Ag^+、Cu^{2+}），称为配离子的形成体。它与周围的一些中性分子或简单负离子（称为配位体，如 NH_3）以配位键相结合。它们一起构成了配合物结构中的内界，距离中心离子较远的其他离子（如 Cl^-、SO_4^{2-}）称为外界。

$$K_3[Fe(CN)_6] \rightleftharpoons 3K^+ + [Fe(CN)_6]^{3-}$$

解离出来的负配离子 $[Fe(CN)_6]^{3-}$ 在水溶液中仅有小部分再解离成它的组成离子，即

$$[Fe(CN)_6]^{3-} \rightleftharpoons Fe^{3+} + 6CN^-$$

具如同弱电解质在水溶液中的情形一样，存在解离平衡，称为配位平衡。

由于配离子存在上述平衡，改变 Fe^{3+} 或 CN^- 的浓度均可使平衡发生移动，配位平衡与其他化学平衡一样，有其相应的标准平衡常数。例如 $[Fe(CN)_6]^{3-}$ 的解离平衡标准平衡常数可以表示为：

$$K_d^{\ominus} = \frac{(c_{Fe^{3+}}^{eq}/c^{\ominus}) \times (c_{CN^-}^{eq}/c^{\ominus})^6}{c_{[Fe(CN)_6]^{3-}}^{eq}/c^{\ominus}} \tag{6-5}$$

$K_d^{\ominus}$ 的数值可以表示配离子的解离程度，其值越大，配离子越易解离，越不稳定，因此该常数被称为配离子的不稳定常数。

$[Fe(CN)_6]^{3-}$ 的解离反应所对应的逆过程为配离子生成反应，其达到平衡时：

$$Fe^{3+} + 6CN^- \rightleftharpoons [Fe(CN)_6]^{3-}$$

对应的标准平衡常数为：

$$K_f^{\ominus} = \frac{c_{[Fe(CN)_6]^{3-}}^{eq}/c^{\ominus}}{(c_{Fe^{3+}}^{eq}/c^{\ominus}) \times (c_{CN^-}^{eq}/c^{\ominus})^6} \tag{6-6}$$

$K_f^{\ominus}$ 的数值可以表示配离子的生成程度，其值越大，配离子越稳定，因此该常数被称为配离子的稳定常数。

两个常数间存下如下关系：

$$K_d^{\ominus} = \frac{1}{K_f^{\ominus}} \tag{6-7}$$

一个配位体中有两个或多个配位原子与同一个中心离子配位成环状结构的配合物称为螯合物（螯合即成环之意）。例如，Ni^{2+} 与乙二胺螯合时，由于乙二胺含有两个可提供孤对电子的氮原子（配位原子），可与 Ni 形成两个配位键，使配离子形成环状结构（整个配离子形成三个环），即

$$Ni^{2+} + 3\begin{matrix} CH_2-NH_2 \\ | \\ CH_2-NH_2 \end{matrix} \longrightarrow [Ni(NH_2CH_2CH_2NH_2)_3]^{2+}$$

配位反应应用广泛，如利用金属离子生成配离子后颜色、溶解度、氧化还原性质等一系列的改变，进行离子鉴定、干扰离子的掩蔽反应等。例如很多金属的螯合物具有特征颜色，且难溶于水，故常用螯合物鉴定金属离子。Ni^{2+} 的鉴定就是利用 Ni^{2+} 与丁二酮肟（十分灵敏的镍试剂）在弱碱性条件下，生成鲜红色难溶于水的螯合物。

$$Ni^{2+} + 2\begin{matrix} H_3C-C{=}N-OH \\ | \\ H_3C-C{=}N-OH \end{matrix} + 2NH_3 \longrightarrow Ni(C_4H_7N_2O_2)_2 + 2NH_4^+$$

（绿色） （丁二酮肟，无色） （无色） （鲜红色沉淀）

四、仪器与试剂

1. 仪器：试管，试管架。

2. 试剂：$CuSO_4$ 溶液（0.5mol·L^{-1}），$AgNO_3$ 溶液（0.1mol·L^{-1}），$K_3[Fe(CN)_6]$ 溶液（0.05mol·L^{-1}），Na_2CO_3 溶液（0.1mol·L^{-1}），$FeCl_3$ 溶液（0.1mol·L^{-1}），Na_2S 溶液（1mol·L^{-1}），KBr 溶液（0.1mol·L^{-1}），$Na_2S_2O_3$ 溶液（0.1mol·L^{-1}），KI 溶液（0.1mol·L^{-1}），$CoCl_2$ 溶液（0.1mol·L^{-1}），KSCN 溶液（0.1mol·L^{-1}），$NiSO_4$ 溶液（0.1mol·L^{-1}），$Fe(NO_3)_3$ 溶液（0.1mol·L^{-1}），NH_4F 溶液（0.1mol·L^{-1}、4mol·L^{-1}），氨水（1mol·L^{-1}、2mol·L^{-1}），丁二酮肟溶液（1%），NH_4SCN（固体），CCl_4，丙酮，乙醇，蒸馏水。

五、实验内容

1. 配离子与简单离子的区别

向一支试管中加入 5 滴 $Fe(NO_3)_3$ 溶液（0.1mol·L^{-1}），向另一支试管中加入 5 滴 $K_3[Fe(CN)_6]$ 溶液（0.05mol·L^{-1}）。再向这两支试管中各加入 2 滴 KSCN 溶液（0.1mol·L^{-1}），观察两支试管中现象有何区别，解释原因。

2. 配合物的生成

（1）含正配离子的配位化合物　向一支试管中加入 10 滴 $CuSO_4$ 溶液（0.5mol·L^{-1}），慢慢滴加氨水（2mol·L^{-1}），直至沉淀刚刚溶解（氨水不能过量太多）。然后加 20 滴乙醇（目的是降低配合物在溶液中的溶解度），观察析出的硫酸四氨合铜（Ⅱ）深蓝色结晶。写出有关离子反应方程式。

（2）含负配离子的配位化合物　向一支试管中加入 10 滴 $FeCl_3$ 溶液（0.1mol·L^{-1}）后，慢慢滴加 NH_4F 溶液（4mol·L^{-1}）直至 Fe^{3+} 的黄色褪去，便有无色的 $[FeF_6]^{3-}$ 配离子生成，写出有关离子反应方程式。

3. 配位平衡及其移动

（1）配位平衡与沉淀溶解平衡的相互转化　向一支试管中加入 5 滴 $AgNO_3$ 溶液（0.1mol·L^{-1}）后，按下列次序依次进行实验，记录现象，并加以解释（查阅附录九 $K_{sp}^{\ominus}$ 及附录十一 $K_f^{\ominus}$），写出有关离子方程式。

① 滴加 1 滴 Na_2CO_3 溶液（0.1mol·L^{-1}），观察现象。

② 在上述溶液中滴加 2 滴氨水（1mol·L^{-1}），观察现象。

③ 再滴加 1 滴 KBr 溶液（0.1mol·L^{-1}），观察现象。

④ 再滴加 20 滴 $Na_2S_2O_3$ 溶液（0.1mol·L^{-1}），观察现象。

⑤ 再滴加 1 滴 Na_2S 溶液（1mol·L^{-1}），观察现象。

（2）配位平衡对氧化还原反应的影响　取两支试管各加入 10 滴 $FeCl_3$ 溶液（0.1mol·L^{-1}）及 5 滴 CCl_4。再向第 1 支试管中加入 5 滴 KI 溶液（0.1mol·L^{-1}）。再向第 2 支试管中加入 5 滴 NH_4F 溶液（4mol·L^{-1}），5 滴 KI 溶液（0.1mol·L^{-1}）。振荡两支试管后观察 CCl_4 层现象。写出有关离子反应方程式。

4. 配离子的转化

向一支试管中加入 5 滴 $FeCl_3$ 溶液（0.1mol·L^{-1}）及 1 滴 KSCN 溶液（0.1mol·L^{-1}），观察溶液的颜色后，再滴加 2 滴 NH_4F 溶液（0.1mol·L^{-1}），观察现象，写出离子反应方程式，总结配离子转化的条件。

5. 螯合物的形成和应用

(1) Ni^{2+}的鉴定　向一支试管中加入2滴$NiSO_4$溶液($0.1mol \cdot L^{-1}$)及5滴氨水($2mol \cdot L^{-1}$)溶液，使溶液呈碱性，再加2～3滴丁二酮肟溶液(1%)，观察现象。

(2) Co^{2+}的鉴定　向一支试管中加入5滴$CoCl_2$溶液($0.1mol \cdot L^{-1}$)及10滴蒸馏水，再加入一米粒大小NH_4SCN(固体)和丙酮(10～15滴)，变色即可，摇匀，观察现象。

六、注意事项

1. 性质实验中，凡是生成沉淀的步骤，沉淀量要少，即刚生成沉淀为宜，因此溶液必须逐滴加入，且边滴边振荡。

2. NH_4F试剂对玻璃有腐蚀作用，储藏时最好放在塑料瓶中。

3. 试剂较多，注意看清试剂标签及所对应的浓度。

4. 实验中产生的废液要集中回收，统一处理。

实验十八　p区非金属元素及重要化合物的性质

一、预习思考

1. 如何正确完成硼砂珠试验？

2. 在Na_2SiO_3溶液中加入HAc溶液、NH_4Cl溶液或通入CO_2？都能生成硅酸凝胶吗？

3. 如何用简单的方法区别硼砂、Na_2CO_3和Na_2SiO_3三种盐的溶液？

4. 鉴定NH_4^+时，为什么将萘斯勒试剂滴在滤纸上检验逸出的NH_3，而不是将萘斯勒试剂直接加到含NH_4^+的溶液中？

5. 本实验中怎样试验硝酸和硝酸盐的性质？

6. 怎样制备亚硝酸？怎样试验亚硝酸盐的氧化性和还原性？

7. 浓硝酸与金属或非金属反应时，主要的还原产物是什么？有浓硝酸参与的反应，实验中必须注意哪些问题？

8. 磷酸的各种钙盐水溶液酸碱性是否一样？如何理解？

9. 磷酸各种钙盐的溶解性有什么不同？

10. 怎样鉴定NH_4^+、NO_3^-、NO_2^-、PO_4^{3-}和CO_3^{2-}？

二、实验目的

1. 学习硼酸和硼砂的重要性质，掌握硼砂珠试验的方法。

2. 了解可溶性硅酸盐的水解性和难溶硅酸盐的生成与颜色。

3. 了解亚硝酸和亚硝酸盐的性质。

4. 熟悉硝酸和硝酸盐的氧化性。

5. 熟悉磷酸的各种钙盐的溶解性及酸碱性。

6. 学会并掌握NH_4^+、NO_3^-、NO_2^-、PO_4^{3-}和CO_3^{2-}的鉴定方法。

三、实验原理

55-实验原理

物质性质的差别取决于其组成和内部结构的不同。当物质组成和结构按一定规律变化时，其性质也往往呈现出规律性变化，而当物质组成、结构差别较大时，其性质也有较大差异。通过同一区内元素及其化合物性质的实验，与不同区域元素化合物性质的对比，就会发现结构决定性质、性质反映结构，特殊结构决定个性、相同结构决定共性的变化规律。

1. 硼

硼酸微溶于冷水，而在热水中溶解度较大。硼酸是一元弱酸，它在水溶液中的解离不同于一般的一元弱酸，硼酸是 Lewis 酸，能与多羟基醇发生加合反应，使溶液的酸性增强。硼酸与水的反应如下：

$$H_3BO_3 + H_2O \rightleftharpoons [B(OH)_4]^- + H^+ \qquad K_a^{\ominus} = 5.8 \times 10^{-10}$$

硼砂易溶于水，其水溶液因 $[B_4O_5(OH)_4]^{2-}$ 的水解而呈碱性：

$$[B_4O_5(OH)_4]^{2-} + 5H_2O \rightleftharpoons 4H_3BO_3 + 2OH^-$$

硼砂溶液与酸反应后，冷却即可析出硼酸：

$$[B_4O_5(OH)_4]^{2-} + 2H^+ + 3H_2O \rightleftharpoons 4H_3BO_3$$

硼砂受强热（878℃时）脱水熔化为玻璃体，与不同金属的氧化物或盐类熔融生成具有不同特征颜色的偏硼酸复盐，不同金属的偏硼酸复盐会显示各自不同的特征颜色。例如：

$$Na_2B_4O_7 + CoO \longrightarrow Co(BO_2)_2 \cdot 2NaBO_2 \text{（蓝色）}$$

上述反应就是生成偏硼酸复盐的过程，利用硼砂的这一特性反应，可以鉴定某些金属离子，即硼砂珠试验。

2. 碳、硅

将碳酸盐溶液与盐酸反应生成的 CO_2 通入 $Ba(OH)_2$ 溶液中，能使 $Ba(OH)_2$ 溶液变浑浊，这一方法用于鉴定 CO_3^{2-}。

用硅酸钠与盐酸作用可制得硅酸：

$$Na_2SiO_3 + 2HCl \longrightarrow H_2SiO_3 + 2NaCl$$

由于开始生成的单分子硅酸可溶于水，所以生成的硅酸并不立即沉淀。当这些单分子硅酸逐渐聚合成多硅酸 $xSiO_2 \cdot yH_2O$ 时，则生成硅酸溶胶。若硅酸浓度较大或向溶液中加入电解质时，则呈胶状形态或形成凝胶。

硅酸钠易溶于水，其水溶液因 SiO_3^{2-} 水解而显碱性。大多数硅酸盐难溶于水，过渡金属硅酸盐呈现不同的颜色。

3. 氮、磷

氮和磷是周期系ⅤA族元素，它们原子的价电子层构型为 ns^2np^3，所以它们的氧化数最高为+5，最低为−3。

硝酸是强酸，亦是强氧化剂。硝酸与非金属反应时，常被还原为 NO。与金属反应时，被还原的产物决定于硝酸的浓度和金属的活泼性。浓硝酸一般被还原为 NO_2，稀硝酸通常被还原为 NO。当与较活泼的金属如 Fe、Zn、Mg 等反应时，主要被还原为 N_2O。若酸很稀，则主要被还原为 NH_4^+，NH_4^+ 与未反应的酸反应而生成铵盐。

硝酸盐固体或水溶液在常温下比较稳定。固体硝酸盐受热时能分解释放出氧气，具有氧化性，其与可燃物质混合，极易燃烧而发生爆炸，硝酸钾可用来制造黑火药。

亚硝酸可通过稀强酸和亚硝酸盐相互作用而制得，例如：

$$NaNO_2+H_2SO_4 \longrightarrow NaHSO_4+HNO_2$$

但亚硝酸极不稳定，易分解：

$$2HNO_2 \underset{冷}{\overset{热}{\rightleftharpoons}} H_2O+N_2O_3 \underset{冷}{\overset{热}{\rightleftharpoons}} H_2O+NO+NO_2$$

HNO_2 具有氧化性，但遇强氧化剂时，亦可呈还原性。

NO_3^- 可用棕色环法鉴定。其反应如下：

$$3Fe^{2+}+NO_3^-+4H^+ = 3Fe^{3+}+2H_2O+NO$$

$$Fe^{2+}+NO = [Fe(NO)]^{2+}$$

在试液与浓硫酸液层界面处生成棕色环状的 $[Fe(NO)]^{2+}$。

NO_2^- 也能产生同样的反应，因此当有 NO_2^- 存在时，须先将 NO_2^- 除去。除去的方法：可以与 NH_4Cl 或尿素一起加热。其反应如下：

$$NH_4^++NO_2^- = 2H_2O+N_2\uparrow$$

$$2NO_2^-+CO(NH_2)_2+2H^+ = 2N_2+CO_2+3H_2O$$

NO_2^- 和 $FeSO_4$ 在 HAc 溶液中能生成棕色的 $[Fe(NO)]^{2+}$，利用这个反应可以鉴定 NO_2^- 的存在（检验 NO_3^- 时，必须用浓硫酸）。

$$NO_2^-+Fe^{2+}+2HAc = NO+Fe^{3+}+2Ac^-+H_2O$$

$$Fe^{2+}NO = \underset{棕色}{[Fe(NO)]^{2+}}$$

NH_4^+ 常用两种方法鉴定：

① 用 NaOH 和 NH_4^+ 反应生成 NH_3，使红色石蕊试纸变蓝。

② 用萘斯勒试剂（$K_2[HgI_4]$ 的碱性溶液）与 NH_4^+ 反应产生红棕色沉淀。

$$NH_4^++2[HgI_4]^{2-}+4OH^- = \underset{红棕色}{\left[\begin{array}{ccc} & Hg & \\ O & & NH_2 \\ & Hg & \end{array}\right]I}\downarrow+3H_2O+7I^-$$

磷酸的各种钙盐在水中的溶解度是不同的：$Ca_3(PO_4)_2$ 和 $CaHPO_4$ 难溶于水，而 $Ca(H_2PO_4)_2$ 则易溶于水。

磷酸的各种钠盐在水中的酸碱性也是不同的，其酸碱性决定于磷酸或磷酸根不同级别解离常数的相对大小。

PO_4^{3-} 能与钼酸铵反应，生成黄色难溶的晶体，故可用钼酸铵来鉴定。其反应如下：

$$PO_4^{3-}+3NH_4^++12MnO_4^{2-}+24H^+ = (NH_4)_3PO_4 \cdot 12MoO_3 \cdot 6H_2O+6H_2O$$

四、仪器与试剂

1. 仪器：试管，烧杯，环形镍铬丝，带导管的塞子，玻璃棒，红色石蕊试纸，滤纸，pH 试纸。

2. 试剂：HNO_3 溶液（$2mol \cdot L^{-1}$，浓），H_2SO_4 溶液（$1mol \cdot L^{-1}$、$6mol \cdot L^{-1}$、浓），HAc

溶液（$2mol \cdot L^{-1}$），HCl溶液（$2mol \cdot L^{-1}$、$6mol \cdot L^{-1}$、浓），NaOH溶液（$2mol \cdot L^{-1}$），NH_4Cl溶液（$0.1mol \cdot L^{-1}$），$NaNO_2$溶液（$1mol \cdot L^{-1}$、$0.1mol \cdot L^{-1}$），KI溶液（$0.02mol \cdot L^{-1}$），$KMnO_4$溶液（$0.01mol \cdot L^{-1}$），KNO_3溶液（$0.1mol \cdot L^{-1}$），Na_3PO_4（$0.1mol \cdot L^{-1}$），Na_2HPO_4（$0.1mol \cdot L^{-1}$），NaH_2PO_4溶液（$0.1mol \cdot L^{-1}$），$CaCl_2$溶液（$0.1mol \cdot L^{-1}$），$(NH_4)_2MoO_4$试剂，$Ba(OH)_2$溶液（饱和），Na_2CO_3溶液（$0.1mol \cdot L^{-1}$），Na_2SiO_3溶液（$0.5mol \cdot L^{-1}$），$Na_2B_4O_7 \cdot 10H_2O$（s），H_3BO_3（s），$FeSO_4 \cdot 7H_2O$（s），NH_4NO_3（s），Na_3PO_4（s），Na_2CO_3（s），$Co(NO_3)_2 \cdot 6H_2O$（s），甘油，甲基橙指示剂，淀粉试液，锌粉，硫粉，铜屑，蒸馏水，萘斯勒试剂，pH试纸，红色石蕊试纸。

五、实验内容

1. 硼酸和硼砂的性质

① 在试管中加入约0.5g硼酸晶体和3mL蒸馏水，观察溶解情况。微热后使其全部溶解，冷至室温，用pH试纸测定溶液的pH值并记录。然后在溶液中加入1滴甲基橙指示剂，并将溶液分成两份，在一份中加入10滴甘油，混合均匀，比较两份溶液的颜色变化。写出有关反应的离子方程式。

② 在试管中加入约1g硼砂和2mL蒸馏水，微热使其溶解，用pH试纸测定溶液的pH值并记录。然后加入1mL H_2SO_4溶液（$6mol \cdot L^{-1}$），将试管放在冷水中冷却，并用玻璃棒不断搅拌，片刻后观察硼酸晶体的析出现象。写出有关反应的离子方程式。

③ 硼砂珠试验：用环形镍铬丝蘸取浓盐酸（盛在试管中），在氧化焰中灼烧，然后迅速蘸取少量硼砂，在氧化焰中灼烧至玻璃状。用烧红的硼砂珠蘸取少量$Co(NO_3)_2 \cdot 6H_2O$（s），在氧化焰中烧至熔融，冷却后对着亮光观察硼砂珠的颜色。通过这个实验可以确定是否有金属钴离子存在，写出反应方程式。

2. CO_3^{2-}的鉴定

在试管中加入1mL Na_2CO_3溶液（$0.1mol \cdot L^{-1}$），再加入半滴管HCl溶液（$2mol \cdot L^{-1}$），立即用带导管的塞子盖紧试管口，将产生的气体通入$Ba(OH)_2$饱和溶液中，观察现象。如果溶液变浑浊，说明有CO_3^{2-}存在。写出有关反应方程式。

3. 硅酸盐的性质

在试管中加入1mL Na_2SiO_3溶液（$0.5mol \cdot L^{-1}$），用pH试纸测其pH值。然后逐滴加入HCl溶液（$6mol \cdot L^{-1}$），使溶液的pH值在6～9之间，观察硅酸凝胶的生成（若无凝胶生成可微热）。写出有关反应方程式。

4. NH_4^+的鉴定

① 在试管中加入10滴NH_4Cl溶液（$0.1mol \cdot L^{-1}$），再加入10滴NaOH溶液（$2mol \cdot L^{-1}$），加热至沸腾，用湿的红色石蕊试纸在试管口处检验逸出的气体，记录观察到的现象。

② 重复上面的实验，在滤纸条上滴一滴萘斯勒试剂，记录观察到的现象。

5. 硝酸和硝酸盐的性质

① 在分别盛有少量锌粉和铜屑的两支试管中，各加入1mL浓HNO_3（在通风橱中操作），观察现象，写出反应方程式。

② 在分别盛有少量锌粉和铜屑的两支试管中，各加入 1mL HNO_3 溶液（2mol·L^{-1}）（如不发生反应可微热），试证明哪一支试管中有 NH_4^+ 存在（注意应加入过量 NaOH 溶液）。

6. NO_3^- 的鉴定

取 1mL KNO_3 溶液（0.1mol·L^{-1}）于试管中，加入 1～2 小粒 $FeSO_4·7H_2O$（s），振荡溶解后，将试管斜持，沿试管壁慢慢滴加 5～10 滴浓 H_2SO_4，观察两个溶液液层交界处有无棕色环出现。

7. 亚硝酸和亚硝酸盐的性质

（1）亚硝酸的生成和性质

在试管中加入 10 滴 $NaNO_2$ 溶液（1mol·L^{-1}）（如果室温比较高，可将试管放在冰水中冷却），然后滴入 H_2SO_4 溶液（6mol·L^{-1}）。观察溶液的颜色和液面上气体的颜色。解释观察到的实验现象。写出反应方程式。

（2）亚硝酸盐的氧化性和还原性

① 在装有 $NaNO_2$ 溶液（0.1mol·L^{-1}）溶液的试管中加入 KI 溶液（0.02mol·L^{-1}），观察现象。然后用 H_2SO_4 溶液（1mol·L^{-1}）酸化，再观察现象，证明是否有 I_2 产生。写出反应方程式。

②在装有 $NaNO_2$ 溶液（0.1mol·L^{-1}）的试管中加入 $KMnO_4$ 溶液（0.01mol·L^{-1}），然后再加入 H_2SO_4 溶液（1mol·L^{-1}），观察紫色是否褪去。写出反应方程式。

8. NO_2^- 的鉴定

取 1 滴 $NaNO_2$ 溶液（0.1mol·L^{-1}）于试管中，稀释至 1mL 左右，加入 2 小粒 $FeSO_4·7H_2O$（s），加入数滴 HAc 溶液（2mol·L^{-1}）酸化，观察实验现象，如有棕色环出现，证明有 NO_2^- 存在。

9. 磷酸盐的性质

① 用 pH 试纸分别测定 Na_3PO_4 溶液（0.1mol·L^{-1}）、Na_2HPO_4 溶液（0.1mol·L^{-1}）、NaH_2PO_4 溶液（0.1mol·L^{-1}）的 pH 值并记录比较。写出有关反应方程式并解释实验结果。

② 在 3 支试管中各加入 10 滴 $CaCl_2$ 溶液（0.1mol·L^{-1}），然后再分别加入相同体积的 Na_3PO_4 溶液（0.1mol·L^{-1}）、Na_2HPO_4 溶液（0.1mol·L^{-1}）、NaH_2PO_4 溶液（0.1mol·L^{-1}），观察各试管中是否有沉淀生成。通过实验结果说明磷酸的三种钙盐的溶解性。

10. PO_4^{3-} 的鉴定

在试管中加入 5 滴 Na_3PO_4 溶液（0.1mol·L^{-1}），加入 10 滴浓 HNO_3，再加入 20 滴钼酸铵试剂，微热至 40～50℃，观察黄色沉淀的产生。根据实验现象确定是否有 PO_4^{3-} 存在。

11. 鉴别

现有 3 种白色结晶，可能是 Na_3PO_4、Na_2CO_3 和 NH_4NO_3。分别取少量固体加水溶解，并设计简单的方法加以鉴别。写出实验现象及有关的反应方程式。

六、数据记录与处理

将实验现象和结果填入表 6-6 中（根据实验内容可增加行数）。

表 6-6 实验现象及结果记录

反应物	现象及结果	原因及方程式

七、注意事项

1. 涉及强酸、强碱的实验应在通风橱中完成。

2. 使用胶头滴管时的注意事项：严禁胶头滴管混用；禁止倒置胶头滴管。

3. 做有毒气体产生的实验（如硝酸的氧化性、亚硝酸及其盐的性质）时，应在通风橱中进行。

4. 做氧化焰实验要注意采取防护措施，确保实验的安全性。

5. NH_4^+ 鉴定中注意试剂加入顺序，一定是加入萘斯勒试剂后，再加入 NaOH 溶液。

6. NO_3^- 的鉴定中注意操作方式，应斜持试管，沿管壁滴加浓硫酸，使浓硫酸沿着试管壁缓慢流下来，静置，观察现象。

7. 硝酸及硝酸盐的性质实验中要注意浓硝酸的使用安全性；产生 NO_2 后要及时处理；锌粉与浓硝酸的反应剧烈，所以粉末药品尽可能少取；未反应完的固体颗粒要回收处理。

8. 实验中产生的废液要集中回收，统一处理。

实验十九 d区金属元素及重要化合物的性质

一、预习思考

1. 酸性、中性及强碱性 $KMnO_4$ 溶液与 Fe^{2+} 反应的主要产物是什么？为什么会不同？

2. 酸性溶液中 $K_2Cr_2O_7$ 分别与 $FeSO_4$ 和 Na_2SO_3 反应的主要产物是什么？

3. 在 $CoCl_2$ 溶液中逐滴加入氨水溶液能产生什么实验现象？写出反应方程式。

4. 如果溶液中 Fe^{3+} 和 Ni^{2+} 共存时，如何进行两个离子的分离？

5. 铬、锰、铁、钴、镍的氢氧化物中哪些是两性的，哪些容易被空气中的氧气所氧化？

二、实验目的

1. 了解铁、钴、镍配合物的生成和性质。

2. 了解锰、铁、钴、镍硫化物的生成和溶解性。

3. 掌握铬、锰重要化合物之间的转化反应及其条件。

4. 掌握铬、锰、铁、钴、镍氢氧化物的酸碱性和氧化还原性。

5. 学习并掌握 Cr^{3+}、Mn^{2+}、Fe^{2+}、Fe^{3+}、Co^{2+} 和 Ni^{2+} 的鉴定方法。

三、实验原理

铬、锰、铁、钴、镍是周期系第四周期第ⅥB～Ⅷ族元素，它们都能形成多种氧化值的化合物。

56-实验原理

1. 铬

铬的重要氧化值为＋3 和＋6。

Cr^{3+} 可发生水解反应，$Cr(OH)_3$ 是两性氢氧化物。酸性溶液中 $Cr_2O_7^{2-}$

具有强氧化性，能将浓盐酸氧化为 $Cl_2(g)$，$Cr_2O_7^{2-}$ 被还原为 Cr^{3+}。

$$K_2Cr_2O_7 + 14HCl(浓) = 2CrCl_3 + 3Cl_2(g) + 7H_2O + 2KCl$$

Cr^{3+} 的还原性较弱，只有在 $K_2S_2O_8$ 或 $KMnO_4$ 等更强氧化剂的作用下，才能被氧化为 $Cr_2O_7^{2-}$。

$$2Cr^{3+} + 3S_2O_8^{2-} + 7H_2O = Cr_2O_7^{2-} + 6SO_4^{2-} + 14H^+$$

在碱性溶液中，$[Cr(OH)_4]^-$ 具有较强的还原性，可被 H_2O_2 氧化为 CrO_4^{2-}。

$$2[Cr(OH)_4]^- + 3H_2O_2 + 2OH^- = 2CrO_4^{2-} + 8H_2O$$

在碱性或中性溶液中，Cr(Ⅵ)主要以 CrO_4^{2-} 存在，而在酸性溶液中 CrO_4^{2-} 可转变为 $Cr_2O_7^{2-}$。

在重铬酸盐中分别加入 Ag^+、Pb^{2+}、Ba^{2+} 等，能生成相应的铬酸盐沉淀。

在酸性溶液中 $Cr_2O_7^{2-}$ 与 H_2O_2 反应生成蓝色的 CrO_5，CrO_5 的稳定性差，但如果被萃取到乙醚或戊醇中，则能稳定存在，由此可以鉴定 Cr^{3+}。

2. 锰

锰的主要氧化值为+2、+4、+6 和+7。

$Mn(OH)_2$ 很容易被空气中的 O_2 氧化。MnO_4^- 具有强氧化性，在酸性、中性、强碱性溶液中的还原产物分别为 Mn^{2+}、MnO_2 沉淀和 MnO_4^{2-}。

强碱性溶液中，MnO_4^- 与 MnO_2 反应也能生成 MnO_4^{2-}。

在微酸性甚至近中性溶液中，MnO_4^{2-} 可以歧化为 MnO_4^- 和 MnO_2。

$$3MnO_4^{2-} + 4H^+ = 2MnO_4^- + MnO_2 + 2H_2O$$

在酸性溶液中，MnO_2 也是比较强的氧化剂，实验室制取 $Cl_2(g)$ 就是利用 MnO_2 与浓盐酸的相互作用。

$$MnO_2 + 4HCl(浓) = MnCl_2 + Cl_2(g) + 2H_2O$$

酸性溶液中，Mn^{2+} 的还原性较弱，只有用强氧化剂 $NaBiO_3$ 或 $K_2S_2O_8$ 才能将其氧化为 MnO_4^-，在酸性条件下利用 Mn^{2+} 和 $NaBiO_3$ 的特征反应可以鉴定 Mn^{2+}。

$$2Mn^{2+} + 5NaBiO_3 + 14H^+ = 2MnO_4^- + 5Bi^{3+} + 5Na^+ + 7H_2O$$

3. 铁、钴、镍

铁、钴、镍的主要氧化值是+2 或+3。

$Fe(OH)_2$ 很容易被空气中的 O_2 氧化，$Co(OH)_2$ 也能被空气中的 O_2 慢慢氧化。

Fe^{3+} 可发生水解反应。Fe^{3+} 具有一定的氧化性，能与强还原剂反应生成 Fe^{2+}。铁能形成多种配合物。Fe^{2+} 与 $[Fe(CN)_6]^{3-}$ 反应，或 Fe^{3+} 与 $[Fe(CN)_6]^{4-}$ 反应，都生成蓝色沉淀，分别用于鉴定 Fe^{2+} 和 Fe^{3+}。酸性溶液中 Fe^{3+} 与 SCN^- 反应生成特征颜色配合物，也用于鉴定 Fe^{3+}。

Co^{3+} 和 Ni^{3+} 都具有强氧化性，$Co(OH)_3$、$Ni(OH)_3$ 与浓盐酸反应分别生成 Co^{2+} 和 Ni^{2+}，并放出氯气。$Co(OH)_3$ 和 $Ni(OH)_3$ 通常分别由 Co^{2+} 和 Ni^{2+} 的盐在碱性条件下用强氧化剂氧化得到，例如：

$$2Ni^{2+} + 6OH^- + Br_2 = 2Ni(OH)_3(s) + 2Br^-$$

钴、镍都能形成多种配合物。Co^{2+} 和 Ni^{2+} 能与过量的氨水反应分别能生成 $[Co(NH_3)_6]^{2+}$ 和 $[Ni(NH_3)_6]^{2+}$。$[Co(NH_3)_6]^{2+}$ 容易被空气中的氧气氧化为 $[Co(NH_3)_6]^{3+}$。Co^{2+} 也能与 SCN^- 反应，生成不稳定的 $[Co(SCN)_4]^{2-}$，在丙酮等有机溶剂中较稳定，此反应用于鉴定

Co^{2+}。而 Ni^{2+} 与丁二酮肟在弱碱性条件下反应生成鲜红色的内配盐，此反应常用于鉴定 Ni^{2+}。

锰、铁、钴、镍硫化物，需要在弱碱性溶液中制得。MnS、FeS、CoS 及 NiS 都能溶于稀酸，MnS 还能溶于 HAc 溶液。

四、仪器与试剂

1. 仪器：试管，离心试管，烧杯，长滴管，离心机，KI-淀粉试纸，pH 试纸，恒温水槽锅。

2. 试剂：HCl 溶液（$2mol \cdot L^{-1}$，浓），H_2SO_4 溶液（$2mol \cdot L^{-1}$），HNO_3 溶液（$6mol \cdot L^{-1}$，浓），HAc 溶液（$2mol \cdot L^{-1}$），NaOH 溶液（$2mol \cdot L^{-1}$，$6mol \cdot L^{-1}$，40%），氨水（$2mol \cdot L^{-1}$、$6mol \cdot L^{-1}$），$MnSO_4$ 溶液（$0.1mol \cdot L^{-1}$、$0.5mol \cdot L^{-1}$），$CrCl_3$ 溶液（$0.1mol \cdot L^{-1}$），K_2CrO_4 溶液（$0.1mol \cdot L^{-1}$），$KMnO_4$ 溶液（$0.01mol \cdot L^{-1}$），BaCl 溶液（$0.1mol \cdot L^{-1}$）、$FeCl_3$ 溶液（$0.1mol \cdot L^{-1}$），$CoCl_2$ 溶液（$0.1mol \cdot L^{-1}$，$0.5mol \cdot L^{-1}$），$SnCl_2$ 溶液（$0.1mol \cdot L^{-1}$），$NiSO_4$ 溶液（$0.1mol \cdot L^{-1}$，$0.5mol \cdot L^{-1}$），$K_4[Fe(CN)_6]$溶液（$0.1mol \cdot L^{-1}$），$K_3[Fe(CN)_6]$溶液（$0.1mol \cdot L^{-1}$），NH_4Cl 溶液（$1mol \cdot L^{-1}$），MnO_2（s），PbO_2（s），$FeSO_4 \cdot 7H_2O$（s），H_2O_2 溶液（3%），H_2S 溶液（饱和），$Cr_2(SO_4)_3$ 溶液（$0.1mol \cdot L^{-1}$），Na_2S 溶液（$0.1mol \cdot L^{-1}$），$K_2Cr_2O_7$ 溶液（$0.1mol \cdot L^{-1}$），$FeSO_4$ 溶液（$0.1mol \cdot L^{-1}$），溴水丁二酮肟，丙酮，戊醇（或乙醚），淀粉-KI 试纸。

五、实验内容

1. 铬、锰、铁、钴、镍氢氧化物的制备和性质

① 根据试剂制备少量 $Cr(OH)_3$，观察并记录现象。检验其酸碱性，写出有关的反应方程式。

② 取 3 支试管，各加入几滴 $MnSO_4$ 溶液（$0.1mol \cdot L^{-1}$）和 NaOH 溶液（$2mol \cdot L^{-1}$）（均预先加热除氧），观察并记录现象。迅速检验两支试管中 $Mn(OH)_2$ 的酸碱性，振荡第三支试管，观察并记录现象。写出有关的反应方程式。

③ 在试管中加入 2mL 蒸馏水，再加几滴 H_2SO_4 溶液（$2mol \cdot L^{-1}$），煮沸除去氧，冷却后加少量 $FeSO_4 \cdot 7H_2O$（s）使其溶解。在另一支试管中加入 1mL NaOH 溶液（$2mol \cdot L^{-1}$），煮沸驱氧。冷却后用长滴管吸取 NaOH 溶液，迅速插入 $FeSO_4$ 溶液底部挤出，观察并记录现象。摇荡后分为 3 份，取两份检验酸碱性，另一份在空气中放置，观察并记录现象。写出有关的反应方程式。

④ 在 3 支试管中各加几滴 $CoCl_2$ 溶液（$0.5mol \cdot L^{-1}$），再逐滴加 NaOH 溶液（$2mol \cdot L^{-1}$），观察现象。离心分离，弃去清液，然后检验两支试管中沉淀的酸碱性，将第 3 支试管中的沉淀在空气中放置，观察并记录现象。写出有关的反应方程式。

⑤ 在 3 支试管中各加几滴 $NiSO_4$ 溶液（$0.5mol \cdot L^{-1}$），再逐滴加 NaOH 溶液（$2mol \cdot L^{-1}$），观察并记录现象。离心分离，弃去清液，然后检验两支试管中沉淀的酸碱性，将第 3 支试管中的沉淀在空气中放置，观察并记录现象。写出有关的反应方程式。

通过实验步骤③～⑤比较 $Fe(OH)_2$、$Co(OH)_2$、$Ni(OH)_2$ 还原性的强弱。

⑥ 根据试剂制备少量 $Fe(OH)_3$，观察并记录其颜色和状态，并检验其酸碱性。

⑦ 取几滴 $CoCl_2$ 溶液（$0.5mol \cdot L^{-1}$）加几滴溴水，然后加入 NaOH 溶液（$2mol \cdot L^{-1}$），

摇荡试管，观察并记录现象。离心分离后，弃去清液，在沉淀中滴加浓 HCl，并用 KI-淀粉试纸检查逸出的气体。写出有关的反应方程式。

⑧ 取几滴 $NiSO_4$ 溶液（$0.5mol\cdot L^{-1}$）加几滴溴水，然后加入 NaOH 溶液（$2mol\cdot L^{-1}$），摇荡试管，观察并记录现象。离心分离后，弃去清液，在沉淀中滴加浓 HCl，并用淀粉-KI 试纸检查逸出的气体。写出有关的反应方程式。

通过实验步骤⑥～⑧，比较 Fe(Ⅲ)、Co(Ⅲ)、Ni(Ⅲ) 氧化性的强弱。

2. Cr(Ⅲ)的还原性和 Cr^{3+} 的鉴定

在试管中加入几滴 $CrCl_3$ 溶液（$0.1mol\cdot L^{-1}$），再逐滴加入 NaOH 溶液（$6mol\cdot L^{-1}$）至过量，然后滴加 H_2O_2 溶液（3%），微热，观察并记录现象。待试管冷却后，再补加几滴 H_2O_2 溶液和 0.5mL 戊醇（或乙醚），慢慢滴入 HNO_3 溶液（$6mol\cdot L^{-1}$），振荡试管，观察、记录现象并写出有关的反应方程式。

3. CrO_4^{2-} 和 $Cr_2O_7^{2-}$ 的相互转化

（1）取几滴 K_2CrO_4 溶液（$0.1mol\cdot L^{-1}$），逐滴加入 H_2SO_4 溶液（$2mol\cdot L^{-1}$），观察并记录现象。再逐滴加入 NaOH 溶液（$2mol\cdot L^{-1}$），观察并记录现象。写出反应方程式。

（2）在两支试管中分别加入几滴 K_2CrO_4 溶液（$0.1mol\cdot L^{-1}$），$K_2Cr_2O_7$ 溶液（$0.1mol\cdot L^{-1}$），然后分别滴加 $BaCl_2$ 溶液（$0.1mol\cdot L^{-1}$），观察并记录现象。最后再分别滴加 HCl 溶液（$2mol\cdot L^{-1}$），观察并记录现象，写出反应方程式。

4. $Cr_2O_7^{2-}$、MnO_4^-、Fe^{3+} 的氧化性与 Fe^{2+} 的还原性

① 在试管中加入 2 滴 $KMnO_4$ 溶液（$0.01mol\cdot L^{-1}$），用 H_2SO_4 溶液（$2mol\cdot L^{-1}$）酸化，再滴加 $FeSO_4$ 溶液（$0.1mol\cdot L^{-1}$），观察并记录现象。写出反应方程式。

② 在试管中加入 3～5 滴 $FeCl_3$ 溶液（$0.1mol\cdot L^{-1}$），滴加 $SnCl_2$ 溶液（$0.1mol\cdot L^{-1}$），观察并记录现象。写出反应方程式。

③ 在试管中将 $KMnO_4$ 溶液（$0.01mol\cdot L^{-1}$）与 $MnSO_4$ 溶液（$0.5mol\cdot L^{-1}$）混合，观察并记录现象。写出反应方程式。

④ 在试管中加入 2mL $KMnO_4$ 溶液（$0.01mol\cdot L^{-1}$）、1mL NaOH 溶液（40%），再加少量 MnO_2（s），加热，沉降片刻，观察上层清液的颜色。取清液于另一试管中，用 H_2SO_4 溶液（$2mol\cdot L^{-1}$）酸化，观察并记录现象。写出有关的反应方程式。

⑤ 在试管中加入 2 滴 $K_2Cr_2O_7$ 溶液（$0.1mol\cdot L^{-1}$），滴加饱和 H_2S 溶液，观察并记录现象。写出反应方程式。

5. 铁、钴、镍的配合物

① 在试管中加入 2 滴 $K_4[Fe(CN)_6]$ 溶液（$0.1mol\cdot L^{-1}$），然后滴加 $FeCl_3$ 溶液（$0.1mol\cdot L^{-1}$），观察并记录现象。写出反应方程式。在试管中加入 2 滴 $K_3[Fe(CN)_6]$（$0.1mol\cdot L^{-1}$）溶液，滴加 $FeSO_4$ 溶液（$0.1mol\cdot L^{-1}$）。观察并记录现象，写出反应方程式。

② 在试管中加入几滴 $CoCl_2$ 溶液（$0.1mol\cdot L^{-1}$），几滴 NH_4Cl 溶液（$1mol\cdot L^{-1}$），然后加氨水（$6mol\cdot L^{-1}$），观察并记录现象。摇荡后在空气中放置，观察溶液颜色的变化并写出有关的反应方程式。

③ 在试管中加入几滴 $CoCl_2$ 溶液（$0.1mol\cdot L^{-1}$），少量 KSCN 晶体，再加入几滴丙酮，

振荡后观察现象并记录。写出反应方程式。

④ 在试管中加入几滴 $NiSO_4$ 溶液（$0.1mol \cdot L^{-1}$），滴加氨水（$2mol \cdot L^{-1}$），观察现象并记录。再加 2 滴丁二酮肟溶液，观察有何变化。写出有关的反应方程式。

6. 铬、锰、铁、钴、镍硫化物的性质

① 在试管中加入几滴 $Cr_2(SO_4)_3$ 溶液（$0.1mol \cdot L^{-1}$），滴加 Na_2S 溶液（$0.1mol \cdot L^{-1}$），观察并记录现象。检验逸出的气体（可微热）。写出反应方程式。

② 在试管中加入几滴 $MnSO_4$ 溶液（$0.1mol \cdot L^{-1}$），滴加饱和 H_2S 溶液，观察有无沉淀生成。再吸取氨水（$2mol \cdot L^{-1}$），插入溶液底部挤出，观察并记录现象。离心分离后，在沉淀中滴加 HAc 溶液（$2mol \cdot L^{-1}$），观察并记录现象。写出有关的反应方程式。

③ 在 3 支试管中分别加入几滴 $FeSO_4$ 溶液（$0.1mol \cdot L^{-1}$），$CoCl_2$ 溶液（$0.1mol \cdot L^{-1}$）和 $NiSO_4$ 溶液（$0.1mol \cdot L^{-1}$），滴加 H_2S 溶液（饱和），观察有无沉淀生成。然后，再加入氨水（$2mol \cdot L^{-1}$），观察记录现象。离心分离后，在沉淀中滴加 HCl 溶液（$2mol \cdot L^{-1}$），观察沉淀是否溶解。写出有关的反应方程式。

④ 在试管中加入几滴 $FeCl_3$ 溶液（$0.1mol \cdot L^{-1}$），滴加饱和 H_2S 溶液，观察记录现象。写出反应方程式。

7. 混合离子的分离与鉴定

下列两组试剂，试设计方法进行混合离子的分离与鉴定。写出步骤，并写出现象和有关的反应方程式。

第一组为含 Cr^{3+} 和 Mn^{2+} 的混合溶液；第二组为含 Pb^{2+}、Fe^{3+} 和 Co^{2+} 的混合溶液。

六、注意事项

1. 试剂较多，注意看清试剂瓶上的标签及所对应的浓度。
2. 酸碱性溶液中沉淀不明显的可进行离心分离。
3. 易氧化试剂需现用现配。
4. 实验中产生的废液要集中回收，统一处理。

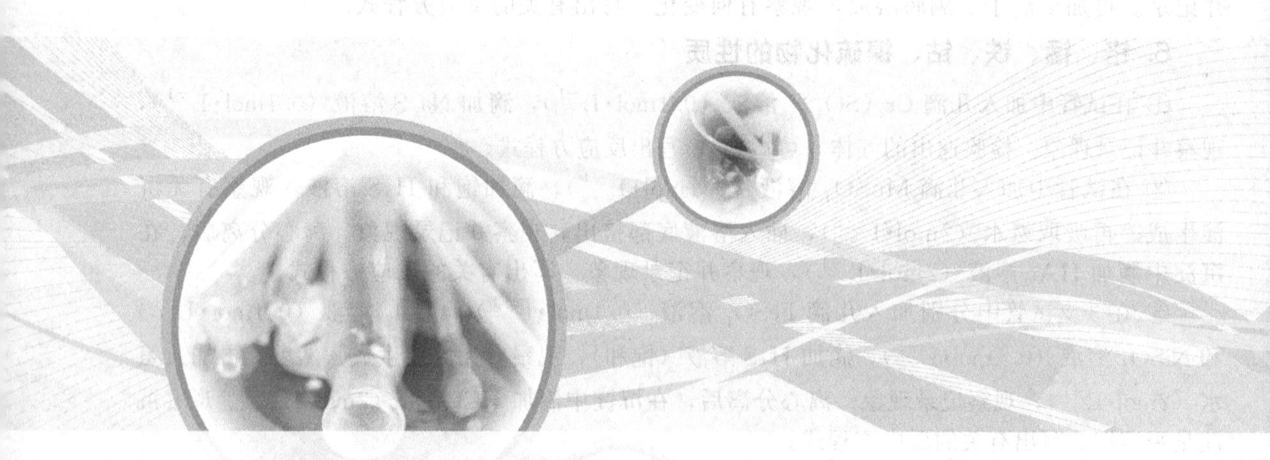

第七章 综合型、设计型、应用型实验

通过普通化学理论课的学习及前面各章的实验训练，已具备一定的理论基础和实践知识。在实际生产和科研工作中，经常遇到需要综合运用所学的各门学科的知识，采用多种方法去解决的复杂问题。本章筛选了与无机材料、绿色化学、三废治理、食品卫生等相关的典型的综合型、设计型、应用型实验研究项目。综合型实验主要是通过一些完整的实验过程对学生进行系统的研究训练，加深学生对化学理论知识的理性认识。设计型实验要求学生运用已学过的知识，查阅资料，自己独立设计实验方案（包括实验原理、仪器与试剂、实验内容）并实施。设计型实验旨在培养学生分析问题、解决问题的能力，提高学生面对一些实际化学问题设计解决方案并加以实施的综合素质。通过本章这些实验项目的研究，不仅可以增强学生的综合研究能力和素质，还提高了学生的环保意识，树立了从事绿色化学研究的理念。

实验二十 纳米金刚石的合成与表征

一、预习思考

1. 纳米材料为何被誉为“21 世纪最有前途的新型材料”?
2. 何为纳米材料的化学合成法，最有前途的纳米材料合成方法是什么?
3. 根据化学热力学内容的学习，化学反应自发进行的依据是什么?
4. 是否 $\Delta_r G_m^{\ominus} < 0$ 的反应就一定能在常温常压下完成?
5. 查阅纳米材料资料，自行设计 1 个纳米新材料的合成方案。

二、实验目的

1. 了解纳米材料的基本概念、性质及应用。
2. 学习认识纳米材料的主要合成方法。

3. 联系化学反应基本原理，结合“纳米金刚石的合成”实验，加深对热力学基本理论的理解。

三、实验原理

57-实验原理

1. 纳米材料及应用

纳米，英文为 nanometer，缩写为 nm，是长度单位，$1nm=10^{-9}m$。纳米材料被誉为“21 世纪最有前途的新型材料”，纳米材料的物理、化学性质既不同于微观的原子、分子，也不同于宏观的物体，纳米世界介于宏观世界与微观世界之间，人们把它叫作介观世界。

许多材料达到纳米级大小时，会出现让你意想不到的奇特的表面效应、体积效应、量子尺寸效应和宏观隧道效应等，其光、电、磁、热、力和化学等方面的性质也会发生突变。例如，把易碎的陶瓷制作成“纳米陶瓷”，使之可以在室温下任意弯曲；把半导体硅制成“纳米硅”，使之成为良导体；纳米 ZnO 粉末对紫外光有强烈的吸收作用，但对可见光吸收很弱，把纳米 ZnO 粉末加到化妆品中，可以有效地防止紫外线辐射对皮肤的损伤，预防皮肤癌；把磁性纳米 Fe_2O_3 微粒表面覆盖蛋白质并携带药物称为“生物导弹”，注射进入人体血管，通过磁场导航运到病变部位释放药物，从而减轻药物对肝、脾、肾的伤害。

纳米材料具备其他一般材料所没有的优越性能，已广泛应用于电子、医药、化工、军事、航空航天等众多领域，在整个新材料的研究应用方面占据核心地位。

2. 纳米材料的合成

纳米材料的合成方法有别于一般化学合成方法。现有的纳米粉料和纳米结构材料的合成方法可归纳为：气相法、固相法、液相法和纳米结构合成法。液相法是实验室和工业上最为广泛采用的合成粉料的方法。液相法制备纳米材料可简单地分为物理法和化学法两类。

① 物理法：从水溶液中迅速析出金属盐的方法。它是将溶解度高的盐的水溶液雾化成小液滴，使液滴中盐类呈球状迅速析出，最后将细微的粉末状盐类加热分解，即可得到氧化物纳米材料。

② 化学法：使溶液通过加水分解或发生离子反应生成沉淀物，生成的沉淀物种类很多，如氢氧化物、草酸盐、碳酸盐、氧化物等，将沉淀加热分解，可制成纳米级粉料，这是应用广泛又具有实用价值的方法。

本实验制备纳米金刚石就是采用液相法。

3. 纳米金刚石合成的热力学分析

石墨的 $\Delta_f G_m^{\ominus}$（石墨）=0，金刚石的 $\Delta_f G_m^{\ominus}$（金刚石）$=2.9kJ \cdot mol^{-1}$，因此在 298.15K 及 100kPa 下反应：

$$C(石墨) \longrightarrow C(金刚石)$$

该反应的 $\Delta_r G_m^{\ominus}(298.15K)=\Delta_f G_m^{\ominus}(金刚石)-\Delta_f G_m^{\ominus}(石墨)=2.9kJ \cdot mol^{-1}$，从热力学数据可知，在常温常压下，该反应为非自发反应。但是人们分析石墨和金刚石的密度可知，石墨的密度为 $2.260g \cdot cm^{-3}$，而金刚石的密度为 $3.515g \cdot cm^{-3}$。这说明该反应为体积缩小的反应，尽管固相反应受压力影响较小，但是在加压情况下，对上述反应肯定是有利的。那么究竟需要多大的压力，才会使上述反应自发进行？

在恒温下热力学上可以采用下式计算压力对 ΔG 的影响。

$$\Delta G(p_2)-\Delta G(p_1)=\Delta V(p_2-p_1) \tag{7-1}$$

式中，p_2、p_1 表示不同压力；$\Delta G(p_2)$、$\Delta G(p_1)$ 为不同压力下的吉布斯自由能变；ΔV 为反应中的体积改变量。因此 $p_1=100\text{kPa}$，$\Delta G(p_1)=2.9\text{kJ}\cdot\text{mol}^{-1}$；在 p_2 压力下，要使石墨转变为金刚石必须要使 $\Delta G(p_2)\leqslant 0$，因此

$$p_2=\frac{-\Delta G(p_1)}{\Delta V}+p_1 \tag{7-2}$$

$$p_2=\frac{-\Delta G(p_1)}{\dfrac{M}{\rho'}-\dfrac{M}{\rho}}+p_1=\frac{\Delta G(p_1)}{\dfrac{M}{\rho}-\dfrac{M}{\rho'}}+p_1 \tag{7-3}$$

式中，M 为石墨和金刚石的摩尔质量，$\text{kg}\cdot\text{mol}^{-1}$；$\rho$ 为石墨密度，$\text{kg}\cdot\text{m}^{-3}$；$\rho'$ 为金刚石密度，$\text{kg}\cdot\text{m}^{-3}$。经计算可得：

$$p_2=\frac{2.9\times10^3}{\dfrac{12\times10^{-3}}{2.260\times10^3}-\dfrac{12\times10^{-3}}{3.515\times10^3}}+1.0\times10^5\approx1.5\times10^9(\text{Pa}) \tag{7-4}$$

计算说明：在室温下，$1.5\times10^9\text{Pa}$ 的压力才可能使上述反应进行。然而从动力学角度看，298.15K 时该反应的反应速率几乎为 0，而石墨转化为金刚石是吸热的，故从热力学角度看，需同时采用高温。实际生产中转化反应是在很高温度和比理论压力高得多的压力条件下进行的。如 De Carli P. S. 等学者利用爆炸冲击波产生超高压、高温［约 30GPa（$30\times10^9\text{Pa}$）、1400K］的条件下，在几微秒时间内使石墨中一部分转变为微粉金刚石（大小为几微米的晶体）。我国钱逸泰先生利用催化热分解法由 CCl_4 制得纳米金刚石，成为“稻草变黄金”的范例。

四、仪器与试剂

1. 仪器：高压釜（50mL），XRD（X 射线衍射仪），TEM（透射电子显微镜），Raman（拉曼）光谱仪。

2. 试剂：CCl_4，Ni∶Mn∶Co＝70∶25∶5 的 Ni-Co 合金催化剂，金属钠。

五、实验内容

1. 纳米金刚石合成

将 5mL CCl_4 和过量的 20g 金属钠放入 50mL 高压釜中，加入 Ni-Co 合金催化剂。高压釜内温度设定为 700℃，在一定压力下，定压恒温 48h，然后在釜中冷却。在还原实验开始时，高压釜中存在着高压，随着 CCl_4 被金属钠还原，压力减小。最后的产物为灰黑色的粉末，密度为 $3.21\text{g}\cdot\text{cm}^{-3}$。

2. 纳米金刚石合成表征

（1）物相分析　取少量产物，将其研细，用 X 射线衍射仪测定产物物相。在 JCPDS 卡片中查出纳米金刚石粉末的标准衍射数据，将样品的测定值和标准卡片的数据相对照，确定产物是否为纳米金刚石粉末。

（2）粒子尺寸与形状观察　用透射电子显微镜（TEM）直接观察样品粒子的尺寸与形状。

（3）样品的 Raman 光谱分析　利用 Raman 光谱分析证明所得样品是纳米金刚石粉末。

六、注意事项

1. 高压反应釜要在指定的地点使用，并按照使用说明进行操作。

2. 查明刻于主体容器上的实验压力、使用压力及最高使用温度等条件，要在其容许的条件范围内进行使用。

3. 压力计最好在其标明压力的 1/2 以内使用。并经常把压力计与标准压力计进行比较，加以校正。

4. 高压反应釜内部及衬垫部位要保持清洁。

实验二十一　硫酸亚铁铵的制备与质检

一、预习思考

1. 怎样除去铁屑表面的油污？
2. 硫酸亚铁溶液和硫酸亚铁铵溶液为什么必须保持较强的酸性？
3. 怎样确定实验中所需要的硫酸铵的质量？
4. 硫酸亚铁和硫酸亚铁铵的制备过程中均需加热，加热时各需要注意什么问题？
5. 怎样进行减压抽滤操作？
6. 滤纸有不同的种类，本实验选用哪种滤纸？为什么？
7. 抽滤得到硫酸亚铁铵晶体后，如何除去晶体表面上附着的水分？
8. 进行质量检验时，为什么用煮沸除氧的去离子水配制溶液？

二、实验目的

1. 综合练习加热、溶解、过滤、蒸发、结晶、减压过滤等实验操作技术。
2. 学习硫酸亚铁铵等复盐的一般制备原理和方法。
3. 学会用目测比色法检验产品的质量等级。

三、实验原理

58-实验原理

硫酸亚铁铵$(NH_4)_2Fe(SO_4)_2 \cdot 6H_2O$俗称摩尔盐，是浅蓝绿色单斜晶体，它能溶于水，但难溶于乙醇。硫酸亚铁铵在空气中比一般亚铁盐稳定，不易被空气氧化，而且价格低，制造工艺简单，其应用更广泛。在工业上硫酸亚铁铵常用作废水处理的混凝剂，在农业上用作农药及肥料，在定量分析中常作为基准物质，用来直接配制标准溶液或标定未知溶液的浓度。

1. 硫酸亚铁铵制备的基本原理

从硫酸铵、硫酸亚铁和硫酸亚铁铵在水中的溶解度数据（见表 7-1）可知，在一定温度范围内，硫酸亚铁铵的溶解度比组成它的任何一个组分 $FeSO_4$ 或 $(NH_4)_2SO_4$ 的溶解度都小。因此，很容易从 $FeSO_4$ 和 $(NH_4)_2SO_4$ 的混合溶液中，经蒸发浓缩、冷却结晶而制得摩尔盐 $(NH_4)_2Fe(SO_4)_2 \cdot 6H_2O$ 晶体。在制备过程中，为防止 Fe^{2+} 的氧化和水解，溶液必须保持足够的酸度。

表 7-1　硫酸铵、硫酸亚铁、硫酸亚铁铵在水中的溶解度（g/100g H_2O）

物质	分子量	温度/℃			
		10	20	30	40
$(NH_4)_2SO_4$	132.1	73.0	75.4	78.0	81.0
$FeSO_4 \cdot 7H_2O$	278.0	37.0	48.0	60.0	73.3
$(NH_4)_2Fe(SO_4)_2 \cdot 6H_2O$	392.1	18.1	21.2	24.5	27.9

本实验是先将金属铁屑与稀硫酸作用制得硫酸亚铁溶液。反应方程式如下：

$$Fe+H_2SO_4 = FeSO_4+H_2(g)$$

然后加入所需用量的硫酸铵并使其完全溶解，将制得的混合溶液水浴加热，经蒸发浓缩，室温下冷却结晶，得到溶解度较小的硫酸亚铁铵 $(NH_4)_2Fe(SO_4)_2 \cdot 6H_2O$ 复盐晶体。其反应方程式如下：

$$FeSO_4+(NH_4)_2SO_4+6H_2O = (NH_4)_2SO_4 \cdot FeSO_4 \cdot 6H_2O$$

该盐在溶液中仍能电离出简单离子。

2. 硫酸亚铁铵产品质量检验

硫酸亚铁铵产品中的主要杂质是 Fe^{3+}，产品质量检验的等级常以产品中 Fe^{3+} 含量的多少来评定。本实验产品的质量检验采用的是比较简单的目测比色法。该方法是确定杂质含量的一种常用的定性方法，即利用这种方法可以简便快捷确定产品的级别。具体操作步骤如下：

(1) Fe^{3+} 标准溶液的配制　先配制 $10\mu g \cdot mL^{-1}$ 的 Fe^{3+} 标准溶液。然后用吸量管或移液管吸取该标准溶液 5.00mL、10.00mL、20.00mL 分别放入 3 支比色管中，再向各比色管中加入 2.00mL HCl 溶液（$2mol \cdot L^{-1}$）、0.50mL KSCN 溶液（$1mol \cdot L^{-1}$），用备用的含氧较少的去离子水将溶液准确稀释到比色管刻度线，摇匀，得到的 25mL 溶液中 Fe^{3+} 的含量分别为：0.05mg、0.10mg 和 0.20mg 三个级别的 Fe^{3+} 标准溶液，它们分别为Ⅰ级、Ⅱ级和Ⅲ级试剂中 Fe^{3+} 的最高允许含量。

(2) 限量分析　将一定量产品配成溶液，在酸性介质中加入 KSCN 溶液，此时试样溶液会产生颜色。然后将该溶液与各标准溶液进行目测比色，如果产品溶液的颜色比某一标准溶液的颜色浅，就可以确定产品杂质含量低于该标准溶液中的含量，即低于某一规定的限度，所以这种方法又称为限量分析。

四、仪器与试剂

1. 仪器：锥形瓶，烧杯，量筒，托盘天平，普通漏斗，漏斗架，布氏漏斗，抽滤瓶，真空泵，蒸发皿，表面皿，比色管，水浴锅，电炉，石棉网，滤纸，pH 试纸。

2. 试剂：Na_2CO_3 溶液（$1mol \cdot L^{-1}$），H_2SO_4 溶液（$3mol \cdot L^{-1}$），KSCN 溶液（$1mol \cdot L^{-1}$），铁屑，HCl 溶液（$2mol \cdot L^{-1}$），$(NH_4)_2SO_4$（s），无水乙醇，Fe^{3+} 系列标准溶液，去离子水。

五、实验内容

1. 铁屑的净化

称取 1.0g 铁屑，放入 250mL 锥形瓶中，加入 10mL Na_2CO_3 溶液（$1mol \cdot L^{-1}$），小火加热约 5min，以除去铁屑表面的油污。倾析法除去碱液，并用去离子水将铁屑洗涤多次。

2. $FeSO_4$ 溶液的制备

在盛有洗净铁屑的锥形瓶中，加入 10mL H_2SO_4 溶液（$3mol \cdot L^{-1}$），放在水浴上加热使铁屑与稀硫酸发生反应（在通风橱中进行）。在反应过程中要适当地添加去离子水，以补充蒸发掉的水分。当反应进行到不再大量冒气泡时，表示反应基本完成。然后再加入 1mL H_2SO_4 溶液（Fe^{2+} 在强酸性溶液中较稳定，加酸可防止 Fe^{2+} 被氧化为 Fe^{3+}），用普通漏斗趁热过滤，滤液直接盛于蒸发皿中。最后用去离子水洗涤残渣（如残渣量很少，可不收集），用滤纸吸干后称量，从而计算出溶液中所溶解铁屑的质量。

3. $(NH_4)_2SO_4$ 溶液的配制

根据 $FeSO_4$ 的理论产量和反应式的计量关系，计算出配制时所需 $(NH_4)_2SO_4$（s）的质量及需要的水的用量。按照计算量在小烧杯中称取 $(NH_4)_2SO_4$（s），并加水溶解（若温度低可稍微加热），配好备用。

4. 硫酸亚铁铵晶体的制备

将配制好的 $(NH_4)_2SO_4$ 溶液加到盛有 $FeSO_4$ 溶液的蒸发皿中，在水浴上加热搅拌，溶液混匀后，用 pH 试纸检验溶液 pH 值是否为 1～2，若酸度不够，用 H_2SO_4 溶液（$3mol \cdot L^{-1}$）进行调节。然后在水浴上蒸发混合溶液，浓缩至液体表面出现晶膜为止（注意蒸发过程中溶液不宜搅动）。取下蒸发皿，静置，让溶液自然冷却，冷至室温时，便析出硫酸亚铁铵晶体。用布氏漏斗减压抽滤至干，再用少量无水乙醇溶液淋洗晶体，以除去晶体表面上附着的水分。继续抽干，取出晶体，置于洁净的表面皿（请提前称重）上晾干。称量表面皿与晶体的总质量，计算出硫酸亚铁铵晶体的质量，并计算产率。

5. 产品检验——Fe^{3+} 的限量分析

用烧杯将去离子水煮沸 5min，以除去溶解于水中的氧，盖好，冷却后备用。

托盘天平上称取 1g 硫酸亚铁铵产品，置于比色管中，加入 10mL（比色管下部的刻线处）备用的去离子水使之溶解，再加入 2mL HCl 溶液（$2mol \cdot L^{-1}$）和 0.5mL KSCN 溶液（$1mol \cdot L^{-1}$），最后以备用的去离子水稀释到比色管上部“25mL”刻度线处，摇匀。用目测的方法将所配产品溶液的颜色与 Fe^{3+} 系列标准溶液进行目测比色，以确定产品的等级。如产品溶液的颜色淡于某一级标准溶液的颜色，则表明产品中 Fe^{3+} 杂质含量低于该级标准溶液，即产品质量符合该级的规格。若产品溶液颜色与Ⅰ级试剂标准溶液的颜色相同或比Ⅰ级试剂的略浅，便可确定为Ⅰ级产品，Ⅱ级和Ⅲ级产品以此类推。硫酸亚铁铵的纯度级别见表 7-2。

表 7-2　硫酸亚铁铵产品等级与 Fe^{3+} 含量

产品等级	Ⅰ	Ⅱ	Ⅲ
Fe^{3+} 含量≤/(mg/25mL)	0.05	0.10	0.20

六、数据记录和处理

将实验数据和处理结果填入表 7-3 中。

表 7-3　制备硫酸亚铁铵的实验数据记录与处理

作用的铁的质量 m/g	$(NH_4)_2SO_4$ 的质量 m/g	表面皿的质量 m/g	表面皿和产品的质量 m/g	$(NH_4)_2Fe(SO_4)_2 \cdot 6H_2O$			
				理论产量 m/g	实际产量 m/g	产率/%	产品等级

七、注意事项

1. 由机械加工过程得到的铁屑表面沾有油污，需用碱煮的方法除去。用 Na_2CO_3 溶液清洗铁屑油污过程中，一定要不断地搅拌以免暴沸烫伤人，并应补充适量水。

2. 在铁屑与 H_2SO_4 作用过程中，会产生大量 H_2 及少量有毒气体（如 H_2S 等），应注意该过程要在通风橱内进行。

3. $FeSO_4$ 制备过程中要加入适量去离子水，根据原有溶液的体积加入，不可超量。

4. 铁屑与酸反应温度控制在 50～60℃，若温度超过 60℃易生成 $FeSO_4·H_2O$ 白色晶体。

5. 将普通漏斗改为短颈漏斗以防止过滤时漏斗堵塞，并将漏斗置于沸水中预热后进行，硫酸亚铁溶液要趁热过滤，以免出现结晶。

6. 热过滤后检查滤液 pH 值是否在 5～6，若 pH 值较高需用稀硫酸调节，防止 Fe^{2+} 氧化与水解。

7. $(NH_4)_2SO_4$ 饱和溶液需提前配制（用小烧杯），温度低可适当加热，配制好的 $(NH_4)_2SO_4$ 溶液加到盛有 $FeSO_4$ 溶液的蒸发皿中，不可以将 $(NH_4)_2SO_4$ 固体直接加入蒸发皿中。

8. 为了能形成晶膜，蒸发浓缩过程中要尽可能不搅动溶液。

9. 所制得的 $FeSO_4$ 溶液和 $(NH_4)_2SO_4·FeSO_4·6H_2O$ 溶液均应保持较强的酸性。

10. 学生自行用滤纸称取 1g 产品，做 Fe^{3+} 的限量分析。注意从产品加入比色管，以及配制过程中的各个环节。

实验二十二　利用蛋壳制备柠檬酸钙

一、预习思考

1. 查阅相关资料，进一步了解钙与人体健康的关系。
2. 用实验中的制备方法制取柠檬酸钙在工业上是否可行？

二、实验目的

1. 了解钙与人体健康的密切关系。
2. 学会用蛋壳制备柠檬酸钙的原理与方法。
3. 树立变废为宝、资源可持续再生的意识。

三、实验原理

59-实验原理

钙是人体必需的常量元素，是人体中含量最多的无机元素，也是人体内较易缺乏的无机元素。成年人身体中钙含量约占体重的 1.5%～2.0%，人体总钙含量达 1200～1400g，其中 99%存在于骨骼和牙齿中，组成人体支架，成为机体内钙的储存库；另外 1%存在于软组织、细胞间隙和血液中，统称为混溶钙池，与骨钙保持着动态平衡。

钙对人体所有细胞功能的发挥起着重要的生理调节作用。钙是人体内 200 多种酶的激活剂，使人体各器官能够正常运作，由于钙元素参与人体的新陈代谢，因此每天必须补充钙，钙在人体内含量不足或是过剩都会影响人体生长发育和健康。

柠檬酸钙因较其他补钙品在溶解度、酸碱性等技术指标方面，更具安全性和可靠性，作为新一代钙源，正成为食品类补钙品的首选对象，在糕点、饼干中用作营养强化剂。

蛋壳中含 $CaCO_3$ 93%，$MgCO_3$ 1.0%，$Mg_3(PO_4)_2$ 2.8%，有机物 3.2%，是一种天然的优质钙源。以鸡蛋壳为原料，采用酸碱中和法制备柠檬酸钙，具有产品收率高、质量好、不含有毒组分（重金属离子等）、反应工艺简单等优点。

主要反应式有：

$$CaCO_3(\text{蛋壳}) \xrightarrow{\text{高温煅烧}} CaO + CO_2 \uparrow$$

$$CaO + H_2O \longrightarrow Ca(OH)_2$$

$$2C_6H_8O_7 + 3Ca(OH)_2 \longrightarrow Ca_3(C_6H_5O_7)_2 \cdot 2H_2O(\text{柠檬酸钙}) + 4H_2O$$

四、仪器与试剂

1. 仪器：马弗炉，电子分析天平，电热恒温干燥箱，磁力加热搅拌器，带塞锥形瓶（250mL），蒸发皿（30mL），烧杯（100mL）等。

2. 试剂：柠檬酸溶液（50%），盐酸标准溶液（0.5000mol·L^{-1}），蔗糖（分析纯），酚酞指示剂，蒸馏水。

五、实验内容

1. 氧化钙的制取

称取洗净的干燥蛋壳 10g 于蒸发皿中，稍加压碎后，送入马弗炉中，在 900～1000℃煅烧分解 1～2h，蛋壳即转变为白色的蛋壳粉（氧化钙），称重。在步骤 3 中测定有效氧化钙的含量。

2. 柠檬酸钙的制备

将前面制得的氧化钙研细，称取 2g 于 100mL 烧杯中，加入 40mL 蒸馏水制成石灰乳，放到磁力加热搅拌器上，在不断搅拌下，分批加入柠檬酸溶液（50%）10mL，温度稳定在600℃，反应约 1h。将产物减压过滤，用少量蒸馏水淋洗滤饼，在电热恒温干燥箱中烘干，称重，观察产品颜色。

3. 蛋壳粉有效氧化钙含量的测定

准确称取 0.4000g 研成细粉的试样，置于 250mL 带塞锥形瓶中，加入 4g 蔗糖，再加入新煮沸并已冷却的蒸馏水 40mL，放到磁力搅拌器上搅拌 15min 左右，以酚酞为指示剂，用盐酸标准溶液（0.5000mol·L^{-1}）滴定至终点，按下式计算有效氧化钙的百分含量：

$$w_{CaO} = \frac{0.02804 c_{HCl} V}{m} \times 100\% \qquad (7\text{-}5)$$

式中，c_{HCl} 为盐酸标准溶液的浓度，mol·L^{-1}；V 为滴定消耗盐酸标准溶液的体积，mL；m 为试样质量，g；0.02804 为与 1mL 的 1mol·L^{-1}盐酸相当的氧化钙量，g·mmol^{-1}。

六、数据记录和处理

1. 蛋壳粉的质量＝__________g。
2. 柠檬酸钙的质量＝__________g，产率＝________%。
3. 盐酸标准溶液的浓度 c_{HCl}＝____________mol·L^{-1}。
4. 氧化钙试样质量 m＝________g。
5. 滴定消耗盐酸标准溶液的体积 V＝__________mL。
6. 蛋壳粉有效 CaO 含量＝______________%。

七、注意事项

1. 注意蛋壳在马弗炉中煅烧温度及时间。
2. 试样加入蔗糖，再加入蒸馏水（必须是新煮沸并已冷却）。
3. 柠檬酸钙制备过程中，应分批加入柠檬酸溶液。

4. 减压过滤，需用少量蒸馏水淋洗滤饼 2～3 次。

实验二十三　含银废液中再生回收金属银

一、预习思考

1. 本实验中使用哪些加热仪器？操作中分别有哪些应注意之处？

2. 沉淀洗涤后，若想将滤液作定影液再用，洗涤前的滤液与洗涤过程中的滤液应如何处置？如果滤液不再回收使用，又将如何处置？

3. 如果欲回收使用废定影液，在回收金属银的操作中有哪些应注意之处？

4. 沉淀与 $NaNO_3$ 固体在共热前后两次洗涤的目的有何不同？请简单说明。

5. 根据含银废液的回收，设计 AgCl 废渣中 Ag 的回收实验方案。

二、实验目的

1. 学习从废定影液中回收金属银的原理和方法。

2. 系统地巩固各种加热的基本操作。

3. 系统地巩固液体与固体的基本分离操作。

4. 巩固无机制备基本操作技能与综合分析能力。

三、实验原理

1. 从含银废液中回收银的措施

银，元素符号为 Ag，是从自然银和其他银矿物中提取的一种银白色的贵金属。硬度为 2.7，密度为 $10.53g\cdot cm^{-3}$，具有很好的导电性、延展性和导热性。

从含银废液中提取金属银可以采取以下几种途径：

60-实验原理

① 含银废液直接用还原剂还原为 Ag。

② 含银废液 $\xrightarrow{Na_2S} Ag_2S \xrightarrow{1000℃} Ag$

③ 含银废液 $\xrightarrow{NaCl 或 HCl} AgCl \xrightarrow{浓氨水} [Ag(NH_3)_2]^+ \xrightarrow{Zn} Ag$

④ 含银废液可用有机萃取剂萃取富集后再还原为 Ag。

⑤ 含银废液可用离子交换法富集，洗脱后还原为 Ag。

选用何种途径根据废液中银的含量、杂质及存在形式决定，因此一般选择方法前要了解废液的来源，并对废液作较全面组分测定。

2. 废定影液中银的回收

照相行业中银是定影液的主要成分之一。处理各种黑白或彩色胶卷（或印相纸）所用定影液的组成虽然不尽相同，但都含有大量的硫代硫酸钠［$Na_2S_2O_3\cdot 5H_2O$（俗称大苏打、海波）］，通常还含有少量亚硫酸钠（Na_2SO_3）、硫酸铝钾［$KAl(SO_4)_2\cdot 12H_2O$］和乙酸（CH_3COOH）。$Na_2S_2O_3$ 能使未感光的溴化银（AgBr）（为感光材料的主要组分）溶解而生成可溶性的配合物 $Na_3[Ag(S_2O_3)_2]$。从废定影液中回收金属银不仅可获得金属银，降低生产费用，而且还可消除排放废液时银（Ag^+）对环境的污染。

废定影液中，银主要是以配离子$[Ag(S_2O_3)_2]^{3-}$形式存在，可采用传统的硫化物沉淀法回收银，往废定影液中加入适量的 Na_2S 溶液，可使银以 Ag_2S 形式沉淀析出：

$$2Na_3[Ag(S_2O_3)_2]+Na_2S \longrightarrow Ag_2S\downarrow+4Na_2S_2O_3$$

适当控制 Na_2S 的用量，还可将过滤后的滤液仍作为定影液再用（若 Na_2S 过多，将使再生的定影液在定影时生成黑色的 Ag_2S 沉淀）。

沉淀中夹杂的可溶性杂质（例如亚硫酸钠等）可用去离子水洗涤除去；而由 Na_2S 带入的单质硫以及废定影液中的其他难溶性杂质，则可通过与硝酸钠共热，使这些杂质转化为可溶性硫酸盐等，经进一步洗涤除去。最后所得的 Ag_2S 沉淀经高温灼烧即可制得金属银，其主要反应为：

$$Ag_2S(s)+O_2(g) \longrightarrow 2Ag(s)+SO_2(g)$$

为了降低灼烧温度可加入碳酸钠和硼砂作为助熔剂。

四、仪器与试剂

1. 仪器：高温炉（附控温装置），离心机，托盘天平，酒精喷灯（或煤气灯），烧杯（500mL），有柄蒸发皿（250mL），坩埚，石棉网，铁架，铁圈，量筒（50mL、500mL），玻璃棒，漏斗，布氏漏斗，抽滤瓶，离心试管，pH 试纸，定量滤纸。

2. 试剂：$Na_2B_4O_7\cdot 10H_2O$（s），$NaNO_3$（s），Na_2CO_3（s），Na_2S 溶液（$1mol\cdot L^{-1}$），废定影液，去离子水。

五、实验内容

1. 硫化银沉淀的生成和分离

量取约 400mL 废定影液，置于烧杯中，边滴加 Na_2S 溶液（$1mol\cdot L^{-1}$），边搅拌，直至不再出现沉淀为止。要知道溶液中 $[Ag(S_2O_3)_2]^{3-}$ 是否已全部转化为 Ag_2S 沉淀，可取少量混有沉淀的溶液经离心分离后，再往清液中加几滴 Na_2S 溶液检验。沉淀经抽滤法过滤（操作方法参见第二章第十一节），用去离子水洗涤沉淀至滤液呈中性。将沉淀连同滤纸放入有柄蒸发皿中，用小火将沉淀烘干。

2. 硫化银沉淀的处理

用玻璃棒将冷却后的沉淀从滤纸上转移到已预先称量过的坩埚中，称量。然后往沉淀中加入 $NaNO_3$ 固体（沉淀与 $NaNO_3$ 的质量比约为 1∶0.7）。拌匀后在酒精喷灯火焰上小心灼烧，至不再生成棕色 NO_2 气体为止。冷却后，往坩埚中加入少量去离子水，搅拌，尽量使固体混合物溶解。然后连同残渣经普通漏斗过滤（使用定量滤纸），用去离子水充分洗涤固体残渣。

3. 银的提取

将固体残渣连同滤纸用小火烘干。加少量 Na_2CO_3 与 $Na_2B_4O_7\cdot 10H_2O$ 固体混合物（两物质按质量比 1∶1 混合），拌匀后，放回坩埚中，再放入 950～1000℃高温炉内加热 20min 左右。趁热细心倾出坩埚内上层熔渣，下层即为金属银。冷却后，称量银粒。

六、注意事项

1. 若欲再用此定影液，则所加 Na_2S 溶液量需适当减少，即不必使 Ag_2S 沉淀完全。

2. $NaNO_3$ 固体受热易分解（热分解温度约为 800K），工业上大量使用时应避免过高的温度；本实验所用量较少，但也应避免因剧烈反应而使反应物冲出。

3. 本实验所处理的废定影液量较少，所得金属银的量也较少，因而银与熔渣的分离倾出尚有困难。可以将所制得的若干份固体残渣合并于同一只坩埚内，然后经高温炉加热。也可待熔融物冷却后，击碎熔渣，取出银粒。

4. 从废定影液中回收金属银的常用方法就是本实验所使用的硫化物沉淀法，当然也可以用金属置换法或电解法等。

实验二十四　气体制备与化学喷泉

一、预习思考

1. 配塞、打孔及橡皮塞中插入玻璃管包括哪些基本步骤？上述操作应该注意什么？
2. 制备和收集氯化氢和氨气的方法有何不同？各有哪些注意事项？
3. 选用哪几种指示剂，使喷泉的颜色变化明显，并使两边颜色变化不同？
4. 要求喷得快且一次成功，实验关键是什么？

二、实验目的

1. 复习、巩固有关气体的制备及性质。
2. 进一步熟悉和掌握实验基本操作技能。
3. 巩固前期的实验知识，培养学生独立分析问题和解决问题的能力。
4. 培养学生根据实验具体内容，独立拟定实验方案，进行实验的综合能力。
5. 通过实验，达到培养学生融会贯通的综合能力和思维能力。

三、实验原理

根据实验具体内容自行拟定。

61-实验提示

四、仪器与试剂

根据实验内容自行拟定。

五、实验内容

1. 利用气体的物理性质及气体参与的反应，设计化学喷泉实验的方案。
2. 要求提前写出设计方案（包括仪器、药品、喷泉实验及气体制备装置图）。
3. 要求正确操作，确保喷泉效果好。
4. 通过实验，分析提高实验效果的各种因素，总结经验和教训。

六、实验提示

1. 某些气体参与的反应，反应后密闭体系内的压强急剧减小，可形成喷泉。喷泉装置可参考图 7-1（本图是双喷图，还可以安装 4 喷、5 喷、6 喷、7 喷、8 喷、9 喷、10 喷等装置）。

2. 先装配好制备和收集气体的装置，并按制备和收集气体的正确方法分别收集 HCl、NH_3、SO_2、H_2S 及 CO 等，然后进行喷泉实验。

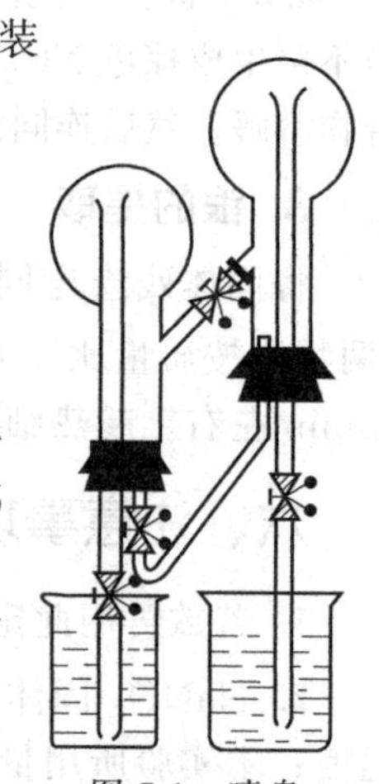

图 7-1　喷泉（双喷）装置

七、注意事项

1. 做好喷泉实验的关键是装置密闭。

2. 收集气体时，需要彻底地排出装置内空气。

3. 为了使气体在其中很好地循环流动，装置在安装前应经过干燥处理。

实验二十五　沉淀的相互转化与含铬废水的处理

一、预习思考

1. 如何判断沉淀转化反应的方向？
2. 是否难溶电解质溶度积常数越小，溶解度越小？
3. 配离子的稳定常数与配离子的稳定性之间具有何种关系？
4. 如何降低含铬废水中铬的含量，使其达到工业废水排放标准？

二、实验目的

1. 查阅有关难溶强电解质的溶度积、配合物的稳定常数，根据实验说明难溶强电解质、配合物的转化规律。

2. 掌握利用氧化还原反应和沉淀法处理含铬废水的基本方法。

3. 巩固前期的实验知识，综合运用难溶强电解质的沉淀溶解平衡、配位平衡、电极电势等相关理论，提高分析、解决实际问题的能力。

4. 培养学生根据实验具体内容，独立拟定实验方案进行实验的综合能力。

三、实验原理

根据实验具体内容自行拟定。

四、仪器与试剂

1. 仪器：比色管（25mL），酸度计（或 pH 试纸），吸量管（2mL），移液管（10mL），烧杯（500mL、250mL），容量瓶（1000mL、100mL、50mL），量筒（100mL、10mL），漏斗，托盘天平，漏斗架，试管，玻璃棒，滤纸，酒精灯，滴管。

2. 试剂：$AgNO_3$ 溶液（0.1mol·L^{-1}），NaCl 溶液（0.1mol·L^{-1}），KBr 溶液（0.1 mol·L^{-1}），KI 溶液（0.1mol·L^{-1}），氨水（6mol·L^{-1}），Na_2S 溶液（0.1mol·L^{-1}），$Na_2S_2O_3$ 溶液（1mol·L^{-1}，饱和），H_2SO_4 溶液（50%，3mol·L^{-1}），H_3PO_4 溶液（50%），$Ca(OH)_2$ 溶液（饱和），铬标准溶液（0.5mol·L^{-1}），二苯碳酰二肼-丙酮溶液（0.2%），含铬废液（1 g·L^{-1}），$FeSO_4\cdot 7H_2O$（s）。

铬标准溶液：称取 0.2829g 已于 110℃干燥 2h 的 $K_2Cr_2O_7$，用水溶解后移入 1000mL 容量瓶中，加水稀释至刻度，摇匀，再取 10mL 此溶液稀释至 1000mL，摇匀，即得 1L 含六价铬 1mg 的铬标准储备溶液。

二苯碳酰二肼-丙酮溶液：称取 0.20g 二苯碳酰二肼，溶于 50mL 丙酮中，加水稀释至 100mL，摇匀，用棕色瓶盛装，存放在冰箱中，应现用现配。

62-实验提示

含铬废液：用 $K_2Cr_2O_7$ 或 CrO_3 配制，若取工业废水应进行过滤等预处理。

五、实验内容

1. 通过配合物与难溶强电解质沉淀间相互转化的实验证实：

$$K^{\ominus}_{sp,Ag_2S} < K^{\ominus}_{sp,AgI} < K^{\ominus}_{sp,AgBr} < K^{\ominus}_{sp,AgCl}$$

$$K^{\ominus}_{f,[Ag(S_2O_3)_2]^{3-}} > K^{\ominus}_{f,[Ag(NH_3)_2]^+}$$

2. 现有含六价铬 $1.0g \cdot L^{-1}$ 的工业废水，请自行设计实验方案，采用化学法将含铬废水中的铬除去，使水中六价铬含量小于 $0.50mg \cdot L^{-1}$，达到工业废水排放标准；若水中六价铬含量小于 $0.05mg \cdot L^{-1}$，则达到生活饮用水水质标准（GB 5749—2006）。

3. 根据实验内容，运用学过的理论知识确定实验方案，拟定具体实验步骤。

六、实验提示

1. 氨水可溶解 AgCl 沉淀；不同浓度的 $Na_2S_2O_3$ 溶液可分别溶解 AgBr 沉淀及 AgI 沉淀，但不能溶解 Ag_2S 沉淀。

2. 六价铬在强酸性条件下可以与 Fe^{2+} 反应，转化为 Cr^{3+}，然后再利用沉淀法可将 Cr^{3+} 转化为 $Cr(OH)_3$ 沉淀，从而除去废水中的铬；但是如果溶液的 pH 值太低会影响沉淀的生成，因此 pH 值最好控制在 1.0～2.0，$K^{\ominus}_{sp,Cr(OH)_3} = 5.4 \times 10^{-31}$。

在酸性介质中，六价铬与二苯碳酰二肼生成特征的紫红色化合物，六价铬浓度越大，颜色越深。

工业废水排放标准色的配制：取 20mL 铬标准溶液（$0.5mol \cdot L^{-1}$）于 25mL 比色管中，加入 H_2SO_4 溶液（50%）和 H_3PO_4 溶液（50%）各 3 滴，加二苯碳酰二肼-丙酮溶液（0.2%）1mL，再加蒸馏水至 25mL，观察颜色变化。以此为基准，进行废水处理效果的衡量（现用现配）。

生活饮用水水质标准色的配制：取 2.00mL 铬标准溶液（$0.5mol \cdot L^{-1}$）于 25mL 比色管中，加入 H_2SO_4 溶液（50%）和 H_3PO_4 溶液（50%）各 3 滴，加二苯碳酰二肼-丙酮溶液（0.2%）1mL，再加蒸馏水至 25mL，观察颜色变化。以此为基准，进行废水处理效果的衡量（现用现配）。

废液中六价铬处理效果的衡量：取处理后的废液 20mL 于 25mL 比色管中，加入 H_2SO_4 溶液（50%）和 H_3PO_4 溶液（50%）各 3 滴，加二苯碳酰二肼-丙酮溶液（0.2%）1mL，再加蒸馏水至 25mL，并与上述标准色比较（如果溶液颜色比标准色浅，说明达到了上述排放标准），判断是否达到了相应标准。

实验二十六　不同溶液中铜的电极电势

一、预习思考

1. 常用参比电极有哪些？同一参比电极为什么会有不同的电极电势值？

2. 金属放入其盐溶液之前，需要进行怎样的处理？为什么？

3. 电极电势的大小与哪些因素有关？电极电势的大小与氧化型电对的氧化性或还原型电对的还原性有什么关系？

4. 在不同介质中，$KMnO_4$ 的氧化能力是否一样？

二、实验目的

1. 熟悉电极电势测定的基本原理和方法。

2. 进一步理解电极电势与电池电动势的关系。

3. 掌握浓度对电极电势的影响及能斯特（Nernst）方程。

4. 掌握介质对电极电势的影响以及介质在能斯特（Nernst）方程中的正确表示。

5. 学习利用酸度计测定电动势的方法。

三、实验原理

1. 电极电势的影响因素

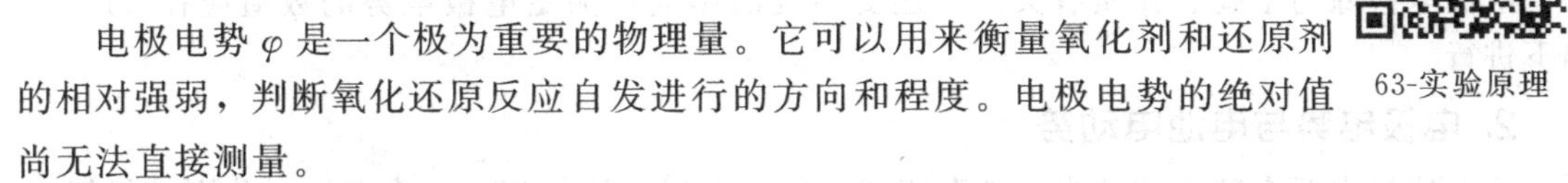

63-实验原理

电极电势 φ 是一个极为重要的物理量。它可以用来衡量氧化剂和还原剂的相对强弱，判断氧化还原反应自发进行的方向和程度。电极电势的绝对值尚无法直接测量。

室温下，电极电势的大小，取决于电极的本性、溶液中参加电极反应离子的浓度和溶液的性质等。

(1) 浓度的影响　由能斯特（Nernst）方程可知，溶液中离子浓度的变化（如生成沉淀即难溶电解质或形成配离子）将影响电极电势的数值。对于电极反应：

$$a\ \text{氧化态} + ne^- \rightleftharpoons b\ \text{还原态}$$

则有：

$$\varphi = \varphi^{\ominus} + \frac{RT}{nF}\ln\frac{c^a_{\text{氧化态}}}{c^b_{\text{还原态}}} \tag{7-6}$$

在常温 $T=298.15\text{K}$ 时，上述 Nernst 方程则变成如下形式：

即：

$$\varphi = \varphi^{\ominus} + \frac{0.0592}{n}\lg\frac{c^a_{\text{氧化态}}}{c^b_{\text{还原态}}} \tag{7-7}$$

从 Nernst 方程可以看出，氧化态物质浓度增大或还原态物质浓度减小，都将使电极电势增大，反之将会使电极电势减小。

例如，对于银电极，其电极反应及电极的标准电势数值如下：

$$Ag^+ + e^- \rightleftharpoons Ag \qquad \varphi^{\ominus}_{Ag^+/Ag} = 0.7991\text{V}$$

若将银电极放在 $AgNO_3$ 溶液中，而在 $AgNO_3$ 溶液中加入 NaCl，最后使溶液中 $c_{Cl^-} = 1\text{mol}\cdot\text{L}^{-1}$，则 25℃银电极的电极电势变为：

$$\varphi_{Ag^+/Ag} = \varphi^{\ominus}_{Ag^+/Ag} + \frac{0.0592}{n}\lg c_{Ag^+} \tag{7-8}$$

在 $AgNO_3$ 溶液中加入 NaCl 后会形成 AgCl 沉淀，根据

$$c_{Ag^+}c_{Cl^-} = K^{\ominus}_{sp,AgCl} = 1.8\times10^{-10} \tag{7-9}$$

此时

$$c_{Ag^+} = \frac{1.8\times10^{-10}}{1} = 1.8\times10^{-10}(\text{mol}\cdot\text{L}^{-1})$$

所以

$$\varphi_{Ag^+/Ag} = \varphi^{\ominus}_{Ag^+/Ag} + \frac{0.0592}{n}\lg 1.8\times10^{-10} = 0.2222(\text{V}) \tag{7-10}$$

由于产生 AgCl 沉淀，c_{Ag^+} 减小，$\varphi_{Ag^+/Ag}$ 也下降。

(2) 介质的影响　有 H^+（或 OH^-）参加的电极反应，氢离子浓度的变化也会影响电极电势的数值，即在 Nernst 方程表示式中一定要将 H^+（或 OH^-）的影响体现出来。例如：

$$MnO_4^-(aq) + 8H^+(aq) + 5e^- \rightleftharpoons Mn^{2+}(aq) + 4H_2O$$

上述电极反应的 Nernst 方程如下：

$$\varphi_{MnO_4^-/Mn^{2+}}=\varphi^{\ominus}_{MnO_4^-/Mn^{2+}}+\frac{0.0592}{5}\lg\frac{c_{MnO_4^-}c^8_{H^+}}{c_{Mn^{2+}}} \tag{7-11}$$

当 $c_{MnO_4^-}=c_{Mn^{2+}}=1mol\cdot L^{-1}$，$c_{H^+}$ 从 $1mol\cdot L^{-1}$ 降到 $10^{-5}mol\cdot L^{-1}$ 时，计算结果表明电极电势则从 1.512V 降到 1.038V，降低了 0.474V，这将导致 $KMnO_4$ 的氧化能力减弱，因此 $KMnO_4$ 只有在强酸性介质中才能表现出强的氧化能力。

电极电势除与浓度、介质有关外，还受温度的影响，测定电极电势的数值应在 25℃ 恒温下进行。

2. 电极电势与电池电动势

原电池是由两个独立的“半电池”组成，每一个半电池相当于一个电极，分别进行氧化作用和还原作用。由不同的半电池可以组成各式各样的原电池，通过实验可以测得由两个电极所组成电池的电动势。

电池电动势等于正极的电极电势减去负极的电极电势，即

$$E_{MF}=\varphi_+-\varphi_- \tag{7-12}$$

以(Pt)Hg(l)|Hg_2Cl_2(s)|KCl(饱和)‖Cu^{2+}($1mol\cdot L^{-1}$)|Cu(s)原电池为例，左侧的饱和甘汞电极为负极，25℃其电极电势 $\varphi_{饱和甘汞}=0.2412V$，右侧的铜电极为正极，其电极电势表示为 $\varphi_{Cu^{2+}/Cu}$。

通过测定上述原电池的电动势 E_{MF}，按照下式即可计算铜电极的电极电势。

$$\varphi_{Cu^{2+}/Cu}=\varphi_+=E_{MF}+\varphi_{饱和甘汞} \tag{7-13}$$

如果已知铜电对的标准电极电势，依照电极电势的 Nernst 方程：

$$\varphi_{Cu^{2+}/Cu}=\varphi^{\ominus}_{Cu^{2+}/Cu}+\frac{0.0592}{2}\lg c_{Cu^{2+}} \tag{7-14}$$

即可从理论上来计算不同浓度下铜电对的电极电势。

饱和甘汞电极的电极电势随温度略有改变，可按下式计算。

$$\varphi_{饱和甘汞}(V)=0.2412-7.6\times10^{-4}(t-25) \tag{7-15}$$

本实验采用酸度计的“mV”挡测定原电池的电动势。

四、仪器与试剂

1. 仪器：酸度计，烧杯，饱和甘汞电极，砂纸，铜板，移液管，量筒。
2. 试剂：$CuSO_4$ 溶液（$1mol\cdot L^{-1}$），氨水（$2mol\cdot L^{-1}$）。

五、实验内容

1. 由实验室准备好的 $CuSO_4$ 溶液（$1mol\cdot L^{-1}$），自行配制 $CuSO_4$ 溶液（$0.01mol\cdot L^{-1}$）。写出具体的配制过程和方法。
2. 制备本实验所需的 $[Cu(NH_3)_4]SO_4$ 溶液，写出具体的配制过程和方法。
3. 测定金属铜分别在 $CuSO_4$ 溶液（$1mol\cdot L^{-1}$），$CuSO_4$ 溶液（$0.01mol\cdot L^{-1}$）和 $[Cu(NH_3)_4]SO_4$ 溶液中的电极电势。
4. 画出实验装置示意图，写出实验步骤及所需仪器。
5. 详细阅读 pHS-3C 型酸度计的使用，使用酸度计的“mV”挡测定电极电势。
6. 利用电极电势的能斯特方程计算出不同浓度电解质溶液中 Cu 的电极电势，并与实验结果相比较，分析数据不一致的原因。

六、注意事项

1. 注意酸度计的正确使用。

2. 由于甘汞电极内所充 KCl 溶液浓度不同，通常会有 3 个不同的电极电势值（参看第三章第九节相关内容），所以使用时必须弄清楚，确保电极与电极电势值是匹配的，以免测量错误。

实验二十七　未知液的定性分析

一、预习思考

1. 溶液鉴定中需注意哪些问题？
2. 怎样进行液体的取样？实验中取多少比较适宜？
3. 实验中需要哪些试剂？

二、实验目的

1. 巩固有关离子的性质和鉴定方法。
2. 综合应用实验基本操作技能。
3. 培养学生独立分析问题和解决问题的能力。
4. 培养学生根据实验具体内容，独立拟定实验方案进行实验的综合能力。

三、实验原理

根据实验内容自行拟定。

四、仪器与试剂

1. 仪器：离心机，试管和离心试管，电炉，石棉网，水浴锅，烧杯，玻璃棒，滴管等。
2. 试剂：预习时以书面形式自行列出所需要的试剂。

五、实验内容

1. 八瓶阴离子分析鉴定（每瓶只含有一种阴离子）：

NO_3^-、PO_4^{3-}、S^{2-}、SO_4^{2-}、SO_3^{2-}、$S_2O_3^{2-}$、Cl^-、Br^- 及 I^-，其中有一种阴离子不存在。

2. 六瓶阳离子分析鉴定（每瓶只含有一种阳离子）：

NH_4^+、Zn^{2+}、Cd^{2+}、Ba^{2+}、Ag^+、Mn^{2+} 及 Fe^{3+}，其中有一种阳离子不存在。

六、实验提示

64-实验提示

1. 离子鉴定即确定某种元素或其离子是否存在，原则如下：

① 大都是在水溶液中进行离子反应。

② 选择变化迅速且明显的反应。例如颜色的改变；沉淀生成与溶解；气体的产生。

③ 还要考虑反应的灵敏性和选择性。

2. 混合离子分离的常用方法是沉淀分离法。此方法主要是根据溶度积规则，利用沉淀反应，达到分离目的。

3. 分离和检出需要在一定条件下进行：

① 溶液的酸度。

② 反应物浓度。

③ 反应湿度。

④ 促成或妨碍此反应的物质存在。

七、注意事项

1. 实验前必须按实验内容初步拟定实验方案（书面形式）。实验结束后，将实际实施方案书写在报告册上。

2. 鉴定离子时，必须考虑其他离子对测定的干扰作用。

3. 自行列出实验中所需要的试剂（书面形式）。

4. 实验前在实验报告规定处，正确写出个人拿到的未知阳离子试样编号、阴离子试样编号。

5. 在实验报告结论处，要注明通过实验得出的各试剂瓶编号与各阴、阳离子的对应关系，明确给出未知试样的结论。

6. 实验中产生的废液要集中回收，统一处理。

实验二十八　废干电池的综合利用

一、预习思考

1. 以何种原料的用量为标准计算 $ZnSO_4 \cdot 7H_2O$ 的产率？为什么？

2. 滤液加热蒸发时，为什么不能直接蒸干？

二、实验目的

1. 了解制备硫酸锌的原理，掌握制备硫酸锌的方法。

2. 进一步巩固称量、常压过滤、减压过滤、蒸发浓缩等基本操作。

3. 培养学生变废为宝的环境保护意识。

三、实验原理

65-实验原理

干电池是人们日常生活中应用最广泛的商品之一，照相机、计算器、电子闹钟、手机、电子词典和掌上电脑都离不开干电池。我国是干电池的生产和消费大国，一年的产量达150亿只，居世界第一位，消费量为70亿只，平均每个中国人一年要消费5只干电池。长期以来，我国在生产干电池时，要加入一种有毒的物质——汞或汞的化合物。我国生产的碱性干电池中汞含量达1%～5%，中性干电池为0.025%，全国每年用于生产干电池的汞就达几十吨之多。汞就是我们俗称的“水银”。汞和汞的化合物都是有毒的，科学家发现，汞具有明显的神经毒性，此外对内分泌系统、免疫系统等也有不良影响。

如何处理废电池呢？西欧许多国家在商店、大街上都设有专门的废电池回收箱，将收集起来的废电池先用专门筛子筛选出那些用于钟表、计算器及其他小型电子仪器的纽扣电池，它们当中一般都含有汞，可将汞提取出来加以利用，然后人工分拣出镍镉电池。法国一家工厂就从中提取镍和镉，再将镍用于炼钢，镉则重新用于生产电池。其余的各类废电池一般都运往专门的有毒、有害垃圾填埋场，这种做法不仅花费太大，而且还造成浪费，因为其中尚有不少可作原料的有用物质。

我国正逐步实行干电池的低汞化和无汞化，绿色环保电池也走进百姓的生活。不过，我国大多数消费者对废电池污染了解不是太多，购买电池时并没有把是否符合环保标准放在第一位。对于电池生产厂家来说，生产环保电池，需要改进工艺设备和原料配方，这无疑要增加资金投入和生产成本，企业也不愿意。废电池污染是迫切需要解决的一个重大环境问题。

废干电池的来源丰富，从中可回收铜、锌、二氧化锰和氯化铵等。本实验以废电池的锌壳为原料回收锌。首先使锌壳和稀硫酸反应制备硫酸锌。反应完成后将溶液加热浓缩，控制温度在25℃以下结晶，即析出 $ZnSO_4 \cdot 7H_2O$，抽滤、干燥后得产品。

锌与硫酸反应生成硫酸锌，并放出氢气。反应方程式为：

$$Zn + H_2SO_4 = ZnSO_4 + H_2 \uparrow$$

反应速率与锌的表面积、硫酸浓度及反应温度有关。锌的表面积越大，反应速度越快；硫酸浓度越大，反应速度似乎也应该越快，但由于 H^+ 是带正电荷的微粒，会阻碍 Zn^{2+} 进入溶液，故酸浓度不能太大，宜用20%～40%稀硫酸，但硫酸浓度也不能太低，否则一方面影响反应速度，另一方面将延长蒸发浓缩的时间，浪费能源。锌与硫酸在常温下即可反应，且为放热反应，反应速度随反应的进行呈逐渐加快的趋势，故反应无需加热。

与废电池相关的其他回收方法有：

① 热处理法是将旧电池磨碎，然后送往炉内加热，这时可提取挥发出的汞，温度更高时锌也蒸发，它同样是贵重金属。

② 真空热处理法是先在废电池中分拣出镍镉电池，再将废电池在真空中加热，其中汞迅速蒸发，即可将其回收，然后将剩余原料磨碎，用磁体提取金属铁，再从余下粉末中提取镍和镉。

四、仪器与试剂

1. 仪器：托盘天平，常压过滤装置（漏斗、漏斗架、烧杯），减压过滤装置（布氏漏斗、抽滤瓶、真空泵），加热装置（酒精灯、石棉网、三脚架），蒸发皿，量筒（100mL），烧杯（100mL）。

2. 试剂：废电池外壳，H_2SO_4 溶液（30%），HAc 溶液（$1mol \cdot L^{-1}$）。

五、实验内容

1. 溶解

将从废电池表面剥下的锌壳洗净后，称取4g碎锌片于100mL洁净烧杯中，量取20mL H_2SO_4 溶液（30%）加入其中，在玻璃棒不断搅拌下进行反应。反应停止后（不再有气体产生），溶液中加20mL蒸馏水，以补充因蒸发而损失的水和产物结晶所需的水。

2. 常压过滤

将反应生成的硫酸锌溶液用普通玻璃漏斗过滤到蒸发皿中，弃去残渣。

3. 蒸发和结晶

用酒精灯明火加热使滤液蒸发，蒸发过程中应适当搅拌以加快蒸发速度。溶液表面出现晶膜时停止加热。静置冷却至室温，析出的晶体即为 $ZnSO_4 \cdot 7H_2O$。

4. 减压过滤

将蒸发皿中的物质倒入布氏漏斗中，减压抽滤。用少许蒸馏水（加水过多会使硫酸锌溶解而损失）洗涤晶体两次以除去表面的杂质和残酸。晾干后称重，计算产率。

六、注意事项

1. 实验用废电池锌壳为原料，纯度高（含锌量大于99.0%），故可略去除杂质离子的步骤。如用锌矿或含锌量较高的废金属作原料，则必须增加除杂质的有关操作。

2. 废电池表面剥下的锌壳，可能沾有 $ZnCl_2$、NH_4Cl 及 MnO_2 等杂质，应先用水洗刷除杂质，然后把锌壳剪碎。

3. 锌与 H_2SO_4 溶液反应过程中一定要避免明火，以防止生成的氢气遇火发生爆炸。

实验二十九 食品中微量元素的鉴定

一、预习思考

1. 除面粉外，还有什么食品含有较多锌元素？
2. 碘酒滴入粥或米汤中，会有什么现象产生？
3. 举出另外一种鉴定微量铁离子的方法。

二、实验目的

1. 了解微量元素与人身体健康的关系。
2. 巩固有关元素的性质，学习食品中微量元素的定性、定量分析原理及方法。
3. 综合应用实验基本操作技能，培养和巩固综合实验技能及分析能力。

三、实验原理

66-实验原理

人体微量元素是指在人体内含量少于 0.1%的化学元素，含量通常在亿分之一到万分之一之间。人体必需的微量元素有铁、锌、碘、氟、铬、锰、钴、铝、硒等。这些微量元素对人体健康起着非常重要的作用。它们作为酶、激素、维生素、核酸的成分，参与生命的代谢过程。铁、锌、碘、氟这四种微量元素和婴幼儿的健康关系密切。铁分布在红细胞中，是组成血红蛋白不可缺少的成分，参与血红蛋白的形成而促进造血，能够运载和携带氧气。锌对人体多种生理功能起着重要作用，参与多种酶的合成，加速生长发育，增强创伤组织再生能力，增强抵抗力。碘是人体合成甲状腺激素的主要成分，机体缺碘会引起缺碘性甲状腺肿病。氟是骨骼和牙齿的主要成分。

另外，还有一些从外环境通过各种途径（水、食物、空气等）进入人体的有毒微量元素，如铝、铅、汞、镉、铊、铍等。吃进人体内的铝对健康危害很大，能引起痴呆、骨痛、贫血、甲状腺功能降低、胃液分泌减少等多种疾病。铅主要损害骨髓造血系统和神经系统，引起贫血和末梢神经炎。此外，铅随血液流入脑组织，损害小脑和大脑皮质细胞，干扰代谢活动，进而发展成为弥漫性的脑损伤。侵入体内的铅绝大部分形成难溶的磷酸铅沉积于骨骼，产生积累作用。由于疲劳、外伤、感染发烧、患传染病、缺钙等原因使血液酸碱平衡变化时，铅可再变为可溶性磷酸氢铅而进入血液，引起铅中毒。

人体必需的微量元素也是动物在生长和发育过程中所必需的。各种化学元素通常是通过空气、水、土壤和食物等进入生物体，生物体以新陈代谢的形式与所生存的环境进行不停的物质交换，获得所需要的元素。对人类来说，食物是微量元素的重要来源之一。

1. 大豆中的铁元素及鉴定

大豆是营养丰富的食物，尤其是各类豆制品是人们普遍喜欢的大众食品。大豆中不仅富含植物蛋白质，没有胆固醇，而且还含有铁等一些人体所需的微量元素。

铁元素的鉴定：大豆样品经研磨粉碎，过 40 目筛，用浓硫酸和双氧水将其彻底溶解。经双氧水处理的样品中铁是以 Fe^{3+} 形式存在的。在稀酸溶液中，Fe^{3+} 与 SCN^- 反应生成血红色配合物。

$$Fe^{3+} + 5SCN^- = [Fe(SCN)_5]^{2-}$$

2. 面粉中的锌元素及鉴定

食物中微量锌的含量差别很大，一般坚果、豆类、谷物等食品中含量较多一些，小麦中的锌主要存在于胚芽和皮中，因而有全麦粉比精制面粉更营养的说法。

锌元素及其鉴定：为测定有机物中的金属离子，首先可以将样品在高温下灰化，金属元素以氧化物的形式留在灰分中。再以 HCl 或 HNO_3 溶液溶解，蒸干，金属元素就以相应的盐类形式存在，制成水溶液，即可用于离子鉴定。

锌元素可以用双硫腙法鉴定。双硫腙又称二苯硫代卡巴腙，锌与双硫腙在 pH 值为 4.5～5 时反应生成紫红色配合物。

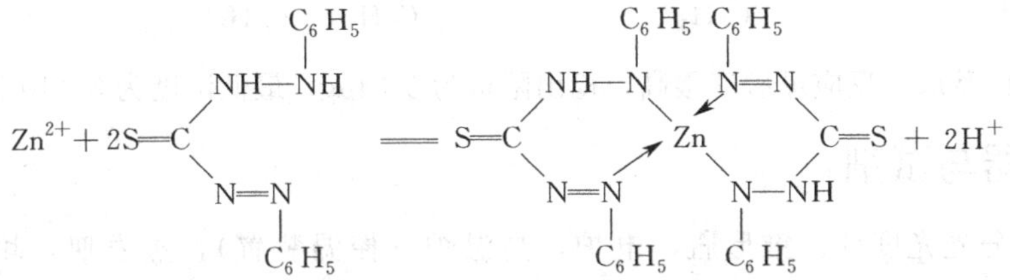

$$Zn^{2+} + 2S{=}C\begin{matrix} NH{-}NH{-}C_6H_5 \\ N{=}N{-}C_6H_5 \end{matrix} = S{=}C\begin{matrix} NH{-}N(C_6H_5) \\ N{=}N(C_6H_5) \end{matrix}Zn\begin{matrix} N(C_6H_5){=}N \\ N(C_6H_5){-}NH \end{matrix}C{=}S + 2H^+$$

该配合物能溶于 CCl_4 等有机溶剂中，故可用有机溶剂萃取。

3. 海带中的碘元素及鉴定

海带是营养价值和经济价值都比较高的食品，特别是含有人类健康必需的微量元素碘。成人每日碘需求量为 70～100μg，青少年为 160～200μg，儿童为 50μg 左右。

碘可以以多种不同的价态存在，有些是易挥发或不稳定的，海带样品在碱性条件下灰化后，其中的碘被有机物还原为 I^-，可通过如下方法鉴定：

① 重铬酸钾法。碘化物可在酸性条件下与 $K_2Cr_2O_7$ 反应，析出 I_2。

$$6I^- + Cr_2O_7^{2-} + 14H^+ = 2Cr^{3+} + 3I_2 + 7H_2O$$

再用 $CHCl_3$ 萃取，I_2 在 $CHCl_3$ 中显粉红色。

② 亚硝酸钾-淀粉法。在酸性条件下，KNO_3 可将 I^- 氧化成 I_2，I_2 与淀粉分子结合，形成蓝色化合物。

4. 油条中的铝元素及鉴定

油条是很多人经常食用的大众化食品。为了使油条松脆可口，通常加入明矾[$KAl(SO_4)_2 \cdot 12H_2O$]和苏打（Na_2CO_3），因而油条含有微量铝元素。此外，用铝锅长时间盛装酸、碱、盐类食物，也会因为腐蚀而使一部分铝离子溶入食物中。

样品预处理方法与面粉样品一样，首先把金属元素变成金属离子，再做鉴定。

① 铝试剂法。铝试剂即玫瑰红三羧酸铵，可以与铝离子反应生成红色配合物。

② 茜素法。茜素磺酸钠在 pH 值为 4～9 的介质中与 Al^{3+} 形成红色螯合物沉淀。

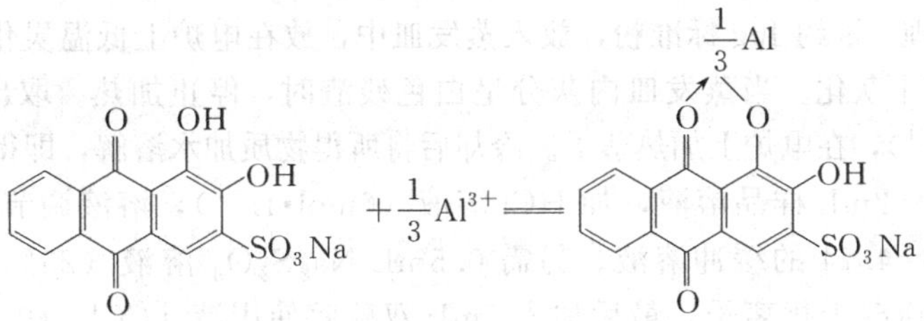

$$\text{(茜素磺酸钠: O, OH, OH, } SO_3Na\text{)} + \frac{1}{3}Al^{3+} = \text{(螯合物: O, O}\rightarrow\frac{1}{3}Al\text{, OH, } SO_3Na\text{)}$$

反应的检出限量为 0.15μg，最低浓度为 $3\times10^{-6}\ mol \cdot L^{-1}$。

5. 松花蛋中的铅元素及鉴定

松花蛋是一种有特殊味道的食品，但传统的制作工艺往往使其受到铅的污染。而铅及其化合物具有较大毒性，对人体危害较大。

铅元素的鉴定可参考面粉预处理原理，将金属元素转化为硝酸盐，用双硫腙法鉴定。在中性或微碱性条件下，双硫腙与 Pb^{2+} 形成一种疏水的红色配合物。

$$Pb^{2+} + 2S{=}C\begin{matrix} NH{-}NH{-}C_6H_5 \\ N{=}N{-}C_6H_5 \end{matrix} = S{=}C\begin{matrix} NH{-}N(C_6H_5) \\ N{=}N(C_6H_5) \end{matrix}Pb\begin{matrix} N(C_6H_5){=}N \\ N(C_6H_5){-}NH \end{matrix}C{=}S + 2H^+$$

配合物可用 CCl_4 萃取。反应灵敏度很高，检出限量为 0.04μg，最低浓度为 $8\times10^{-7}mol\cdot L^{-1}$。

四、仪器与试剂

1. 仪器：分光光度计，锥形瓶，电炉，高温炉（控温装置），蒸发皿，坩埚，捣碎机，烧杯，滤纸。

2. 试剂：大豆粉，标准粉，全麦粉，海带，油条，浓 H_2SO_4，H_2O_2 溶液（30%），$K_2S_2O_8$ 溶液（2%），NH_4SCN 溶液（20%），HCl 溶液（$6mol\cdot L^{-1}$），$Na_2S_2O_3$ 溶液（25%），盐酸羟胺溶液（20%），双硫腙使用液，KOH 溶液（$10mol\cdot L^{-1}$），$K_2Cr_2O_7$ 溶液（$0.02mol\cdot L^{-1}$），$CHCl_3$，KNO_2 溶液（1%），HNO_3 溶液（$6mol\cdot L^{-1}$，1%），巯基乙酸溶液（0.8%），铝试剂，HNO_3 溶液（1%），HNO_3 溶液（1∶1），氨水，柠檬酸铵溶液（20%），双硫腙使用液［CCl_4（0.002%）溶液］。

五、实验内容

1. 大豆中微量铁的鉴定

（1）样品预处理　称取约 3g 粉碎的大豆粉放入 150mL 锥形瓶中，加入约 10mL 浓 H_2SO_4，放在电炉上低温加热至瓶内硫酸开始冒白烟，继续加热 5min，从电炉上取下锥形瓶。稍冷却，使瓶内温度约为 60～70℃，逐滴加入 2mL H_2O_2 溶液（30%）。加完后放电炉上继续加热 2min，如果瓶内溶液仍有黑色或棕色物质，再从电炉上取下，稍冷却后再滴加 H_2O_2 溶液，随后再加热，如此反复处理，直到瓶内溶液至淡黄色为止。最后再加热 5min，以除去过量的 H_2O_2。

（2）硫氰酸铵法　2mL 样品，加 0.2mL 浓 H_2SO_4、0.1mL $K_2S_2O_8$ 溶液（2%）和 1mL NH_4SCN 溶液（20%）。

2. 面粉中微量元素锌的鉴定

（1）样品预处理　取约 10g 标准粉，放入蒸发皿中，放在电炉上低温炭化。待浓烟挥尽后，转入高温炉中 500℃下灰化。当蒸发皿内灰分呈白色残渣时，停止加热。取出冷却后，加 2mL HCl 溶液（$6mol\cdot L^{-1}$），在电炉上加热蒸干。冷却后将所得物质加水溶解，即得到样品溶液。

（2）双硫腙法　2mL 样品溶液，加 HCl 溶液（$6mol\cdot L^{-1}$），溶液调节 pH 值为 4.5～5，必要时加 2mL pH＝4.74 的缓冲溶液。另需 0.5mL $Na_2S_2O_3$ 溶液（25%）和 0.5mL 盐酸羟胺溶液（20%）掩蔽干扰离子，最后加入 5mL 双硫腙使用液［CCl_4（0.002%）溶液］。

条件具备时，另取 10g 全麦粉，同上处理、鉴定，并比较结果。

3. 海带中碘的鉴定

样品预处理：将除去泥沙后的海带切细、混匀，取均匀样品约 2g 放入坩埚中，加入 5mL KOH 溶液（$10mol\cdot L^{-1}$）。先在烘箱内烘干，然后放在电炉上低温炭化，再移入高温炉中，于 600℃下灰化至白色灰烬。取出冷却后，加水约 10mL，加热溶解灰分，并过滤。用 30mL 热水分几次洗涤坩埚和滤纸，所得滤液供鉴定用。

2mL 样品，加 2mL 浓 H_2SO_4 和 10mL $K_2Cr_2O_7$ 溶液（$0.02mol\cdot L^{-1}$），摇匀后放置 30min，然后再加入 10mL $CHCl_3$，剧烈摇动，静置分层，观察 $CHCl_3$ 层的颜色。

2mL 样品，加 2mL 浓 H_2SO_4、1mL 淀粉试剂和 2mL KNO_2 溶液（1%）。

4. 油条中微量铝的鉴定

样品预处理：取一小块油条切碎放入坩埚内，在电炉上低温炭化，待浓烟散尽，放入高温炉（控制炉温约 500℃）中灰化，到坩埚内物质呈白色灰状时，停止加热。冷却后加入约 2mL HNO_3 溶液（$6mol\cdot L^{-1}$），在水浴上加热蒸发至干，再把所得产物加水溶解，即可用于定性分析。

2mL 样品中先加 5 滴巯基乙酸溶液（0.8%），再加 1mL 铝试剂缓冲溶液，水浴加热。

5. 松花蛋中铅的鉴定

(1) 样品预处理　取一个松花蛋剥壳后放入高速组织捣碎机中，按 2∶1 的蛋水比加水，捣成匀浆。把所得匀浆倒入蒸发皿中，先在水浴上蒸发至干，然后放在电炉上小心炭化至无烟后，移入高温炉内，在约 550℃条件下灰化至白色灰烬。取出冷却后，加 1∶1 HNO_3 溶解所得灰分，即成试样。

(2) 双硫腙法　用氨水调节试液 pH 值到 9 左右，此时 Pb^{2+} 与双硫腙作用生成红色配合物，加盐酸羟胺溶液（20%）还原 Fe^{3+}，同时加柠檬酸铵溶液（20%）掩蔽 Fe^{2+}、Sn^{2+}、Cd^{2+}、Cu^{2+} 等，用 CCl_4 萃取后，铅的双硫腙配合物萃取入 CCl_4 中，干扰离子则留在水中。

2ml 样品需 2mL 的 HNO_3 溶液（1%）酸化，2mL 柠檬酸铵溶液（20%）和 1mL 盐酸羟胺溶液（20%）掩蔽干扰离子；用氨水（1∶1）调节 pH 值为 9，加入 5mL 双硫腙使用液 [CCl_4（0.002%）溶液]，剧烈摇动。

通过以上实验学生可自行完成定性分析，教师可向学生演示如何用原子吸收分光光度法定量测定微量金属离子。

六、注意事项

1. 双硫腙是一种广泛使用的配位剂，用它测定离子时，必须考虑其他金属离子的干扰作用，通过控制溶液的酸度和加入掩蔽剂可加以消除。

2. 双硫腙法测定时，若 Pb^{2+}、Fe^{3+}、Cd^{2+}、Cu^{2+} 等离子对测定有干扰，可加 $Na_2S_2O_3$ 溶液和盐酸羟胺溶液掩蔽。

3. 铁元素鉴定实验中，预处理加入 H_2O_2 溶液，必须缓慢滴加，以防反应过于激烈。

实验三十　趣味化学实验

选题 1　化学暖袋

一、预习思考

1. 在塑料袋上扎针眼的目的是什么？

2. 搓动袋子的作用是什么？

3. 暖袋发热的速度和保持发热的时间跟铁粉的纯度、粒度具有何种关系？

4. 密封袋的选取对实验结果有无影响？应选取何种塑料袋？

二、实验目的

1. 学习化学暖袋的制取方法。

2. 了解铁的热力学性质。

3. 通过化学暖袋的简单实用性实验，培养学生的感性认识能力。

三、实验原理

67-化学暖袋：实验原理

许多物质在发生化学反应时会放出热量。在自然条件下，铁能与空气中的氧发生氧化还原反应，而释放出大量热量。其化学反应式如下：

$$4Fe + 3O_2 + 6H_2O \xlongequal{} 4Fe(OH)_3 \quad \Delta_r H_m = -403.4kJ\cdot mol^{-1}$$

化学暖袋就是利用这一原理来制作的。

铁氧化反应的速度很慢，放出的热量又不容易聚集，所以采用铁粉作原料，充分利用了其表面积大的特点。加入一定量的食盐水，可以起到调节反应速率的效果，从而可以达到控制反应释放热量的速率，制成可调控的化学取暖袋；同时放入一定量的活性炭，可起到吸热与保温作用，从而保证暖袋的温度适中与持久。

四、仪器与试剂

1. 仪器：80mm×120mm 密封袋，托盘天平，烧杯，玻璃棒，量筒，药匙。

2. 试剂：还原铁粉，NaCl 溶液（15%），活性炭，木屑。

五、实验内容

1. 分别称取 50g 铁粉、7g 活性炭、3g 木屑，再量取 8mL NaCl 溶液（15%）备用。

2. 将铁粉、活性炭和木屑置于烧杯内，先用玻璃棒搅拌混合，再加入食盐水，迅速搅拌，将搅拌后的混合物尽快装入密封袋中，并加以封口。

3. 使用时，双手轻轻地搓动暖袋，半分钟后，便可见水蒸气出现，3～5min 后温度明显升高。它的平均温度为 40～50℃，最高温度可达 55℃，维持时间为 10～15h，间断使用寿命更长，可达一周左右。使用中若感觉温度太低，可搓动暖袋，使之升温。这种简易化学暖袋可供多次反复使用，暂时不用时将透气小孔封闭，使化学反应中断；再用时只需开启透气小孔并搓动暖袋即可。一旦发现暖袋中黑色的铁粉变成红棕色固体，即生成了氢氧化铁和三氧化二铁，则表示暖袋已发出了所有的热“寿终正寝”了。

六、注意事项

1. 在实际操作中要视铁粉、活性炭搅拌后湿润的程度，适当增减食盐水，即混合物不能太湿，也不能太干。

2. 将混合物装入塑料袋时的速度要快。温度上升不快时，可用手轻轻搓动暖袋。

3. 活性炭一般选用木质、果壳类为好。

4. 本实验中的铁粉一般可以从工厂的下脚料中筛选。如果铁粉在生产中沾上油污。可用稀碱或洗涤剂进行处理，待其干燥后再使用。

5. 本实验中如果用纯净的活性还原铁粉，当它接触到空气时，将会发生自燃，而且温度很高。面粉厂的爆炸，就是由于可燃物表面积达到足够大再加上其他条件而形成的。对此情况应该加以预防。

选题 2 水中花园

一、预习思考

1. 水中花园的形成和水玻璃的浓度有何关系？

2. $CuCl_2$、$Pb(NO_3)_2$、$Al(NO_3)_3$ 固体很难开花，可以研究一下如何使其开花？

二、实验目的

1. 了解硅酸盐的性质。

2. 学习自制水中花园的实验方法。

三、实验原理

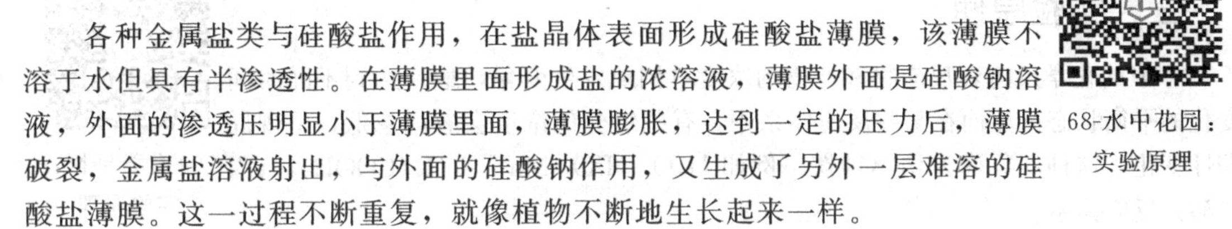

68-水中花园：实验原理

各种金属盐类与硅酸盐作用，在盐晶体表面形成硅酸盐薄膜，该薄膜不溶于水但具有半渗透性。在薄膜里面形成盐的浓溶液，薄膜外面是硅酸钠溶液，外面的渗透压明显小于薄膜里面，薄膜膨胀，达到一定的压力后，薄膜破裂，金属盐溶液射出，与外面的硅酸钠作用，又生成了另外一层难溶的硅酸盐薄膜。这一过程不断重复，就像植物不断地生长起来一样。

“水中花园”也叫“化学花园”。将某些盐晶体加入 Na_2SiO_3 溶液中，静置一段时间后，烧杯里长满了各种美丽的“植物”。硅酸钴像蓝色的海草；硅酸镍像绿色的小丛；硅酸铁像红棕色的灵芝；硅酸锰、硅酸钙又像白色和粉红色的钟乳石柱。总之，“水中花园”的景色十分美丽，让你感到像是置身于海底之中！

四、仪器与试剂

1. 仪器：大烧杯（1000mL），镊子，天平，量筒，药匙，磁力搅拌器等。

2. 试剂：Na_2SiO_3 溶液（H_2O：Na_2SiO_3＝1：1），$Ca(NO_3)_2$(s)，$NiCl_4$(s)，$FeCl_3$(s)，$CoCl_2$(s)，$MnCl_2$(s)，$FeSO_4$(s)，白色砂子。

五、实验内容

1. 在大烧杯底部铺一层洗净的白色砂子（找不到砂子可以省略），只是起美化作用。

2. 再在烧杯中加入适量配好的 Na_2SiO_3 溶液，液面高度不可低于 4cm。

3. 然后选择绿豆大小的盐晶体 $Ca(NO_3)_2$、$NiCl_4$、$FeCl_3$、$CoCl_2$、$MnCl_2$、$FeSO_4$ 加入 Na_2SiO_3 溶液中，注意颜色的搭配，少放些 $FeCl_3$ 固体，多放些 $MnCl_2$ 固体、$Ca(NO_3)_2$ 固体，$FeCl_3$ 固体必须放在容器边缘。

4. 静置 20min 后可以看到各种不同颜色的硅酸盐就像美丽的海草从砂子中长出来，仿佛水中美丽的花园，但时间也不可过长，$FeCl_3$ 固体开花比较快，不断生长，时间过长会比较难看。

六、注意事项

1. 固体颗粒不宜过大，绿豆大小即可，也不宜过小。

2. 为了加速开花，可以使用 50℃左右的 Na_2SiO_3 溶液。

3. 使用以后的硅酸钠溶液可以回收，此时溶液变为棕黄色，过滤后变澄清。

选题3 化学钟摆

一、预习思考

1. 化学钟摆实验的实质是什么？

2. 溶液的颜色为什么不能无限地呈周期性变化下去？

3. 丙二酸和锰盐在反应中是重要试剂，若改变Ⅲ溶液的成分，不加入丙二酸或不加入硫酸锰，重复实验，将会产生什么现象？

二、实验目的

1. 通过实验，理解化学钟摆实验的实质。

2. 加深对化学反应及化学平衡概念的理解。

三、实验原理

69-化学钟摆：实验原理

一般的化学反应，反应物和产物的浓度单调地发生变化，最终达到不随时间变化的平衡状态。然而在某些反应体系中，有些组分的浓度会忽高忽低，呈现周期性变化，这种现象称为化学钟摆。例如 H_2O_2-HIO_3-Mn^{2+}-$CH_2(COOH)_2$（丙二酸）反应体系。

将配制好的Ⅰ、Ⅱ、Ⅲ三种溶液（详见试剂部分）在搅拌下等体积混合，溶液颜色呈现“无色→琥珀色→蓝黑色→无色→琥珀色→蓝黑色……”的周期性变化，亦即反应体系在三种情况之间震荡。如果能不断加入反应物和不断排出产物（即保持体系远离平衡态），其震荡将持续下去，反之震荡周期将逐渐变长，直至溶液维持蓝黑色。此化学震荡的主要反应为：

$$5H_2O_2 + 2HIO_3 \xrightarrow{Mn^{2+}} I_2 + 5O_2\uparrow + 6H_2O$$

I_2 的形成聚集到一定浓度会使淀粉变蓝，而过量的 H_2O_2 又会氧化 I_2：

$$5H_2O_2 + I_2 \longrightarrow 2HIO_3 + 4H_2O$$

其间丙二酸的作用是可与 I_2（琥珀色）反应产生少量 I^-（无色），所得 I^- 将与 I_2 发生如下反应：

$$I^- + I_2 \rightleftharpoons I_3^-\text{（蓝黑色）}$$

这个反应就是1960年初期被发现的“别罗索夫-柴波廷斯基”反应，简称B-Z反应。相似的反应模式还有俄冈器、布鲁塞尔器，但要更复杂些，这些反应被称为“化学钟摆”。

四、仪器与试剂

1. 仪器：容量瓶（250mL），托盘天平，量筒，烧杯，电子分析天平。

2. 试剂：H_2O_2 溶液（30%），H_2SO_4 溶液（$2mol\cdot L^{-1}$），可溶性淀粉（s），KIO_3（s），$MnSO_4$（s），丙二酸（s）。

Ⅰ溶液：量取102.5mL H_2O_2 溶液（30%）于250mL容量瓶中，加水稀释至刻度。

Ⅱ溶液：称取10.7g碘酸钾固体，加水溶解后，加入10mL H_2SO_4 溶液（$2mol\cdot L^{-1}$），然后转移到250mL容量瓶中，加水稀释至刻度。

Ⅲ溶液：称取0.075g可溶性淀粉固体，用少量水调成糊状，然后倒入盛有50mL沸水的烧杯中，再加入0.845g硫酸锰和3.9g丙二酸固体，待固体溶解、溶液冷却后转移到

250mL容量瓶中，加水稀释至刻度。

五、实验内容

取50mL Ⅰ溶液，在搅拌下依次加入50mL Ⅱ溶液和50mL Ⅲ溶液，即能观察到无色溶液变成琥珀色，约几秒钟后溶液变成蓝黑色，再经几秒钟后溶液变成无色，再变成琥珀色，再变成蓝黑色，如此往复地周期性改变直至溶液颜色不再变化为止。

六、注意事项

1. 温度对化学反应速率有很大影响，溶液的温度一般为25℃左右时实验效果较好。
2. 使用量筒量取三个溶液时，尽量使体积相同。

选题4　示温涂料

一、预习思考

1. 示温涂料的变色温度范围与基料、颜料、填料的配比有何关系？
2. 钴盐示温涂料的配制中，滑石粉起到什么作用？
3. 如何选择基料？

二、实验目的

1. 了解示温涂料的定义、分类及应用。
2. 学习示温涂料的制备方法。

70-示温涂料：实验原理

三、实验原理

示温涂料是以颜色变化来指示物体表面温度及温度分布的专用涂料，其组成包括热敏颜料、漆基、溶剂和填料，它的核心是热致变色物质，热致变色物质指的是某些能在特定温度下由于结构的变化（如晶型转化、升华、失水、氧化等引起光散射的频带转移）而发生颜色变化的物质。基料主要为耐光耐候性较好的丙烯酸类树脂和有机硅树脂。

示温涂料可以是单一的化合物，也可以是由多种组分组成的混合物。根据这些涂料变色后出现颜色的稳定性，可分为可逆示温涂料和不可逆示温涂料，其中又有单变色、双变色和多变色之分。可逆示温涂料是指受热到某一温度时，涂料颜色发生变化，冷却后能恢复到原色的涂料。不可逆示温涂料是指受热到某一温度时，涂料颜色发生永久性变化，冷却后不能恢复原色的涂料。

示温涂料的优点是适合于温度无法测量的场合，可测量表面温度的分布，使用方便，不需任何仪器设备；其缺点是受使用条件的限制，精密度、准确度差。示温涂料广泛应用于超温报警，物体大面积表面温度分布的测量，非金属材料的温度测量，指示消毒灭菌的温度、化学反应过程中温度的变化、贮罐的温度，以及作为热敏纸的成色剂、防伪标志等。

本实验配制的钴盐示温涂料是可逆示温涂料。颜色变化为由粉红色到天蓝色，变色温度范围为40～85℃。根据基料、颜料、填料的配比不同，可以适当调节变色温度范围。

填料在示温涂料中的作用是使涂层发色鲜艳稳定、色调均匀，调节变色颜料的变色温度并改善涂层的附着力。示温涂料的变色温度、变色能力及使用范围均取决于变色颜料，该物质能够发生一定的物理化学变化，相应地引起颜色的变化。

四、仪器与试剂

1. 仪器：烘箱，表面温度计，电吹风。

2. 试剂：颜料（Co盐、变色抑制剂），基料（脲醛树脂），填料（滑石粉）。

五、实验内容

1. 钴盐示温涂料的配制：Co盐与变色抑制剂按物质的量比为1∶1配制，其中Co盐0.5g，脲醛树脂3g，滑石粉2.5g。

2. 将这些基料、颜料、填料调至便于涂刷的黏度，涂于木片或瓷片上。

3. 干燥后，将样片放入烘箱中，或以电吹风烘烤，观察其颜色随温度的变化情况。

六、注意事项

1. 示温涂料需具备以下条件：

① 对热作用敏感。

② 变色前后色差大，变色区间窄。

③ 受外界因素影响小。

④ 无毒或毒性极低，价廉。

2. 在示温涂料中，基料选择原则：

① 耐温性和示温涂料的测温范围相匹配。

② 对变色无不利影响。

③ 成膜树脂应选择常温自干型。

3. 将混合涂料涂于木片或瓷片上时，涂层厚度要均匀。

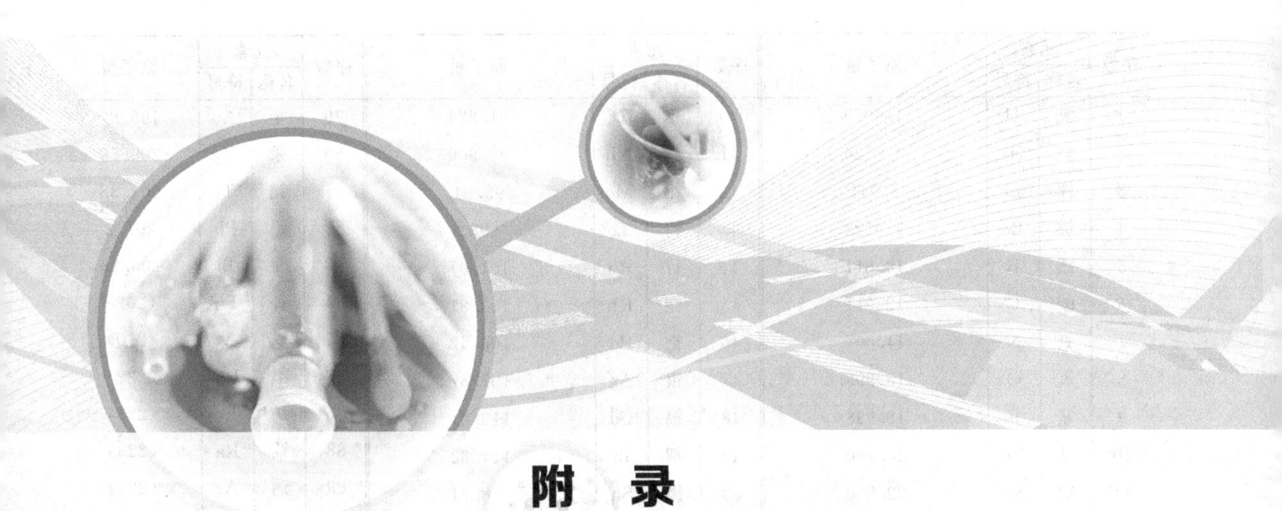

附　录

附录一　化学试剂的等级及选用

我国国家标准根据试剂的纯度和杂质的含量，将试剂分为四个等级。选择试剂时应根据实验对试剂纯度的要求合理地选用相应等级的试剂。

试剂级别	优级纯(G. R.)试剂	分析纯(A. R.)试剂	化学纯(C. P.)试剂	实验(L. R.)试剂
	一级	二级	三级	四级
标签颜色	绿色	红色	蓝色	黄色或其他颜色
适用范围	最精确分析和研究工作	精确分析和研究工作	一般分析和研究工作	普通实验及制备实验

附录二　不同温度下水的饱和蒸气压

温度 T/K	饱和蒸气压 $p(H_2O)$/kPa	温度 T/K	饱和蒸气压 $p(H_2O)$/kPa
273	0.61129	294	2.4877
274	0.65716	295	2.6447
275	0.70605	296	2.8104
276	0.75813	297	2.9850
277	0.81359	298	3.1690
278	0.87260	299	3.3629
279	0.93537	300	3.5670
280	1.0021	301	3.7818
281	1.0730	302	4.0078
282	1.1482	303	4.2455
283	1.2281	304	4.4953
284	1.3129	305	4.7578
285	1.4027	306	5.0335
286	1.4979	307	5.3229
287	1.5988	308	5.6267
288	1.7056	309	5.9453
289	1.8185	310	6.2795
290	1.9380	311	6.6298
291	2.0644	312	6.9969
292	2.1978	313	7.3814
293	2.3388	314	7.7840

注：数据录自 Lide D R. 2004. CRC Handbook of chemistry and physics. 84th ed.

附录三 元素的原子量

序数	元素		原子量	序数	元素		原子量	序数	元素		原子量
	名称	符号			名称	符号			名称	符号	
1	氢	H	1.0079	40	锆	Zr	91.224	79	金	Au	196.97
2	氦	He	4.0026	41	铌	Nb	92.906	80	汞	Hg	200.59
3	锂	Li	6.941	42	钼	Mo	95.94	81	铊	Tl	204.38
4	铍	Be	9.0122	43	锝	Tc	(98)	82	铅	Pb	207.2
5	硼	B	10.811	44	钌	Ru	101.07	83	铋	Bi	208.98
6	碳	C	12.011	45	铑	Rh	102.91	84	钋	Po	(209)
7	氮	N	14.007	46	钯	Pd	106.42	85	砹	At	(210)
8	氧	O	15.999	47	银	Ag	107.87	86	氡	Rn	(222)
9	氟	F	18.998	48	镉	Cd	112.41	87	钫	Fr	(223)
10	氖	Ne	20.180	49	铟	In	114.82	88	镭	Ra	(226)
11	钠	Na	22.990	50	锡	Sn	118.71	89	锕	Ac	(227)
12	镁	Mg	24.305	51	锑	Sb	121.75	90	钍	Th	(232.04)
13	铝	Al	26.982	52	碲	Te	121.75	91	镤	Pa	(231.04)
14	硅	Si	28.086	53	碘	I	126.90	92	铀	U	(238.03)
15	磷	P	30.974	54	氙	Xe	131.29	93	镎	Np	(237)
16	硫	S	32.066	55	铯	Cs	132.91	94	钚	Pu	(244)
17	氯	Cl	35.453	56	钡	Ba	137.33	95	镅	Am	(243)
18	氩	Ar	39.948	57	镧	La	138.91	96	锔	Cm	(247)
19	钾	K	39.098	58	铈	Ce	140.12	97	锫	Bk	(247)
20	钙	Ca	40.078	59	镨	Pr	140.91	98	锎	Cf	(251)
21	钪	Sc	44.956	60	钕	Nd	144.24	99	锿	Es	(252)
22	钛	Ti	47.867	61	钷	Pm	(145)	100	镄	Fm	(257)
23	钒	V	50.942	62	钐	Sm	150.36	101	钔	Md	(258)
24	铬	Cr	51.996	63	铕	Eu	151.96	102	锘	No	(259)
25	锰	Mn	54.938	64	钆	Gd	157.25	103	铹	Lr	(260)
26	铁	Fe	55.845	65	铽	Tb	158.93	104	𬬻	Rf	(261)
27	钴	Co	58.933	66	镝	Dy	162.50	105	𬭊	Db	(262)
28	镍	Ni	58.693	67	钬	Ho	164.93	106	𬭳	Sg	(263)
29	铜	Cu	63.546	68	铒	Er	167.26	107	𬭛	Bh	(264)
30	锌	Zn	65.39	69	铥	Tm	168.93	108	𬭶	Hs	(265)
31	镓	Ga	69.723	70	镱	Yb	173.04	109	鿏	Mt	(268)
32	锗	Ge	72.61	71	镥	Lu	174.97	110	𫟼	DS	(271)
33	砷	As	74.922	72	铪	Hf	178.49	111	𬬭	Rg	(272)
34	硒	Se	78.96	73	钽	Ta	180.95	112	鿔	Cn	(285)
35	溴	Br	79.904	74	钨	W	183.84	113	鿭	Nh	(286)
36	氪	Kr	83.80	75	铼	Re	186.2	114	𫓧	Fl	(289)
37	铷	Rb	85.468	76	锇	Os	190.23	115	镆	Mc	(288)
38	锶	Sr	87.62	77	铱	Ir	192.22	116	𫟷	Lv	(293)
39	钇	Y	88.906	78	铂	Pt	195.08	117	鿬	Ts	(291)
								118	鿫	Og	(297)

附录四　一些物质的标准热力学数据（$p^{\ominus}$=100kPa，298.15K）

物质	$\Delta_f H_m^{\ominus}$/kJ·mol^{-1}	$\Delta_f G_m^{\ominus}$/kJ·mol^{-1}	$S_m^{\ominus}$/J·mol^{-1}·K^{-1}
Ag(g)	0	0	42.55
AgCl(s)	−127.068	−109.8	96.2
Ag_2O(s)	−31.05	−11.20	−121.3
Al(s)	0	0	28.33
$AlCl_3$(s)	−704.2	−628.8	110.67
Al_2O_3(α,刚玉)	−1675.7	−1582.3	50.92
Br_2(l)	0	0	152.231
Br_2(g)	30.907	3.110	245.463
HBr(g)	−36.40	−53.45	198.695
Ca(s)	0	0	41.42
CaC_2(s)	−59.8	−64.9	69.96
$CaCO_3$(方解石)	−1206.92	−1128.79	92.9
CaO(s)	−635.09	−604.03	39.75
$Ca(OH)_2$(s)	−986.09	−898.49	83.39
C(石墨)	0	0	5.71
C(金刚石)	1.895	2.900	2.45
CO(g)	−110.525	−137.168	197.674
CO_2(g)	−393.5	−394.359	213.74
CS_2(l)	89.70	65.27	151.34
CS_2(g)	117.36	67.12	237.84
CCl_4(l)	−135.44	−65.21	216.40
CCl_4(g)	−102.9	−60.59	309.85
HCN(l)	108.87	124.97	112.84
HCN(g)	135.1	124.7	201.78
Cl_2(g)	0	0	223.066
Cl(g)	121.679	105.680	165.198
HCl(g)	−92.307	−95.299	186.908
Cu(s)	0	0	33.150
CuO(s)	−157.3	−129.7	42.63
Cu_2O(s)	−168.6	−146.0	93.14
F_2(g)	0	0	202.78
HF(g)	−271.1	−273.2	173.779
Fe(s)	0	0	27.28
$FeCl_2$(s)	−341.79	−302.30	117.95
$FeCl_3$(s)	−399.49	−334.00	142.3
Fe_2O_3(赤铁矿)	−824.2	−742.2	87.40
Fe_3O_4(磁铁矿)	−1118.4	−1015.4	146.4
$FeSO_4$(s)	−928.4	−820.8	107.5
H_2(g)	0	0	130.684
H(g)	217.965	203.247	114.713
H_2O(l)	−285.8	−237.129	69.91
H_2O(g)	−241.82	−228.572	188.825
I_2(s)	0	0	116.135
I_2(g)	62.438	19.327	260.69
I(g)	106.838	70.250	180.791
HI(g)	26.48	1.70	206.594

续表

物质	$\Delta_f H_m^{\ominus}$/kJ·mol^{-1}	$\Delta_f G_m^{\ominus}$/kJ·mol^{-1}	$S_m^{\ominus}$/J·mol^{-1}·K^{-1}
Mg(s)	0	0	32.68
$MgCO_3$(s)	−1095.8	−1012.1	65.7
$MgCl_2$(s)	−641.32	−591.79	89.62
MgO(s)	−601.70	−569.43	26.94
$Mg(OH)_2$(s)	−924.54	−833.51	63.18
Na(s)	0	0	51.21
Na_2CO_3(s)	−1130.68	−1044.44	134.98
$NaHCO_3$(s)	−950.81	−851.0	101.7
NaCl(s)	−411.153	−384.138	72.13
Na_2O(s)	−414.22	−375.46	75.06
$NaNO_3$(s)	−467.85	−367.00	116.52
NaOH(s)	−425.609	−379.494	64.455
Na_2SO_4(s)	−1387.08	−1270.16	149.58
N_2(g)	0	0	191.61
NH_3(g)	−46.11	−16.45	192.70
NO(g)	90.25	86.55	210.761
NO_2(g)	33.18	51.31	240.06
N_2O(g)	82.05	104.20	219.85
N_2O_3(g)	83.72	139.46	312.28
N_2O_4(g)	9.16	97.89	304.29
N_2O_5(g)	11.3	115.1	355.7
HNO_3(l)	−174.10	−80.71	155.60
HNO_3(g)	−135.06	−74.72	266.38
NH_4NO_3(s)	−365.56	−183.87	151.08
NH_4Cl(s)	−314.43	−202.87	94.6
NH_4ClO_4(s)	−295.31	−88.75	186.2
HgO(s)红色，斜方晶	−90.83	−58.539	70.29
HgO(s)黄色	−90.46	−58.409	71.1
O_2(g)	0	0	205.138
O(g)	249.170	231.731	161.055
O_3(g)	142.7	163.2	238.93
P(α-白磷)	0	0	41.09
P(红磷，三斜晶系)	−17.6	−12.1	22.80
P_4(g)	58.91	24.44	279.98
PCl_3(g)	−287.0	−267.8	311.78
PCl_5(g)	−374.9	−305.0	364.58
H_3PO_4(s)	−1279.0	−1119.1	110.50
S(正交晶系)	0	0	31.80
S(g)	278.805	238.250	167.821
S_8(g)	102.30	49.63	430.98
H_2S(g)	−20.63	−33.56	205.79
SO_2(g)	−296.830	−300.194	248.22
SO_3(g)	−395.72	−371.06	256.76
H_2SO_4(l)	−813.989	−690.003	156.904
Si(s)	0	0	18.83
$SiCl_4$(l)	−687.0	−619.84	239.7
$SiCl_4$(g)	−657.01	−616.98	330.73
SiF_4(g)	−1614.94	−1572.65	282.49
SiH_4(g)	34.3	56.9	204.62
SiO_2(α-石英)	−910.94	−856.64	41.84

续表

物质	$\Delta_f H_m^\ominus$/kJ·mol^{-1}	$\Delta_f G_m^\ominus$/kJ·mol^{-1}	$S_m^\ominus$/J·mol^{-1}·K^{-1}
SiO_2(s,无定形)	−903.49	−850.70	46.9
Zn(s)	0	0	41.63
$ZnCO_3$(s)	−812.78	−731.52	82.4
$ZnCl_2$(s)	−415.05	−369.398	111.46
ZnO(s)	−348.28	−318.30	43.64

附录五　常用酸碱的浓度

试剂名称	密度/g·mL^{-1}	质量分数/%	物质的量浓度/mol·L^{-1}
浓硫酸	1.84	98	18
稀硫酸	1.1	9	2
浓盐酸	1.19	38	12
稀盐酸	1.0	7	2
浓硝酸	1.4	68	16
稀硝酸	1.2	32	6
	1.1	12	2
浓磷酸	1.7	85	14.7
稀磷酸	1.05	9	1
浓高氯酸	1.67	70	11.6
稀高氯酸	1.12	19	2
浓氢氟酸	1.13	40	23
氢溴酸	1.38	40	7
氢碘酸	1.70	57	7.5
冰醋酸	1.05	99	17.516
稀醋酸	1.04	30	5
	1.0	12	2
浓氢氧化钠	1.44	41	14.4
稀氢氧化钠	1.1	8	2
浓氨水	0.91	28	14.8
稀氨水	1.0	3.5	2
饱和氢氧化钡溶液	—	0.1	2
饱和氢氧化钙溶液	—	—	0.15

附录六　弱酸弱碱的解离常数（298.15K）

弱酸	分子式	$K_a^\ominus$	p$K_a^\ominus$
硼酸	H_3BO_3	5.8×10^{-10}	9.24
碳酸	H_2CO_3	$4.2\times10^{-7}(K_{a_1}^\ominus)$	6.38
		$4.7\times10^{-11}(K_{a_2}^\ominus)$	10.25
氢氰酸	HCN	6.2×10^{-10}	9.21

续表

弱酸	分子式	$K_a^\ominus$	$pK_a^\ominus$
氢氟酸	HF	6.6×10^{-4}	3.18
亚硝酸	HNO_2	5.1×10^{-4}	3.29
磷酸	H_3PO_4	$6.7\times10^{-3}(K_{a_1}^\ominus)$	2.17
		$6.2\times10^{-8}(K_{a_2}^\ominus)$	7.21
		$4.5\times10^{-13}(K_{a_3}^\ominus)$	12.35
氢硫酸	H_2S	$1.1\times10^{-7}(K_{a_1}^\ominus)$	6.96
		$1.3\times10^{-13}(K_{a_2}^\ominus)$	12.89
亚硫酸	H_2SO_3	$1.3\times10^{-12}(K_{a_1}^\ominus)$	1.90
		$6.3\times10^{-3}(K_{a_2}^\ominus)$	7.20
偏硅酸	H_2SiO_3	$1.7\times10^{-10}(K_{a_1}^\ominus)$	9.77
		$1.6\times10^{-12}(K_{a_2}^\ominus)$	11.8
甲酸	HCOOH	1.8×10^{-4}	3.74
乙酸	CH_3COOH	1.8×10^{-5}	4.74
草酸	$H_2C_2O_4$	$5.9\times10^{-2}(K_{a_1}^\ominus)$	1.22
		$6.4\times10^{-5}(K_{a_2}^\ominus)$	4.19
弱碱	分子式	$K_b^\ominus$	$pK_b^\ominus$
氨水	NH_3	1.8×10^{-6}	4.74
羟氨	NH_2OH	9.1×10^{-9}	8.04

附录七　常用缓冲溶液的配制

缓冲溶液组成	$pK_a^\ominus$	缓冲溶液pH值	缓冲溶液配制方法
氨基乙酸-HCl	$2.35(pK_{a_1}^\ominus)$	2.3	取150g氨基乙酸溶于500mL水中后，加80mL浓HCl，用水稀释至1L
柠檬酸-Na_2HPO_4		2.5	取113g $Na_2HPO_4\cdot12H_2O$溶于200mL水后，加387g柠檬酸，溶解，过滤，用水稀释至1L
一氯乙酸-NaOH	2.86	2.8	取200g一氯乙酸溶于200mL水中，加40g NaOH溶解后，用水稀释至1L
邻苯二甲酸氢钾-HCl	$2.95(pK_{a_1}^\ominus)$	2.9	取500g邻苯二甲酸氢钾溶于500mL水中，加80mL浓HCl，用水稀释至1L
甲酸-NaOH	3.76	3.7	取95g甲酸和40g NaOH溶于500mL水中，用水稀释至1L
HAc-NaAc	4.74	4.2	取3.2g无水NaAc溶于水中，加50 mL冰HAc，用水稀释至1L
HAc-NH_4Ac		4.5	取77g NH_4Ac溶于200mL水中，加59mL冰HAc，用水稀释至1L
HAc-NaAc	4.74	4.7	取83g无水NaAc溶于水中，加60mL冰HAc，用水稀释至1L
HAc-NaAc	4.74	5.0	取160g无水NaAc溶于水中，加60 mL冰HAc，用水稀释至1L
HAc-NH_4Ac		5.0	取250gNH_4Ac溶于水中，加25 mL冰HAc，用水稀释至1L
六次甲基四胺-HCl	5.15	5.4	取40g六次甲基四胺溶于200 mL水中，加10mL浓HCl，用水稀释至1L
HAc-NH_4Ac		6.0	取600g NH_4Ac溶于水中，加20mL冰HAc，用水稀释至1L
NaAc-Na_2HPO_4		8.0	取50g无水NaAc和50g $Na_2HPO_4\cdot12H_2O$溶于水中，用水稀释至1L
Tris-HCl	8.21	8.2	取25g Tris试剂溶于水中，加18mL浓HCl，用水稀释至1L
NH_3-NH_4Cl	9.26	9.2	取54g NH_4Cl溶于水中，加63mL浓氨水，用水稀释至1L
NH_3-NH_4Cl	9.26	9.5	取54g NH_4Cl溶于水中，加126mL浓氨水，用水稀释至1L
NH_3-NH_4Cl	9.26	10.0	(1)取54g NH_4Cl溶于水中，加350mL浓氨水，用水稀释至1L (2)取67.5g NH_4Cl溶于200mL水中，加570mL浓氨水，用水稀释至1L

注：Tris是三羟甲基氨甲烷。

附录八　常用酸碱指示剂的配制方法及用量

指示剂	变色范围(pH 值)	酸色	碱色	配制方法	用量/(滴/10mL)
百里酚蓝(第一次变色)	1.2～2.8	红	黄	0.1%的20%乙醇溶液	1～2
甲基黄	2.9～4.0	红	黄	0.1%的90%乙醇溶液	1
甲基橙	3.1～4.4	红	黄	0.1%或0.05%水溶液	1
溴酚蓝	3.0～4.6	黄	紫	0.1%的20%乙醇溶液或其钠盐水溶液	1
溴甲酚绿	3.8～5.4	黄	蓝	0.1%水溶液	1～2
甲基红	4.4～6.2	红	黄	0.1%的60%乙醇溶液或其钠盐水溶液	1
溴百里酚蓝	6.2～7.6	黄	蓝	0.1%的20%乙醇溶液或其钠盐水溶液	1～2
中性红	6.8～8.0	红	黄橙	0.1%的60%乙醇溶液	1～2
苯酚红	6.8～8.4	黄	红	0.1%的60%乙醇溶液或其钠盐水溶液	1
百里酚蓝(第二次变色)	8.0～9.6	黄	蓝	0.1%的60%乙醇溶液	1～2
酚酞	8.0～10.0	无	红	0.1%的90%乙醇溶液	1
百里酚酞	9.4～10.6	无	蓝	0.1%的90%乙醇溶液	1～2

注：表中列出的是室温下水溶液中各种指示剂的变色范围。实际上，当温度改变或溶剂不同时，指示剂的变色范围是要移动的。此外，溶液中盐类的存在也会使指示剂的变色范围发生移动。

附录九　难溶化合物的溶度积常数

难溶化合物	溶度积 $K_{sp}^{\ominus}$		难溶化合物	溶度积 $K_{sp}^{\ominus}$	
氢氧化铝 $Al(OH)_3$	2×10^{-32}		硫化亚铁 FeS	3.7×10^{-19}	
溴化银 AgBr	5.3×10^{-13}	25℃	硫化汞 HgS	$4\times10^{-53}\sim2\times10^{-49}$	
碳酸银 Ag_2CO_3	6.15×10^{-12}	25℃	碳酸镁 $MgCO_3$	2.6×10^{-5}	25℃
氯化银 AgCl	1.8×10^{-10}	25℃	氟化镁 MgF_2	7.1×10^{-9}	
铬酸银 Ag_2CrO_4	9×10^{-12}	25℃	氢氧化镁 $Mg(OH)_2$	5.1×10^{-12}	
氢氧化银 AgOH	1.52×10^{-8}	20℃	氢氧化锰 $Mn(OH)_2$	4.5×10^{-13}	
碘化银 AgI	8.3×10^{-17}	25℃	硫化锰 MnS	1.4×10^{-15}	
硫化银 Ag_2S	1.6×10^{-49}		氢氧化镍 $Ni(OH)_2$	6.5×10^{-18}	
硫氰酸银 AgSCN	4.9×10^{-13}		氯化铅 $PbCl_2$	1.7×10^{-5}	
碳酸钡 $BaCO_3$	8.1×10^{-9}		碳酸铅 $PbCO_3$	3.3×10^{-14}	
硫酸钡 $BaSO_4$	8.7×10^{-11}		铬酸铅 $PbCrO_4$	1.77×10^{-14}	
氢氧化铬 $Cr(OH)_3$	5.4×10^{-31}		氟化铅 PbF_2	3.2×10^{-8}	
硫化镉 CdS	3.6×10^{-29}		草酸铅 PbC_2O_4	2.74×10^{-11}	
碳酸钙 $CaCO_3$	3.4×10^{-9}	25℃	氢氧化铅 $Pb(OH)_2$	1.2×10^{-15}	
氟化钙 CaF_2	1.4×10^{-9}		硫酸铅 $PbSO_4$	2.5×10^{-8}	
草酸钙 CaC_2O_4	4.0×10^{-9}		硫化铅 PbS	3.4×10^{-28}	
硫酸钙 $CaSO_4$	4.9×10^{-5}	25℃	碳酸锶 $SrCO_3$	1.6×10^{-9}	25℃
碘酸铜 $Cu(IO_3)_2$	1.4×10^{-7}	25℃	氢氧化锌 $Zn(OH)_2$	1.2×10^{-17}	(16～18℃)
硫化铜 CuS	8.5×10^{-45}		碳酸铅 $PbCO_3$	3.3×10^{-14}	
碘化亚铜 CuI	1.1×10^{-12}		铬酸铅 $PbCrO_4$	1.77×10^{-14}	
硫化亚铜 Cu_2S	2×10^{-47}	(16～18℃)	氟化铅 PbF_2	3.2×10^{-8}	
硫氰酸亚铜 CuSCN	4.8×10^{-15}		草酸铅 PbC_2O_4	2.74×10^{-11}	
氢氧化铁 $Fe(OH)_3$	2.79×10^{-39}				

附录十 常见电极的标准电极电势（298.15K）

电对（氧化态/还原态）	电极反应（氧化态+ne^- ⇌ 还原态）	$\varphi^\ominus$/V
Li^+/Li	$Li^+ + e^- \rightleftharpoons Li$	−3.04
K^+/K	$K^+ + e^- \rightleftharpoons K$	−2.93
Ba^{2+}/Ba	$Ba^{2+} + 2e^- \rightleftharpoons Ba$	−2.91
Ca^{2+}/Ca	$Ca^{2+} + 2e^- \rightleftharpoons Ca$	−2.87
Na^+/Na	$Na^+ + e^- \rightleftharpoons Na$	−2.71
Mg^{2+}/Mg	$Mg^{2+} + 2e^- \rightleftharpoons Mg$	−2.37
$H_2O/H_2(g)$	$2H_2O + 2e^- \rightleftharpoons H_2(g) + 2OH^-$	−0.828
Zn^{2+}/Zn	$Zn^{2+} + 2e^- \rightleftharpoons Zn$	−0.763
Cr^{3+}/Cr	$Cr^{3+} + 3e^- \rightleftharpoons Cr$	−0.74
SO_3^{2-}/S	$SO_3^{2-} + 3H_2O + 4e^- \rightleftharpoons S + 6OH^-$	−0.66
$CO_2/H_2C_2O_4$	$2CO_2 + 2H^+ + 2e^- \rightleftharpoons H_2C_2O_4$	−0.49
Fe^{2+}/Fe	$Fe^{2+} + 2e^- \rightleftharpoons Fe$	−0.440
Cd^{2+}/Cd	$Cd^{2+} + 2e^- \rightleftharpoons Cd$	−0.403
Cu_2O/Cu	$Cu_2O + 2H^+ + 2e^- \rightleftharpoons 2Cu + H_2O$	−0.36
Co^{2+}/Co	$Co^{2+} + 2e^- \rightleftharpoons Co$	−0.277
Ni^{2+}/Ni	$Ni^{2+} + 2e^- \rightleftharpoons Ni$	−0.246
Sn^{2+}/Sn	$Sn^{2+} + 2e^- \rightleftharpoons Sn$	−0.136
Pb^{2+}/Pb	$Pb^{2+} + 2e^- \rightleftharpoons Pb$	−0.126
$H^+/H_2(g)$	$2H^+ + 2e^- \rightleftharpoons H_2(g)$	0.0000
$S_4O_6^{2-}/S_2O_3^{2-}$	$S_4O_6^{2-} + 2e^- \rightleftharpoons 2S_2O_3^{2-}$	+0.08
$S/H_2S(g)$	$S + 2H^+ + 2e^- \rightleftharpoons H_2S(g)$	+0.141
Sn^{4+}/Sn^{2+}	$Sn^{4+} + 2e^- \rightleftharpoons Sn^{2+}$	+0.154
Cu^{2+}/Cu^+	$Cu^{2+} + 2e^- \rightleftharpoons Cu^+$	+0.17
SO_4^{2-}/H_2SO_3	$SO_4^{2-} + 4H^+ + 2e^- \rightleftharpoons H_2SO_3 + H_2O$	+0.17
$AgCl/Ag$	$AgCl(s) + e^- \rightleftharpoons Ag + Cl^-$	+0.2223
Cu^{2+}/Cu	$Cu^{2+} + 2e^- \rightleftharpoons Cu$	+0.337
$O_2(g)/OH^-$	$1/2O_2(g) + H_2O + 2e^- \rightleftharpoons 2OH^-$	+0.41
$MnO_4^{2-}/MnO_2(s)$	$MnO_4^{2-} + 2H_2O + 2e^- \rightleftharpoons MnO_2(s) + 4OH^-$	+0.5
Cu^+/Cu	$Cu^+ + e^- \rightleftharpoons Cu$	+0.52
$I_2(s)/I^-$	$I_2(s) + 2e^- \rightleftharpoons 2I^-$	+0.535
H_3AsO_4/H_3AsO_3	$H_3AsO_4 + 2H^+ + 2e^- \rightleftharpoons H_3AsO_3 + H_2O$	+0.581
$O_2(g)/H_2O_2$	$O_2(g) + 2H^+ + 2e^- \rightleftharpoons H_2O_2$	+0.682
Fe^{3+}/Fe^{2+}	$Fe^{3+} + e^- \rightleftharpoons Fe^{2+}$	+0.771
Hg_2^{2+}/Hg	$Hg_2^{2+} + 2e^- \rightleftharpoons 2Hg$	+0.792
Ag^+/Ag	$Ag^+ + e^- \rightleftharpoons Ag$	+0.7999
Hg^{2+}/Hg	$Hg^{2+} + 2e^- \rightleftharpoons Hg$	+0.854
$NO_3^-/NO(g)$	$NO_3^- + 4H^+ + 3e^- \rightleftharpoons NO(g) + 2H_2O$	+0.96
$HNO_2/NO(g)$	$HNO_2 + H^+ + e^- \rightleftharpoons NO(g) + H_2O$	+1.00
$Br_2(l)/Br^-$	$Br_2(l) + 2e^- \rightleftharpoons 2Br^-$	+1.065
IO_3^-/I_2	$2IO_3^- + 12H^+ + 10e^- \rightleftharpoons I_2 + 6H_2O$	+1.20

续表

电对(氧化态/还原态)	电极反应(氧化态$+ne^-\rightleftharpoons$还原态)	$\varphi^\ominus$/V
$O_2(g)/H_2O$	$O_2(g)+4H^++4e^-\rightleftharpoons 2H_2O$	+1.229
MnO_2/Mn^{2+}	$MnO_2+4H^++2e^-\rightleftharpoons Mn^{2+}+2H_2O$	+1.23
$Cr_2O_7^{2-}/Cr^{3+}$	$Cr_2O_7^{2-}+14H^++6e^-\rightleftharpoons 2Cr^{3+}+7H_2O$	+1.33
$Cl_2(g)/Cl^-$	$Cl_2(g)+2e^-\rightleftharpoons 2Cl^-$	+1.39
$PbO_2(s)/Pb^{2+}$	$PbO_2(s)+4H^++2e^-\rightleftharpoons Pb^{2+}+2H_2O$	+1.455
$ClO_3^-/Cl_2(g)$	$2ClO_3^-+12H^++10e^-\rightleftharpoons Cl_2(g)+6H_2O$	+1.47
MnO_4^-/Mn^{2+}	$MnO_4^-+8H^++5e^-\rightleftharpoons Mn^{2+}+4H_2O$	+1.51
$HOCl/Cl_2(g)$	$2HClO+2H^++2e^-\rightleftharpoons Cl_2(g)+2H_2O$	+1.63
H_2O_2/H_2O	$H_2O_2+2H^++2e^-\rightleftharpoons 2H_2O$	+1.77
$Co^{3+}/Co^{2+}(H_2SO_4)$	$Co^{3+}+e^-\rightleftharpoons Co^{2+}$	+1.8
$S_2O_8^{2-}/SO_4^{2-}$	$S_2O_8^{2-}+2e^-\rightleftharpoons 2SO_4^{2-}$	+2.01
$F_2(g)/F^-$	$F_2(g)+2e^-\rightleftharpoons 2F^-$	+2.87
$F_2(g)/HF$	$F_2(g)+2H^++2e^-\rightleftharpoons 2HF$	+3.06

注：数据主要录自 John A. Dean. Lange's Handbook of Chemistry，13th，1985.

附录十一　常见配离子的稳定常数（298.15K）

配离子	$K_f^\ominus$	配离子	$K_f^\ominus$
$[Cd(NH_3)_6]^{2+}$	1.38×10^5	$[Fe(C_2O_4)_3]^{3-}$	1.58×10^{20}
$[Co(NH_3)_6]^{2+}$	1.29×10^5	$[Ni(C_2O_4)_3]^{4-}$	3.16×10^8
$[Co(NH_3)_6]^{3+}$	1.58×10^{35}	$[CuI_2]^-$	7.08×10^8
$[Cu(NH_3)_2]^+$	7.24×10^{10}	$[PbI_4]^{2-}$	2.95×10^4
$[Cu(NH_3)_4]^{2+}$	2.09×10^{13}	$[HgI_4]^{2-}$	6.76×10^{29}
$[Ni(NH_3)_6]^{2+}$	5.50×10^8	$[AgI_2]^-$	5.50×10^{11}
$[Pt(NH_3)_6]^{2+}$	2.0×10^{35}	$[AlF_6]^{3-}$	6.92×10^{19}
$[Ag(NH_3)_2]^+$	1.12×10^7	$[FeF_6]^{3-}$	1.15×10^{12}
$[Zn(NH_3)_4]^{2+}$	2.88×10^9	$[Al(OH)_4]^-$	1.07×10^{33}
$[HgCl_4]^{2-}$	1.17×10^{15}	$[Cr(OH)_4]^-$	7.94×10^{29}
$[PtCl_4]^{2-}$	5.01×10^{15}	$[Cu(OH)_4]^{2-}$	3.16×10^{18}
$[AgCl_2]^-$	1.10×10^5	$[Zn(OH)_4]^{2-}$	4.57×10^{17}
$[Cd(CN)_4]^{2-}$	6.03×10^{18}	$[Cu(SCN)_2]^-$	1.51×10^5
$[Cu(CN)_4]^{2-}$	2.0×10^{30}	$[Hg(SCN)_4]^{2-}$	1.70×10^{21}
$[Hg(CN)_4]^{2-}$	2.51×10^{41}	$[Ag(SCN)_2]^-$	3.72×10^7
$[Ni(CN)_4]^{2-}$	2.0×10^{31}	$[Fe(SCN)_2]^+$	2.29×10^3
$[Ag(CN)_2]^-$	1.26×10^{21}	$[Cu(S_2O_3)_2]^{3-}$	6.92×10^{13}
$[Fe(CN)_6]^{4-}$	1×10^{35}	$[Ag(S_2O_3)_2]^{3-}$	2.88×10^{13}
$[Fe(CN)_6]^{3-}$	1×10^{42}	$[AlY]^-$	1.29×10^{16}
$[Zn(CN)_4]^{2-}$	5.01×10^{16}	$[CaY]^{2-}$	1×10^{11}
$[Al(C_2O_4)_3]^{3-}$	2.0×10^{16}	$[FeY]^{2-}$	2.14×10^{14}
$[Co(C_2O_4)_3]^{4-}$	5.01×10^9	$[FeY]^-$	1.70×10^{24}
$[Co(C_2O_4)_3]^{3-}$	约 10^{20}	$[MgY]^{2-}$	4.37×10^8
$[Fe(C_2O_4)_3]^{4-}$	1.66×10^5	$[BaY]^{2-}$	6.03×10^7

注：数据主要录自 John A. Dean. Lange's Handbook of Chemistry，13th，1985.

附录十二　常见离子的性质

表 1　常见离子的颜色

无色阳离子	Ag^+、Cd^{2+}、K^+、Ca^{2+}、As^{3+}(在溶液中主要以 AsO_3^{3-} 存在)、Pb^{2+}、Zn^{2+}、Na^+、Sr^{2+}、As^{5+}(在溶液中几乎全部以 AsO_4^{3-} 存在)、Hg^{2+}、Bi^{3+}、NH_4^+、Ba^{2+}、Sb^{3+} 或 Sb^{5+}(主要以 $SbCl_6^-$ 或 $SbCl_6^{3-}$ 存在)、Hg^{2+}、Mg^{2+}、Al^{3+}、Sn^{3+}、Sn^{4+}
有色阳离子	Mn^{2+} 为浅玫瑰色,稀溶液无色;$Fe(H_2O)_6^{3+}$ 为淡紫色,但平时所见 Fe^{3+} 盐溶液为黄色或红棕色;Fe^{2+} 为浅绿色,稀溶液无色;Cr^{3+} 为绿色或紫色;Co^{2+} 为玫瑰色;Ni^{2+} 为绿色;Cu^{2+} 为浅蓝色
无色阴离子	SO_4^{2-}、PO_4^{3-}、F^-、SCN^-、SO_3^{2-}、S^{2-}、$S_2O_3^{2-}$、SiO_3^{2-}、CO_3^{2-}、NH_4^+、$C_2O_4^{2-}$、ClO_3^-、Cl^-、BO_2^-、$B_4O_7^{2-}$、Br^-、NO_2^-、WO_4^{2-}、VO_3^-、I^-、Ac^-、BrO_3^{2-}、HCO_3^-
有色阴离子	$Cr_2O_7^{2-}$ 为橙色,$Cr_2O_4^{2-}$ 为黄色,MnO_4^- 为紫色,MnO_4^{2-} 为绿色,$[Fe(CN)_6]^{4-}$ 为黄色,$[Fe(CN)_6]^{3-}$ 为黄棕色

表 2　重要反应及其颜色

$Ag^+ + Cl^- \longrightarrow AgCl$(白色)	$Ba^{2+} + SO_4^{2-} \longrightarrow BaSO_4$(白色)
$Ag^+ + Br^- \longrightarrow AgBr$(浅黄色)	$Ba^{2+} + CO_3^{2-} \longrightarrow BaCO_3$(白色)
$Ag^+ + I^- \longrightarrow AgI$(黄色)	$Ca^{2+} + CO_3^{2-} \longrightarrow CaCO_3$(白色)
$2Ag^+ + CrO_4^{2-} \longrightarrow Ag_2CrO_4$(红褐色)	$Mg^{2+} + 2OH^- \longrightarrow Mg(OH)_2$(白色)
$Cu^{2+} + 2OH^- \longrightarrow Cu(OH)_2$(白色)	$Zn^{2+} + 2OH^- \longrightarrow Zn(OH)_2$(白色)
$Cu^{2+} + S^{2-} \longrightarrow CuS$(黑色)	$Al^{3+} + 3OH^- \longrightarrow Al(OH)_3$(白色)
$Pb^{2+} + S^{2-} \longrightarrow PbS$(黑色)	$Fe^{3+} + 3OH^- \longrightarrow Fe(OH)_3$(红褐色)
$Pb^{2+} + CrO_4^{2-} \longrightarrow PbCrO_4$(黄色)	$Hg^{2+} + 2I^- \longrightarrow HgI_2$(红色)
$Pb^{2+} + 2Cl^- \longrightarrow PbCl_2$(白色)	$Pb^{2+} + 2I^- \longrightarrow PbI_2$(黄色)

表 3　常见离子的鉴定方法

NH_4^+	加入 NaOH 后,加热释放出氨气,用湿润的石蕊试纸或广泛 pH 试纸检验,呈碱性,石蕊试纸由红色变为蓝色
Fe^{2+}	与铁氰化钾反应生成蓝色沉淀 $K^+ + Fe^{2+} + [Fe(CN)_6]^{3-} = KFe[Fe(CN_6)]\downarrow$
Fe^{3+}	① Fe^{3+} 与硫氰酸钾反应生成血红色的配位化合物 ② Fe^{3+} 与亚铁氰化钾反应生成蓝色沉淀 $K^+ + Fe^{3+} + [Fe(CN)_6]^{4-} = KFe[Fe(CN)_6]\downarrow$
Cu^{2+}	① Cu^{2+} 在中性或稀酸溶液中,与亚铁氰化钾反应,生成红棕色沉淀 $2Cu^{2+} + [Fe(CN)_6]^{4-} = Cu_2[Fe(CN)_6]\downarrow$ ② Cu^{2+} 与过量氨水反应,生成 $[Cu(NH_3)_4]^{2+}$,溶液呈深蓝色
Pb^{2+}	Pb^{2+} 与铬酸钾溶液反应生成黄色沉淀 $PbCrO_4$ $Pb^{2+} + CrO_4^{2-} = PbCrO_4$(黄色)$\downarrow$ $PbCrO_4$ 沉淀溶于 NaOH,然后加 HAc 酸化,$PbCrO_4$ 沉淀又重新析出 $PbCrO_4 + 4OH^- = PbO_2^{2-} + CrO_4^{2-} + 2H_2O$ $PbO_2^{2-} + CrO_4^{2-} + 4HAc = PbCrO_4\downarrow + 4Ac^- + 2H_2O$
Ca^{2+}	Ca^{2+} 与草酸铵反应生成白色沉淀 $Ca^{2+} + C_2O_4^{2-} = CaC_2O_4\downarrow$
S^{2-}	S^{2-} 与酸反应生成 H_2S 气体。用湿润 $Pb(Ac)_2$ 试纸检验,试纸呈黑色 $S^{2-} + 2H^+ = H_2S\uparrow$ $H_2S + Pb(Ac)_2 = PbS\downarrow + 2HAc$

续表

NO_3^-	棕色环法：将 2 滴试液放于点滴板上，放上一粒 $FeSO_4\cdot 7H_2O$ 或 $FeSO_4\cdot(NH_4)_2SO_4\cdot 6H_2O$，再加入 2 滴浓 H_2SO_4，勿搅动。待片刻后，观察结晶周围，呈棕色 $6FeSO_4+2NaNO_3+4H_2SO_4 = 3Fe_2(SO_4)_3+Na_2SO_4+4H_2O+2NO$ $FeSO_4+NO = [Fe(NO)]SO_4$
PO_4^{3-}	Ag^+ 与 PO_4^{3-} 反应生成黄色沉淀 $3Ag^++PO_4^{3-} = Ag_3PO_4\downarrow$
$S_2O_3^{2-}$	①$S_2O_3^{2-}$ 遇酸反应产生沉淀和气体 $S_2O_3^{2-}+2H^+ = S\downarrow+SO_2\uparrow+H_2O$ ② 少量 $S_2O_3^{2-}$ 与过量 Ag^+ 反应生成白色 $Ag_2S_2O_3$ 沉淀。放置片刻后，白色沉淀转变为黑色沉淀 $2Ag^++S_2O_3^{2-} = Ag_2S_2O_3\downarrow$ $Ag_2S_2O_3+H_2O = H_2SO_4+Ag_2S\downarrow$

附录十三　常用试剂溶液的配制

试剂	浓度 /mol·L^{-1}	配制方法
$BiCl_3$	0.1	溶解 31.6g $BiCl_3$ 于 330mL 6mol·L^{-1}HCl 中，加水稀释至 1L
$SbCl_3$	0.1	溶解 22.8 g $SbCl_3$ 于 330mL 6mol·L^{-1}HCl 中，加水稀释至 1L
$SnCl_2$	0.1	溶解 22.6 g $SnCl_2\cdot 2H_2O$ 于 330mL 6mol·L^{-1}HCl 中，加水稀释至 1L，加入数粒纯锡，以防氧化
$Hg(NO_3)_2$	0.1	溶解 33.4 g $Hg(NO_3)_2\cdot 1/2\ H_2O$ 于 0.6mol·L^{-1}HNO_3 中，加水稀释至 1L
$(NH_4)_2CO_3$	1.0	96 g 研细的 $(NH_4)_2CO_3$ 溶于 1L 2.0mol·L^{-1}氨水中
$(NH_4)_2SO_4$	饱和溶液	50g 研细的 $(NH_4)_2SO_4$ 溶于 100mL 热水中，冷却后过滤
$FeSO_4$	0.5	溶解 69.5 g $FeSO_4\cdot 7H_2O$ 于适量水中，加入 5mL 18mol·L^{-1}H_2SO_4，加水稀释至 1L，加入数枚小铁钉
$Na[Sb(OH)_6]$	0.1	溶解 12.2g 锑粉于 50mL 浓硝酸中，微热使锑粉全部作用成白色粉末，用倾析法洗涤数次，然后加入 50mL 6mol·L^{-1}NaOH 溶液使之溶解，加水稀释至 1L
$Na_3[Co(NO_2)_6]$		溶解 230g $NaNO_2$ 于 500mL 水中，加入 165mL 6mol·L^{-1}HAc 溶液和 30g $Co(NO_3)_2\cdot 7H_2O$，放置 24h，取其清液稀释至 1L，并保存在棕色瓶中，此溶液应呈现橙色，若变成红色，表示已分解，应重新配制
Na_2S	2.0	溶解 240g $Na_2S\cdot 9H_2O$ 和 40g NaOH 于 500mL 水中，加水稀释至 1L
$(NH_4)_2S$	3.0	取一定量氨水，将其均分为两份，往其中一份通硫化氢至饱和，然后与另一份氨水混合
$K_3[Fe(CN)_6]$		将 0.7～1g $K_3[Fe(CN)_6]$ 溶解于适量水中，稀释至 100mL（用前临时配制）
铬黑 T		将铬黑 T 和烘干的 NaCl 按 1∶100 的比例研细，均匀混合，储于棕色瓶中
镍试剂		溶解 10g 镍试剂（二乙酰二肟）于 1L 95%的乙醇中
镁试剂		溶解 0.01g 镁试剂于 1L 1mol·L^{-1}NaOH 溶液中
铝试剂		1g 铝试剂溶于 1L 水中
萘斯勒试剂		溶解 115g HgI_2 和 80g KI 于水中，稀释至 500mL，再加入 500mL 6mol·L^{-1}NaOH 溶液，静置后取其清液，保存在棕色瓶中
$Na_2[Fe(CN)_5NO]$		1g 亚硝酰铁氰酸钠溶解于 100mL 水中，保存在棕色瓶中，如果溶液变绿，则停止使用
甲基橙		每升水中溶解 1g
酚酞		每升 95%的乙醇中溶解 1g

试剂	浓度/mol•L^{-1}	配制方法
石蕊		2g石蕊溶解于50mL水中，静置一昼夜后过滤，在溴液中加30mL 95%的乙醇，再加水稀释至100mL
氯水		在水中通入氯气直至饱和，该溶液使用时临时配制
溴水		在水中同入液溴直至饱和
碘液	0.01	溶解1.3g碘和5g KI于尽可能少量的水中，加水稀释至1L
品红溶液		0.1%的水溶液
淀粉溶液	0.2%	将0.2g淀粉和少量冷水调成糊状，倒入100mL沸水中，煮沸后冷却即可
NH_3-NH_4Cl		20g NH_4Cl溶于适量水中，加入100mL密度为0.9g•mL^{-1}的氨水，混合后稀释至1L，即得pH为10的缓冲溶液

附录十四　常用基准物质的干燥条件及应用

基准物质		干燥后的组成	干燥条件/℃	标定对象
名称	分子式			
碳酸钠	$Na_2CO_3 \cdot H_2O$	Na_2CO_3	270～300	酸
硼砂	$Na_2B_4O_7 \cdot 10H_2O$	$Na_2B_4O_7 \cdot 10H_2O$	放在含NaCl和蔗糖饱和溶液的干燥器中	酸
草酸	$H_2C_2O_4 \cdot 2H_2O$	$H_2C_2O_4 \cdot 2H_2O$	室温空气干燥	碱或$KMnO_4$
邻苯二甲酸氢钾	$KHC_8H_4O_4$	$KHC_8H_4O_4$	110～120	碱
重铬酸钾	$K_2Cr_2O_7$	$K_2Cr_2O_7$	140～150	还原剂
溴酸钾	$KBrO_3$	$KBrO_3$	130	还原剂
碘酸钾	KIO_3	KIO_3	130	还原剂
铜	Cu	Cu	室温干燥器中保存	还原剂
三氧化二砷	As_2O_3	As_2O_3	室温干燥器中保存	氧化剂
草酸钠	$Na_2C_2O_4$	$Na_2C_2O_4$	130	氧化剂
碳酸钙	$CaCO_3$	$CaCO_3$	110	EDTA
硝酸铅	$Pb(NO_3)_2$	$Pb(NO_3)_2$	室温干燥器中保存	EDTA
氧化锌	ZnO	ZnO	900～1000	EDTA
锌	Zn	Zn	室温干燥器中保存	EDTA
氯化钠	NaCl	NaCl	500～600	$AgNO_3$
氯化钾	KCl	KCl	500～600	$AgNO_3$
硝酸银	$AgNO_3$	$AgNO_3$	220～250	氯化物

附录十五 常用洗液的配制

名称	配制方法	备注
合成洗涤剂[①]	将合成洗涤剂粉用热水搅拌配成浓溶液	用于一般的洗涤
皂角水	将皂夹捣碎,用水熬成溶液	用于一般的洗涤
铬酸洗液	取 $K_2Cr_2O_7$(L. R.)20g 于 500mL 烧杯中,加水 40mL,加热溶解,冷却后缓缓加入 320mL 浓 H_2SO_4 即成(要边加边搅拌)。储存于磨口细口瓶中	用于洗涤油污及有机物,使用时防止被水稀释。用后倒回原瓶,可反复使用,直至溶液变为绿色[②]
$KMnO_4$ 碱性溶液	取 $KMnO_4$(L. R.)4g,溶于少量水中,缓缓加入 100mL 10%的 NaOH 溶液	用于洗涤油污及有机物。洗后玻璃壁上附着的 MnO_2 沉淀,可用 Fe^{2+} 溶液或 Na_2SO_3 溶液洗去
碱性酒精溶液	30%～40%NaOH 酒精溶液	用于洗涤油污
酒精-浓硝酸洗液		用于洗涤沾有有机物或油污的结构较复杂的仪器。洗涤时先加少量酒精于脏仪器中,再加入少量浓硝酸,即产生大量棕色 NO_2 气体,将有机物氧化而破坏

① 也可以用肥皂水。

② 已还原为绿色的铬酸洗液,可加入固体 $KMnO_4$ 使其再生,这样实际消耗的是 $KMnO_4$,可减少铬对环境的污染。

附录十六 部分危险化学品名录

危险货物编号	名称	别名	UN 号
	第一类 爆炸品		
11026	高氯酸(浓度>72%)		
11081	高氯酸铵		0402
11082	硝酸铵(含可燃物>0.2%,包括以碳计算的任何有机物,但不包括任何其他添加剂)		0222
	第二类 压缩气体和液化气体		
21001	氢(压缩的)	氢气	1049
21002	氢(液化的)	液氢	1966
21005	一氧化碳		1016
21006	硫化氢(液化的)		1053
23002	氯(液化的)	液氯	1017
23003	氨(液化的,含氨>50%)	液氨	1005
23004	溴化氢(无水)		1048
23005	磷化氢	磷化三氢,膦	2199
23006	砷化氢	砷化三氢,胂	2188
23007	硒化氢(无水)		2202
23008	锑化氢	锑化三氢,锑	2676
	第三类 易燃液体		
31025	丙酮	二甲(基)酮	1090
31026	乙醚	二乙(基)醚	1155
32061	乙醇(无水)	无水酒精	1170
32061	乙醇溶液(−18℃≤闪点≤ 23℃)	酒精溶液	

续表

危险货物编号	名称	别名	UN号
第四类 易燃固体、自燃物品和遇湿易燃物品			
41001	红磷	赤磷	1338
41501	硫黄		1350,2448
41502	镁(片状、带状或条状)		1869
41502	镁合金(片状、带状或条状,含镁＞50%)		
42001	黄磷	白磷	2447,1381
42009	硫化钠(无水或含结晶水＜30%)		1385
42010	硫化钾(无水或含结晶水＜30%)		1382
43002	金属钠	钠	1428
第五类 氧化剂和有机过氧化物			
51001	过氧化氢(含量＞60%,特许的)	双氧水	2015
51001	过氧化氢(20%≤含量≤80%)	双氧水	2014
51002	过氧化钠	二氧化钠	1504
51016	高氯酸钙	过氯酸钙	1455
51017	高氯酸铵	过氯酸铵	1442
51018	高氯酸钠	过氯酸钠	1502
51019	高氯酸钾	过氯酸钾	1489
51030	氯酸钠		1495
51031	氯酸钾		1485
51048	高锰酸钾	过锰酸钾;灰锰氧	1490
51056	硝酸钾		1486
51063	硝酸银		1493
51073	亚硝酸钾		1488
第六类 毒害品和感染性物品			
61001	氰化钾		1680
61007	二氧化二砷	白砒;砒霜;亚(酸)酐	1561
61009	亚砷酸钠	偏亚砷酸钠	2027
第七类 放射性物品			
第八类 腐蚀品			
81002	硝酸		2031
81007	硫酸		1830
81011	亚硫酸		1833
81013	盐酸	氢氯酸	1789
82001	氢氧化钠	苛性钠;烧碱	1823
83503	氯化铜		2802
83504	氯化锌		2331

附录十七　普通化学实验报告示例

示例1

化学反应速率与化学平衡

一、实验目的

二、实验原理

三、实验内容

1. 化学反应速率

(1)浓度对速率的影响

实验号数	$NaHSO_3$ 溶液的体积/mL	H_2O 的体积/mL	KIO_3 溶液的体积/mL	溶液变蓝时间/s	$NaHSO_3$ 溶液的浓度/$mol \cdot L^{-1}$	KIO_3 溶液的浓度/$mol \cdot L^{-1}$
1	10	35	5			
2	10	30	10			
3	5	35	10			

根据以上所列实验数据，利用初始速率法计算出两个反应物的分级数，进而确定反应级数。

计算过程：

(2)温度对反应速率的影响

实验号数	$NaHSO_3$ 溶液的体积/mL	H_2O 的体积/mL	KIO_3 溶液的体积/mL	实验温度 T/℃	淀粉变蓝时间/s
1	10	35	5	室温	
4	10	35	5	室温+10℃	

根据实验结果，给出温度对反应速率影响的结论。

结论：

2. 化学平衡

(1)浓度对化学平衡的影响

在3支试管中各加入2mL蒸馏水、1滴 $FeCl_3$ 溶液($0.10mol \cdot L^{-1}$)和1滴KSCN溶液($0.10mol \cdot L^{-1}$)，观察现象。然后在第1支试管中再加入2滴 $FeCl_3$ 溶液($1.0mol \cdot L^{-1}$)，在第2支试管中再加入2滴KSCN溶液($1.0mol \cdot L^{-1}$)，观察现象。注意比较3支试管中溶液颜色的深浅，并解释现象。

现象：

解释：

(2)温度对化学平衡的影响

① 在 50mL 小烧杯中加入 $CuSO_4$ 溶液(1.0 mol·L^{-1})和 KBr 溶液(1.5 mol·L^{-1})各 10mL,混合均匀,观察现象。

现象:

② 将所得溶液平分于 3 个试管中,将第 1 支试管中溶液加热至沸腾,第 2 支试管用冰水冷却,观察两支试管中颜色变化,并与第 3 支试管中溶液的颜色作比较,判断反应是吸热还是放热反应,并说明温度对化学平衡的影响。

现象:

解释:

示例 2

沉淀溶解平衡及配合物形成时性质的改变

一、实验目的

二、实验原理

三、实验内容

1. 沉淀的生成与转化

① 在一支试管中加入 2 滴 $Pb(NO_3)_2$ 溶液(1.0mol·L^{-1})和 4mL 蒸馏水,在另一支试管中加入 2 滴 NaCl 溶液(1.0mol·L^{-1})和 4mL 蒸馏水,将两支试管中的溶液混合,振荡,使溶液均匀,观察现象。

现象:

② 在离心试管中加入 2mL $Pb(NO_3)_2$ 溶液(1.0mol·L^{-1})和 4mL NaCl 溶液(1.0mol·L^{-1}),观察是否有沉淀生成。

现象:

结论与反应式:

③ 上述溶液中,若有沉淀生成,离心沉降后,取所遗留的沉淀,滴加少量 KI 溶液(0.1mol·L^{-1}),并用玻璃棒搅拌,观察沉淀颜色的变化。

现象:

结论与反应式:

2. 分步沉淀

① 在试管中加入 5 滴 K_2CrO_4 溶液(0.1mol·L^{-1})和 5 滴 $AgNO_3$ 溶液(0.1mol·L^{-1}),观察沉淀的颜色。

现象:

② 在试管中加入 5 滴 NaCl 溶液(0.1mol·L^{-1})和 5 滴 $AgNO_3$ 溶液(0.1mol·L^{-1}),观察沉淀的颜色。

现象:

③ 在一支离心试管中，加入 NaCl 溶液($0.1mol \cdot L^{-1}$)和 K_2CrO_4 溶液($0.1mol \cdot L^{-1}$)各 3 滴，并将混合的溶液稀释至 2mL。摇匀后，逐滴加入 $0.1mol \cdot L^{-1}$ 的 $AgNO_3$ 溶液，边滴边摇，当白色沉淀中即将开始有砖红色沉淀时，停止加入 $AgNO_3$ 溶液。离心沉降后，吸取上层清液，并再往清液中再加入数滴 $AgNO_3$ 溶液。观察并比较离心分离前后所生成沉淀颜色有何不同。

现象：

结论：

3. 配合物形成时性质的改变

(1)配合物形成时颜色的改变

在试管中加入几滴 $CuSO_4$ 溶液($0.10mol \cdot L^{-1}$)，不断滴加 $NH_3 \cdot H_2O$ 溶液($2.0mol \cdot L^{-1}$)至生成的沉淀又溶解，观察溶液的颜色有何改变？写出反应方程式。

(2)配合物形成时难溶物溶解度的改变

在几滴 NaCl 溶液($0.10mol \cdot L^{-1}$)中加入 $AgNO_3$ 溶液($0.10mol \cdot L^{-1}$)，离心分离，弃去清液，在沉淀中加入 $NH_3 \cdot H_2O$ 溶液($2.0mol \cdot L^{-1}$)，沉淀是否溶解？为什么？

(3)配合物形成时溶液 pH 值的改变

取一条 pH 试纸，在它的一端蘸上半滴 $CaCl_2$ 溶液($0.10mol \cdot L^{-1}$)，记下被 $CaCl_2$ 溶液润湿处的 pH 值，待 $CaCl_2$ 不再扩散时，在距离 $CaCl_2$ 扩散边缘 0.5cm 干试纸处，蘸上半滴 Na_2H_2Y($0.10mol \cdot L^{-1}$)溶液，待 Na_2H_2Y 溶液扩散到 $CaCl_2$ 溶液区域形成重叠时，记下未重叠 Na_2H_2Y 溶液、$CaCl_2$ 溶液区域及重叠区域的 pH 值。说明 pH 值变化的原因并写出反应方程式。

示例 3

酸碱平衡与缓冲溶液

一、实验目的

二、实验原理

三、实验内容

1. 溶液 pH 值的测定(下列各溶液的浓度均为 $0.1mol \cdot L^{-1}$)

放 pH 试纸于点滴板空穴上，用洁净的玻璃棒蘸些待测液润湿 pH 试纸，立即将 pH 试纸所显颜色与 pH 试纸比色卡的颜色作对比，确定该溶液的 pH 值。若两种溶液的 pH 值相差不大，可改用精密 pH 试纸测定。

表 1　各溶液 pH 的测定值

溶液	HAc	HCl	NH_4Cl	NH_4Ac	Na_2CO_3	NH_3
pH 值						

按 pH 值大小顺序：

分子酸：　　　　离子酸：

分子碱：　　　　离子碱：

2. 同离子效应

① 在试管中加入 1mL NH_3(1.0mol·L^{-1})溶液和一滴酚酞溶液，摇匀，观察溶液显示什么颜色？再加入少量的 NH_4Cl(s)，摇荡使其溶解，溶液的颜色又有何变化？为什么？

② 在试管中加入 1mL HAc(0.10mol·L^{-1})溶液和一滴甲基橙溶液，摇匀，观察溶液显示什么颜色？再加入少量 NaAc(s)，摇荡使其溶解，溶液的颜色又有何变化？为什么？

3. 缓冲溶液的配制及其 pH 值的测定

按表 2 的方案配制 2 种缓冲溶液，用酸度计(或精密 pH 试纸)分别测定其 pH 值并记录在表 2 中，并将测定结果与理论计算值进行比较。

表 2　缓冲溶液的配制及其 pH 值的测定

实验编号	缓冲溶液配制方案(量筒各取 25mL)	pH 测定值	pH 理论计算值
1	NH_3(1.0mol·L^{-1})+NH_4Cl (0.10mol·L^{-1})		
2	HAc(0.10mol·L^{-1})+NaAc(0.10mol·L^{-1})		

4. 试验缓冲溶液的缓冲作用

在上面配制的第 2 号缓冲溶液中加入 0.5mL(约 10 滴)的 HCl (0.10mol·L^{-1})溶液，搅拌摇匀，用酸度计测定其 pH 值并记录在表 3 内，然后再向此溶液中加入 1.0mL(约 20 滴)的 NaOH 溶液(0.10mol·L^{-1})，搅拌摇匀，再用酸度计(或精密 pH 试纸)测定其 pH 值，记录测定结果，并与理论计算值进行比较。

表 3　缓冲溶液产生缓冲作用时 pH 值的比较

实验编号	溶液组成	pH 测定值	pH 理论计算值
2	HAc 溶液(0.10mol·L^{-1})+NaAc 溶液(0.10mol·L^{-1})		
3	2 号溶液中加入 0.5mL 的 HCl 溶液(0.10mol·L^{-1})		
4	3 号溶液中加入 1.0mL 的 NaOH 溶液(0.10mol·L^{-1})		

写出 pH 理论值的计算过程(提前计算)：

示例 4

氧化还原反应与电化学

一、实验目的

二、实验原理

三、实验内容

1. 电极电势与氧化还原反应的关系

① 在试管中加入 10 滴 KI 溶液(0.10mol·L^{-1})和 2 滴 $FeCl_3$ 溶液(0.10mol·L^{-1})，摇匀后，再加入 1mL CCl_4 溶液，充分摇荡，观察 CCl_4 层的颜色有无变化。

② 在试管中加入10滴KBr溶液(0.10mol·L^{-1})和2滴$FeCl_3$溶液(0.10mol·L^{-1})，摇匀后，再加入1mL CCl_4溶液，充分摇荡，观察CCl_4层的颜色有无变化。

根据以上的实验结果，定性比较$Br_2/2Br^-$、$I_2/2I^-$、Fe^{3+}/Fe^{2+}三个电对电极电势的相对大小；指出其中最强的氧化剂和最强的还原剂各是什么。

2. 氧化剂、还原剂及其相对性

① 在试管中加入5滴KI溶液(0.10mol·L^{-1})，加入2滴H_2SO_4溶液(2.0mol·L^{-1})进行酸化，再加入5滴3%H_2O_2溶液，摇匀后，最后加入1mL CCl_4溶液，充分摇荡，观察CCl_4层的颜色有无变化。

② 在试管中加入2滴$KMnO_4$溶液(0.01mol·L^{-1})，加入2滴H_2SO_4溶液(2.0mol·L^{-1})进行酸化，再加入数滴3%H_2O_2溶液，观察实验现象。

根据①、②的实验结果，指出H_2O_2溶液在不同的反应中各起什么作用。

3. 介质对氧化还原反应的影响

在3支试管中各加入5滴$KMnO_4$溶液(0.10mol·L^{-1})，然后在第1支试管中加入5滴H_2SO_4溶液(2.0mol·L^{-1})，第2支试管中加入5滴去离子水，第3支试管中加入5滴NaOH溶液(2.0mol·L^{-1})，最后分别向3支试管中各加入Na_2SO_3溶液(1.0mol·L^{-1})，认真观察各试管中的实验现象。

4. 组装原电池，测定电池电动势

在100mL烧杯中加入25 mL $ZnSO_4$溶液(1.0mol·L^{-1})，在另外一个100mL烧杯中加入25mL $CuSO_4$溶液(1.0mol·L^{-1})。将锌电极插入$ZnSO_4$溶液，铜电极插入$CuSO_4$溶液中，再将盐桥插入两个烧杯中，装配成原电池。接上万用表，测定并记录原电池的电动势E_{MF}。

参考文献

[1] 姚思童，刘利，张进．普通化学．北京：化学工业出版社．2015.

[2] 浙江大学普通化学教研组．普通化学．6 版．北京：高等教育出版社．2011.

[3] 周伟红，曲保中．新大学化学．4 版．北京：科学出版社．2018.

[4] 北京大学《大学基础化学》编写组．大学基础化学．北京：高等教育出版社．2003.

[5] 同济大学普通化学及无机化学教研室．普通化学．3 版．上海：同济大学出版社．2004.

[6] 北京大学普通化学实验教学组．普通化学实验．3 版．北京：北京大学出版社．2012.

[7] 浙江大学普通化学教研组．普通化学实验．3 版．北京：高等教育出版社．2011.

[8] 刘秉涛．工科大学化学实验．2 版．哈尔滨：哈尔滨工业大学出版社．2013.

[9] 田玉美．新大学化学实验．4 版．北京：科学出版社．2018.

[10] 胡立江，尤宏，郝素娥．工科大学化学实验．4 版．哈尔滨：哈尔滨工业大学出版社．2009.

[11] 姚思童，张进，王鹏．基础化学实验．北京：化学工业出版社．2009.

[12] 李聚源．普通化学实验．2 版．北京：化学工业出版社．2013.

[13] 刁国旺．大学化学实验．南京：南京大学出版社．2006.

[14] 文建国，常慧，徐勇均，等．基础化学实验教程．北京：国防工业出版社．2006.

[15] 辛剑，孟长功 基础化学实验．北京：高等教育出版社．2004.

[16] 胡满成，张昕．化学基础实验．北京：科学出版社．2002.

[17] 马育．基础化学实验．2 版．北京：化学工业出版社．2014.

[18] 新华，邢彦军，李向清．无机化学实验．北京：科学出版社．2013.

[19] 姚思童，刘利，张进．大学化学实验（I）—无机化学实验．北京：化学工业出版社．2018.

[20] 山东大学，山东师范大学等高校合编．基础化学实验（I）—无机与分析化学实验．2 版．北京：化学工业出版社．2007.